普通高等教育"十一五"国家级规划教材
教育部"2008年度普通高等教育精品教材"

单片机原理及接口技术

（第 5 版）

李朝青　卢　晋　王志勇　袁其平　编著

北京航空航天大学出版社

内 容 简 介

本书以 89C51/S51 为典型机,深入浅出地讲述单片机原理、接口及应用技术。主要内容包括:微机基础知识、89C51/S51 单片机硬件结构、指令系统、汇编语言程序设计知识、中断系统、定时器及应用、89C51/S51 串行口通信及串行通信技术、89C51/S51 单片机小系统及片外扩展、应用系统配置及接口技术、系统应用程序实例和 C51 程序设计,以及无线单片机及其点到多点无线通信、RFID 技术与物联网的应用以及 C51 程序设计等。

本书内容新颖、实用,可用作大中专院校微机原理、单片机及接口技术的教材,也可供从事单片机产品开发的工程技术人员参考。

图书在版编目(CIP)数据

单片机原理及接口技术 / 李朝青等编著. -- 5 版
. -- 北京 : 北京航空航天大学出版社,2017.4
ISBN 978 - 7 - 5124 - 2381 - 7

Ⅰ. ①单… Ⅱ. ①李… Ⅲ. ①单片微型计算机—基础理论—教材②单片微型计算机—接口技术—教材 Ⅳ.
①TP368.1

中国版本图书馆 CIP 数据核字(2017)第 079239 号

单片机原理及接口技术(第 5 版)

李朝青 卢 晋 王志勇 袁其平 编著
责任编辑 胡晓柏 张 楠

*

北京航空航天大学出版社出版发行

北京市海淀区学院路 37 号(邮编 100191) http://www.buaapress.com.cn
发行部电话:(010)82317024 传真:(010)82328026
读者信箱:emsbook@buaacm.com.cn 邮购电话:(010)82316936
艺堂印刷(天津)有限公司印装 各地书店经销

*

开本:710×1 000 1/16 印张:21 字数:448 千字
2017 年 5 月第 5 版 2024 年 7 月第 12 次印刷 印数:85 001~90 000 册
ISBN 978 - 7 - 5124 - 2381 - 7 定价:49.00 元

第 5 版前言

2016 年是我国单片机发展的三十周年。1986 年 10 月底,我参加了在复旦大学举行的第一次全国单片机学术交流会,这次会议标志了中国单片机事业的开始。2016 年 11 月 19 日在北京航空航天大学召开了纪念单片机发展三十周年的全国性会议,我作为历史的见证者,参加了这次会议。会议回顾历史,展望未来,我国单片机发展有着非常好的机遇。

虽然 ARM 发展很快,但会议上很多代表仍然认为 8 位机,特别是 51 系列仍有广阔的前景。本书的第 3 版于 2006 年被教育部评为普通高等教育"十一五"国家级规划教材,2008 年又被教育部评为"教育部 2008 年度普通高等教育精品教材"。从 1999 年出版的第 1 版至第 4 版,共印刷 44 次。本书为第 5 版。

本书以 89C51/S51 为典型机,片内具有硬件看门狗,抗干扰能力更强。本书删去 EPROM 扩展口及片外 RAM 芯片扩展的内容,用户可根据需要选择 89 系列不同容量 Flash ROM 的产品。为了节省 89C51/S51 的 I/O 口线,本书选择了一些串口(SPI 或 I²C)、A/D、D/A、E²PROM、看门狗、键盘和显示器的实例。这样,89C51/S51 在不扩展片外 I/O 口芯片的情况下,即可构成完整的测控系统。本书还增加了无线单片机及其点到多点无线通信、RFID 技术与物联网的应用以及 C51 程序设计的内容。

各章习题解答及考题库可在北京航空航天大学出版社出版的《单片机学习指导(第 2 版)》(与本书配套)一书中找到,敬请关注。

参加本教程编写的还有刘艳玲、刘晓培、娄文涛、李克骄、沈怡琳、张秋燕、曹文嫣、李运等。

由于作者水平有限,难免出现错误和不妥之处,敬请同行及读者提出宝贵意见。

李朝青

天津理工大学电气电子工程学院

2017 年 3 月 8 日

本教材还配有教学课件,需要用于教学的教师,请与北京航空航天大学出版社联系。北京航空航天大学出版社联系方式如下:

通信地址:北京市海淀区学院路 37 号北京航空航天大学出版社嵌入式系统图书分社

邮 编:100191

电 话:010-82317035　　　　　传 真:010-82328026

E-mail:emsbook@buaacm.com.cn

目　录

第1章　微机基础知识

1.1　微处理器、微机和单片机的概念

　　首先介绍一下微处理器(Microprocessor,简称 μP)、微型计算机(Microcomputer,简称微机,μC)和单片机(Single – Chip Microcomputer)的概念。

　　微处理器(芯片)本身不是计算机,但它是小型计算机或微型计算机的控制和处理部分。

　　微机则是具有完整运算及控制功能的计算机,除了包括微处理器(作为它的中央处理单元 CPU——Central Processing Unit)外,还包括存储器、接口适配器(即输入/输出接口电路)以及输入/输出(I/O)设备等。图1-1所示为微机的各组成部分。其中,微处理器由控制器、运算器和若干个寄存器组成;I/O设备与微处理器的连接需要通过接口适配器(即 I/O 接口);存储器是指微机内部的存储器(RAM、ROM和EPROM 等芯片)。

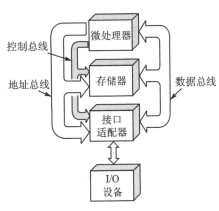

图 1-1　微机的组成

　　将微处理器、一定容量的 RAM 和 ROM 以及I/O口、定时器等电路集成在一块芯片上,构成单片微型计算机,简称单片机。

1.1.1　微处理器(机)的组成

　　微处理器包括两个主要部分:运算器和控制器。

　　图1-2所示是一个较详细的由微处理器、存储器和I/O接口组成的计算机模型。为了简化问题,在 CPU 中只画出了主要的寄存器和控制电路,并且假设所有的计数器、寄存器和总线都是 8 位(bit)宽度,即要求多数主要寄存器和存储器能保存 8 位数据,传送数据的总线由 8 根并行导线组成。

　　在计算机术语中,数据单元是一组二进制数,是计算机中使用的基本信息单元。它可以作为数据,也可以是计算机完成某操作的一条指令码,还可以是 ASCII 码字符等。

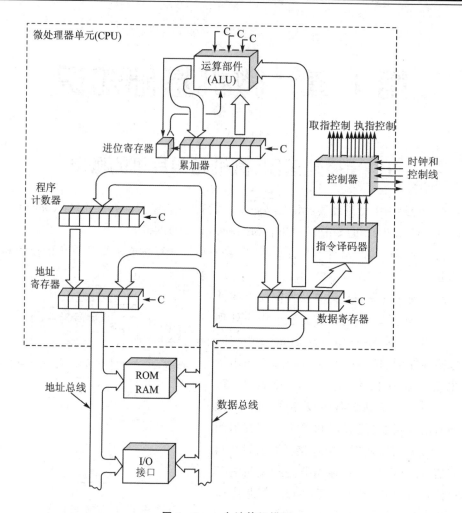

图 1 - 2　一个计算机模型

在 8 位微处理器中,数据单元由 1 字节(Byte)组成;在 16 位机中,数据单元由 2 字节组成。图 1 - 3 表示了组成计算机数据单元的位数。

1. 运算器

运算器由运算部件——算术逻辑单元(Arithmetic & Logical Unit,简称 ALU)、累加器和寄存器等几部分组成。ALU 的作用是把传送到微处理器的数据进行算术或逻辑运算。ALU 具有两个主要的输入来源:一个来自累加器,另一个来自数据寄存器。ALU 能够完成这两个输入数据的相加或相减运算,也能够完成某些逻辑运算。ALU 执行不同的运算操作是由不同控制线上的信号(在图 1 - 2 方框图上的标志为 C)所确定的。

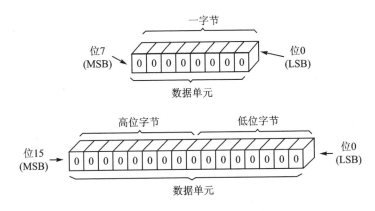

图 1 - 3　计算机中的数据单元

通常,ALU 接收来自累加器和数据寄存器的两个 8 位二进制数。因为要对这些数据进行某些操作,所以将这两个输入的数据均称为操作数。

ALU 可对两个操作数进行加、减、与、或和比较大小等操作,最后将结果存入累加器。例如,两个数 7 和 9 相加,在相加之前,操作数 9 放在累加器中,7 放在数据寄存器中,执行两数相加运算的控制线发出"加"操作信号,ALU 即把两个数相加,并把所得结果 16 存入累加器,取代累加器原来存放的数 9。总之,运算器有两个主要功能:

● 执行各种算术运算;

● 执行各种逻辑运算,并进行逻辑测试,如零值测试或两个值的比较。

通常,一个算术操作产生一个运算结果,而一个逻辑操作产生一个判决。

2. 控制器

控制器由程序计数器、指令寄存器、指令译码器、时序发生器和操作控制器等组成,是发布命令的"决策机构",即协调和指挥整个计算机系统的操作。控制器的主要功能有:

● 从内存中取出一条指令,并指出下一条指令在内存中的位置;

● 对指令进行译码或测试,并产生相应的操作控制信号,以便执行规定的动作,比如一次内存读/写操作、一个算术/逻辑运算操作或一个输入/输出操作等;

● 指挥并控制 CPU、内存和输入/输出设备之间数据流动的方向。

相对控制器而言,运算器接收控制器的命令而进行操作,即运算器所执行的全部操作都是由控制器发出的控制信号来指挥的。

ALU、计数器、寄存器和控制器除在微处理器内通过内部总线相互联系外,还通过外部总线与外部的存储器和输入/输出接口电路联系。外部总线一般分为数据总线 DB、地址总线 AB 和控制总线 CB,统称为系统总线。存储器包括 RAM 和 ROM。

微型计算机通过输入/输出接口电路可与各种外围设备连接。

3. CPU 中的主要寄存器

1）累加器（A）

累加器是微处理器中最忙碌的寄存器。在算术和逻辑运算时,它具有双重功能：运算前,用于保存一个操作数;运算后,用于保存所得的和、差或逻辑运算结果。

2）数据寄存器（DR）

数据(缓冲)寄存器是通过数据总线向存储器和输入/输出设备送(写)或取(读)数据的暂存单元。它可以保存一条正在译码的指令,也可以保存正在送往存储器中存储的一个数据字节等。

3）指令寄存器（IR）及指令译码器（ID）

指令寄存器用来保存当前正在执行的一条指令。当执行一条指令时,先把它从内存取到数据寄存器中,然后再传送到指令寄存器(图1-2中未画出)。指令分为操作码和地址码字段,由二进制数字组成。为执行给定的指令,必须对操作码进行译码,以便确定所要求的操作。指令译码器就是负责这项工作的。指令寄存器中操作码字段的输出就是指令译码器的输入。操作码一经译码后,即可向操作控制器发出具体操作的特定信号。

4）程序计数器（PC）

为了保证程序能够连续地执行下去,CPU必须采取某些手段来确定下一条指令的地址。程序计数器正是起到了这种作用,所以通常又称其为指令地址计数器。在程序开始执行前,必须将其起始地址,即程序第1条指令所在的内存单元地址送入PC;当执行指令时,CPU将自动修改PC的内容,使之总是指示出将要执行的下一条指令的地址。由于大多数指令都是按顺序执行的,所以修改的过程通常只是简单的加1操作。

5）地址寄存器（AR）

地址寄存器用于保存当前CPU所要访问的内存单元或I/O设备的地址。由于内存和CPU之间存在着速度上的差别,所以必须使用地址寄存器来保持地址信息,直到内存读/写操作完成为止。

显而易见,当CPU与存储器进行信息交换(即CPU从RAM存/取数据,或者CPU从ROM中读出指令)时,都要使用地址寄存器和数据寄存器。同样,如果把外围设备的地址作为内存地址单元来看待,那么,当CPU和外围设备交换信息时,也需要使用地址寄存器和数据寄存器。

1.1.2　存储器和输入/输出接口

1.　存储器

如图 1-4 所示,假设某台微型计算机使用 256 字节的 8 位随机存储器(RAM)与 CPU 交换数据,经常把这种规格的存储器称作 256×8 位读/写存储器。

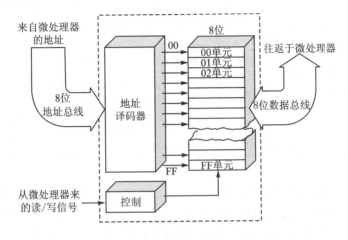

图 1-4　随机存取存储器

两根 8 位总线和若干控制线把存储器和微处理器(机)连接起来。地址总线将一组 8 位二进制数(能表示 256 个单元)从 CPU 送到存储器的地址译码器。每个存储单元被赋予一个唯一的地址,规定第一单元地址为 0,最后一单元的地址为 255(用二进制表示为 11111111B,用十六进制表示为 FFH)。在地址总线上,通过 8 位地址线选择指定的单元。地址译码器的输出可以唯一确定被选择的存储单元。

存储器还从 CPU 接收控制信号,从而确定存储器执行何种操作。"读"信号表明要读出被选单元的内容,并将数据放到数据总线上,由总线送到 CPU。"写"信号表明要把数据总线上的数据写入指定的存储单元中。

2.　I/O 接口及外设

从图 1-2 可以看到,I/O 接口与地址总线、数据总线的连接同存储器一样,而每个外部设备与微处理器的连接必须经过接口适配器(I/O 接口)。每个 I/O 接口及其对应的外部设备都有一个固定的地址,在 CPU 的控制下实现对外部设备的输入(读)和输出(写)操作。

1.2　微机的工作过程

计算机采取"存储程序"的工作方式,即事先把程序加载到计算机的存储器中,当启动运行后,计算机便自动进行工作。计算器虽然也有运算和控制的功能,但它不是"存储程序"式的自动工作方式,所以不能称为计算机。

任何计算机都有它的指令系统,有十几条至一百多条指令,并有若干种寻址方式。我们假设图1-2所示的模型计算机有4条指令,并只有一种寻址方式——直接寻址方式,模型机的指令及其说明如表1-1所列。

表1-1　模型机指令表

名　称	助记符	操作码	注　释
取入累加器	LDA	1001 0110(96H)	将存储单元的内容取入累加器,其单元地址由下一个字节给出
加法	ADD	1001 1011(9BH)	将存储单元的内容和累加器的现有内容相加,结果放在累加器中,存储单元的地址由下一个字节给出
累加器送存	STA	1001 0111(97H)	累加器内容送存,存储单元的地址由下一个字节给出
停机	HLT	0011 1110(3EH)	停止全部操作

寻址方式是指用什么方法寻找指令的操作数。上述4条指令除 HLT 外,LDA、ADD 和 STA 都有操作数。直接寻址方式的指令格式如图1-5所示。

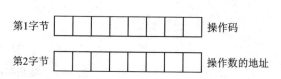

图1-5　直接寻址方式的指令格式

指令中应有一部分数位(8位,即1字节)用于指明所执行的特定操作,这部分(图1-5中的第1字节)称为操作码。该模型机的操作有数据传送(LDA)、相加(ADD)、送存(STA)和停机(HLT)4种。它们的操作码如表1-1所列。

指令中还应有一部分数位(图1-5中的第2字节)用于说明被操作的数据来自什么地方,这一部分叫操作数的地址。

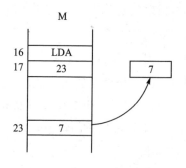

图1-6　执行"LDA　23"指令

在这种寻址方式中,一条指令(如 LDA、ADD 和 STA)需要2个字节:第1个字节是操作码,第2个字节不是操作数,而是存放操作数的内存单元的地址。例如:

LDA　23　　　;将地址为23的内存单元中的内容7
　　　　　　　;装入累加器 A 中。23为操作数的地址

在图1-6所示的内存单元23中存放的7为操作数。执行上述指令后就将7装入累加器 A 中。

1.2.1　执行一条指令的顺序

计算机执行程序是一条指令一条指令执行的。执行一条指令的过程可分为两个阶段,如图 1-7 所示。

在计算机中,"存储程序"第 1 条指令的
第 1 个字节一定是操作码。这样,CPU 首先
进入取指阶段,从存储器中取出指令并通过
CPU 译码后,转入执行指令阶段,在这期间,
CPU 执行指令指定的操作。

取指阶段是由一系列相同的操作组成
的,因此,取指阶段的时间总是相同的。而执
行指令的阶段是由不同的事件顺序组成的,

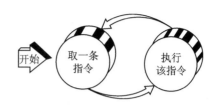

图 1-7　取指令、执行指令序列

它取决于被执行指令的类型。执行完一条指令后接着执行下一条指令。所以,程序
的执行顺序是取指→执指→取指→执指……如此反复,直至程序结束。

1.2.2　执行一条指令的过程

指令"LDA　23"的执行过程是怎样的呢?这是一条直接寻址方式的指令,执行
的过程如图 1-8 所示。

LDA 指令的指令周期由 3 个 CPU 周期(即机器周期)组成。其中,第 1 个 CPU
周期为取指令阶段;执行指令阶段由 2 个 CPU 周期组成,第 2 个 CPU 周期中将操作
数的地址送往地址寄存器并完成地址译码,在第 3 个 CPU 周期中,从内存取出操作
数并执行装入的操作。

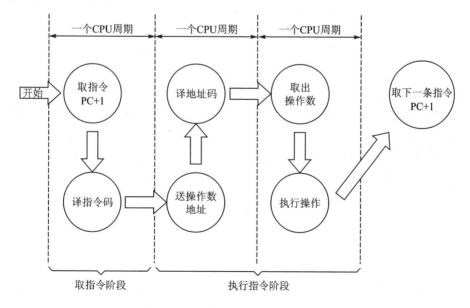

图 1-8　直接访问内存指令的指令周期

1.2.3 执行一个程序的过程

采用直接寻址方式,执行一个"7+10"的程序实例如表 1-2 所列。

表 1-2 "7+10"程序执行过程

地 址	内 容	助记符/内容
0001 0000	1001 0110	LDA ⎫
0001 0001	0001 0111	23 ⎬ 第 1 条指令
0001 0010	1001 1011	ADD ⎫
0001 0011	0001 1000	24 ⎬ 第 2 条指令
0001 0100	1001 0111	STA ⎫
0001 0101	0001 1001	25 ⎬ 第 3 条指令
0001 0110	0011 1110	HLT ⎭ 第 4 条指令
0001 0111	0000 0111	7 ⎫
0001 1000	0000 1010	10 ⎬ 数据
0001 1001	0000 0000	保存和

假如程序存放在起始地址为 00010000B(16)的存储单元中。地址 16 和 17 存放第 1 条指令"LDA 23",执行第 1 条指令的过程如图 1-9 所示。计算机启动运行后,PC 中的地址即为 16,将 16 送地址寄存器,接着 16 被放入地址总线上,找到操作码地址 00010000B(16),PC 自动加 1 为 17,做好取下一字节的准备;取出"LDA 23"的操作码 10010110B 放入数据总线;操作码经数据总线装入数据寄存器,因为是操作码,所以还需要装入指令译码器进行指令译码,得到"装入"的操作。

此时,PC 中的内容已是 17,地址 17 送入地址寄存器并放到地址总线,找到操作码地址 23,PC 又自动加 1,做好取第 2 条指令"ADD 24"的准备,如图 1-10 所示。

找到操作数地址 23 后,因为是直接寻址,取出 23 单元中的操作数 7 放到数据总线上,再装入数据寄存器中,经数据寄存器将操作数 7 装入累加器,如图 1-11 所示。至此,第 1 条指令"LDA 23"执行完毕。

第 2、3 条指令也是直接寻址方式,执行的过程与第 1 条类似,这里不再详述。最后一条指令 HLT 为固有寻址,无操作数,取出译码结果后执行停机操作,这个程序就执行完了。

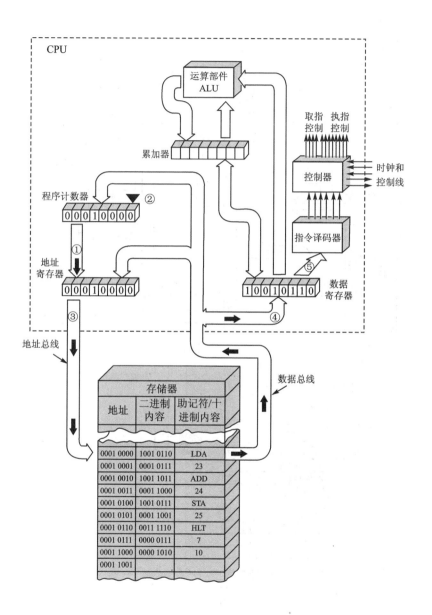

图 1-9 取第 1 条指令操作码

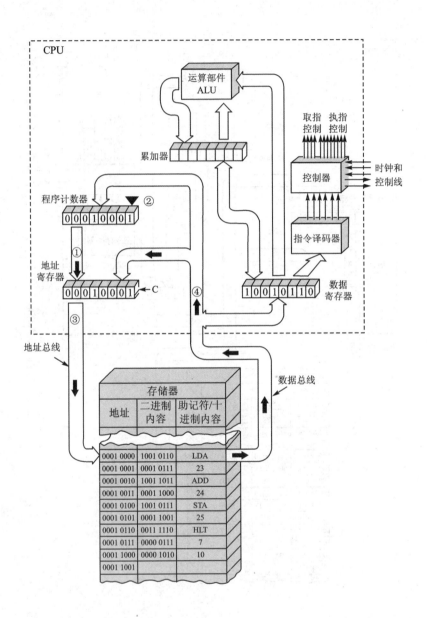

图 1-10 取第 1 个操作数地址

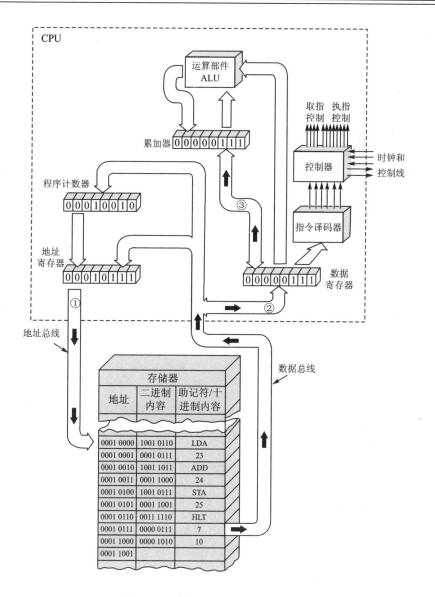

图 1-11　取第 1 个操作数并装入 A

1.3　常用数制和编码

计算机是用于处理数字信息的,单片机也是如此。各种数据及非数据信息在进入计算机前必须转换成二进制数或二进制编码。下面介绍计算机中常用数制和编码以及数据在计算机中的表示方法。

1.3.1 数制及数制间转换

1. 数制——计数的进位制

单片机中常用的有 3 种数制：二进制、十进制和十六进制。其中只有二进制数是计算机能直接处理的；但是二进制数表达过于繁杂，所以引入十六进制数；十进制是人们最熟悉的数制。这 3 种数制在单片机中都是经常使用的。

1) 十进制(Decimal,用 D 表示)

大约在公元 400 年,印度数学家首先发明了用十进制计数,这可能是人有十个手指和十个脚指的缘故吧。约在公元 800 年,阿拉伯人开始使用它,所以又称它为阿拉伯数制,以后传到了欧洲,才被命名为"十进制数制"。

十进制用 0,1,2,3,4,5,6,7,8,9 十个数字来表示数。十进制数的基数是 10,当计数时,每一位计到十就往上进一位,也就是逢十进一；或者说,上一位的数是下一位的十倍。

如果用 α 表示一个十进制数字,那么一个含有 n 位整数、m 位小数的十进制数的通用表示式是：

$$N = \alpha_{n-1} \times 10^{n-1} + \alpha_{n-2} \times 10^{n-2} + \cdots + \alpha_0 \times 10^0 + \alpha_{-1} \times 10^{-1} + \cdots + \alpha_{-m} \times 10^{-m}$$

或简写成：

$$N = \sum_{i=-m}^{n-1} \alpha_i \times 10^i$$

十进制是人们习惯的数制,但不是唯一的数制,比如,还有二进制、八进制、十二进制、十六进制和六十进制等。

2) 二进制数(Binary,用 B 表示)

以 2 为基数的数制叫二进位计数制,计算机中采用的是二进制数。它只包括两个符号,即 0 和 1。在一个二进制数中,前一位的权是后一位的两倍,即逢二进一。对于整数,从右往左各位的权是 1,2,4,8,16,32,…；对于小数,从左往右各位的权是 $\frac{1}{2}, \frac{1}{4}, \frac{1}{8}, \frac{1}{16}, \frac{1}{32}, \cdots$。把十进制表示式中的 10 都换为 2 就得到二进制的表示式：

$$N = \alpha_{n-1} \times 2^{n-1} + \alpha_{n-2} \times 2^{n-2} + \cdots + \alpha_0 \times 2^0 + \alpha_{-1} \times 2^{-1} + \cdots + \alpha_{-(m-1)} \times 2^{-(m-1)} + \alpha_{-m} \times 2^{-m}$$

或简写成：

$$N = \sum_{i=-m}^{n-1} \alpha_i \times 2^i$$

式中：α_i 是 0 或 1，具体取值由 N 决定。例如，二进制数 10101101.1011 B（Binary）表示的十进制数值是：

$$1\times2^7+0\times2^6+1\times2^5+0\times2^4+1\times2^3+1\times2^2+0\times2^1+1\times2^0+1\times2^{-1}+$$
$$0\times2^{-2}+1\times2^{-3}+1\times2^{-4}=128+32+8+4+1+0.5+0.125+0.0625=173.687\ 5$$

　　日常生活中人们习惯于十进位计数制，所以感到二进位计数制很不方便，那么电子计算机为什么还采用二进位计数制呢？因为目前研究与应用最成熟的是具有两个稳定状态和记忆功能的电子电路，使用二进制能够很方便、直观地表示出机器中双稳态电路的两个稳定并可相互变换的物理状态；反过来，一个双稳态电路的 0 或 1 两个状态可以用来表示一位二进制数，几个电子器件就可以代表一组多位二进制数。

3）十六进制数（Hexadecimal，用 H 表示）

　　尽管用二进制数表示计算机中的信息很方便，但为了便于书写和阅读，经常采用十六进制，即在计数时，逢十六进一。这样，书写的长度非常短，且可很方便地将十六进制数转换为二进制数或将二进制数转换为十六进制数。大部分计算机所处理的数据位长都是 4 的整数倍（如 4 位、8 位、16 位、32 位等），所以计算机经常采用十六进制。它有以下 3 个基本特征：

- 具有十六个数字符号：0，1，2，3，4，5，6，7，8，9，A，B，C，D，E，F；
- 逢十六进一；
- 一位十六进制数可用 4 位二进制数表示，它们之间存在直接而又唯一对应的关系。

　　例如：0011B＝3H，1010B＝AH（H 表示十六进制数）。这样，一个位数较多的二进制数可以用位数较少的十六进制数来书写，既简单，又易于转换。再如：
$(0101101010110111)_2=(5AB7)_{16}=5AB7H$。

　　若十六进制数最高位是 A～F 中的符号之一，则应在前边加 0，说明是数字而不是文字，如十六进制数 A7CEH 应写成 0A7CEH。

　　十六进制数按权展开式为：

$$N=\sum_{-m}^{n-1}\alpha_i\times16^i=$$
$$\alpha_{n-1}\times16^{n-1}+\alpha_{n-2}\times16^{n-2}+\cdots+\alpha_0\times16^0+\alpha_{-1}\times16^{-1}+$$
$$\alpha_{-2}\times16^{-2}+\cdots+\alpha_{-m}\times16^{-m}$$

式中，α_i 表示十六进制数的第 i 位，权为 16^i，α_i 从 0～9、A、B、C、D、E、F 十六个数码中选用；m、n 为正整数，n 为小数点左边的位数，m 为小数点右边的位数。例如，

$$A4B.CH=10\times16^2+4\times16^1+11\times16^0+12\times16^{-1}$$

部分数的 3 种数制对照见表 1-3。

表1-3 部分数的3种数制对照表

二进制(B)	十六进制(H)	十进制(D)	二进制(B)	十六进制(H)	十进制(D)
0000	0	0	1000	8	8
0001	1	1	1001	9	9
0010	2	2	1010	A	10
0011	3	3	1011	B	11
0100	4	4	1100	C	12
0101	5	5	1101	D	13
0110	6	6	1110	E	14
0111	7	7	1111	F	15

2. 不同数制之间的转换

在使用计算机的过程中,经常需要在二进制、十进制和十六进制之间进行相互转换。

1) 二进制↔十进制

(1) 二进制→十进制

把二进制数转换为相应的十进制数,只要将二进制中出现1的数位权相加即可,整数和小数的位权如图1-12所示。

图1-12 整数和小数的位权

例如,把二进制数1010转换成相应的十进制数。因为1010是整数,也就是说,小数点在该数的右边。最右边的一位称最低位(LSB),它的位权最小,为 $2^0=1$。最左边的一位称为最高位(MSB),因为在确定数值时,它表示的位权最大。在这个例子中,它的位权是 $2^3=8$。要得到总的数值,需把二进制出现1的位权值相加,即 2^3 与 2^1 相加,得到的十进数是10。

二进制数	1 0 1 0
位权值	2^3 2^2 2^1 2^0
十进制数	$8+0+2+0=10$

为了进一步说明这个转换过程,我们再举一例,把二进制数101101.11转换成相应的十进制数:

二进制数   1 0 1 1 0 1 1   1

| 位权值 | 2^5 | 2^4 | 2^3 | 2^2 | 2^1 | 2^0 | 2^{-1} | 2^{-2} |

十进制数　　　　　$32+0+8+4+0+1+0.5+0.25=45.75$

（2）十进制→二进制

把一个十进制的整数依次除以所需要的底数,就能够转换成不同底数的数。例如,为了把十进制的数转换成相应的二进制数,只要把十进制数依次除以 2 并记下每次所得的余数(余数总是 1 或 0),所得的余数倒向排列即为相应的二进制数。这种方法称为"除 2 取余"法。

【例 1-1】　把十进制数 25 转换成二进制数。

解：

$$
\begin{array}{c}
2\ \underline{|\quad 25\quad} \qquad\qquad 余数 \\
\quad 2\ \underline{|\quad 12\quad} \cdots\cdots\ 1 \quad \leftarrow\text{LSB} \\
\qquad 2\ \underline{|\quad 6\quad} \cdots\cdots\ 0 \\
\qquad\quad 2\ \underline{|\quad 3\quad} \cdots\cdots\ 0 \\
\qquad\qquad 2\ \underline{|\quad 1\quad} \cdots\cdots\ 1 \\
\qquad\qquad\quad 0 \qquad\cdots\cdots\ 1 \quad \leftarrow\text{MSB}
\end{array}
$$

所以,25D＝11001B。

小数部分的转换采用"乘 2 取整"法：乘 2 取整,直到小数部分为 0 或满足精度要求,整数部分取正向排列。

【例 1-2】　将十进制数 0.625 转换成二进制数。

解：

$$0.625\times2=1.25 \qquad \cdots\cdots\text{整数为 }1\leftarrow\text{MSB}$$
$$0.25\times2=0.50 \qquad \cdots\cdots\text{整数为 }0$$
$$0.50\times2=1.00 \qquad \cdots\cdots\text{整数为 }1\leftarrow\text{LSB}$$

所以,0.625D＝0.101B。

综上两例,得：

$$25.625\text{D}=11001.101\text{B}$$

2）十六进制↔十进制

（1）十六进制→十进制

同样也是按权展开后求和。例如：

$$2\text{BEH}=2\times16^2+11\times16^1+14\times16^0=702\text{D}$$

（2）十进制→十六进制

与十进制数转换为二进制数时类似,也分整数和小数两部分进行。

整数部分采用"除 16 取余"法。

【例 1-3】　将十进制数 156 转换为十六进制数。

解：

$$
\begin{array}{r|l}
16 & 156 \qquad\qquad\qquad\text{余数}\\
\hline
16 & \quad 9 \qquad\qquad\cdots\cdots\quad\text{C}\quad\leftarrow\text{LSB}\\
\hline
& \quad 0 \qquad\qquad\cdots\cdots\quad 9\quad\leftarrow\text{MSB}
\end{array}
$$

所以，156D＝9CH。

小数部分采用"乘 16 取整"法。

【例 1-4】　将十进制数 0.359 375 转换为十六进制数。

解：

$$0.359\,375\times16=5.75 \qquad\cdots\cdots\text{整数为 }5\leftarrow\text{MSB}$$
$$0.75\times16=12.0 \qquad\cdots\cdots\text{整数为 }12\leftarrow\text{LSB}$$

所以，0.359 375＝0.5CH。

综上两例，得：

$$156.359375D＝9C.5CH$$

另外，十进制数转换为十六进制数时也可将十进制数先转换为二进制数，再将二进制数转换为十六进制数。

3）十六进制↔二进制

（1）二进制→十六进制

十六进制数的每一位都与 4 位二进制数相对应，要将二进制数转换为十六进制数，首先从低位开始，把数分成 4 位一组，然后将每 4 位一组转换成相应的十六进制数。

现将二进制数 10101101101 转换成十六进制数。

$$10101101101B$$

改写为：

$$
\begin{array}{ccc}
\text{MSB} & & \text{LSB}\\
\searrow & & \swarrow\\
0101 & 0110 & 1101
\end{array}
$$

得到 10101101101B＝56DH。

二进制数由 LSB 开始分成 4 位一组，第 3 组只有 3 位，必须在 MSB 左边增加一个 0，而它的二进制数值仍然不变；然后将每 4 位一组转换成相应的十六进制数。注意：给二进制整数加 0 时，0 必须加在 MSB 的左边。

用同样的方法也能将二进制小数转换成十六进制小数，只是二进制各位必须从小数点右边 MSB 开始分成 4 位一组。例如，将二进制小数 0.01011011 转换成十六进制数。

$$0.01011011B$$

改写为：

```
        MSB              LSB
         ↘                ↙
      0.0101          1011
```

得到 0.01011011B＝0.5BH。

再如,将二进制小数 0.1101001101 转换成相应的十六进制数:

$$0.1101001101B$$

改写为:

```
        MSB              LSB
      0.1101    0011    0100
```

得到 0.1101001101B＝0.D34H。

此例需在 LSB 的右边加两个 0 补足 4 位。

（2）十六进制→二进制

十六进制转换成二进制的过程,恰好是上述转换的逆过程,将每位十六进制数直接转换成相应的 4 位二进制数。例如,将十六进制数 8F.41 转换成二进制数。

$$8F.41H$$

得到:

```
        MSB                    LSB
         ↘                      ↙
      1000    1111.0100    0001
```

改写为:

$$10001111.01000001B$$

所以:

$$8F.41H＝10001111.01000001B$$

再举一例,将十六进制数 175.4E 转换成二进制数:

$$175.4EH$$

得到:

```
        MSB                        LSB
         ↘                          ↘
      0001    0111    0101    0100    1110
```

改写为:

$$101110101.0100111B$$

此例中,MSB 前面的 3 个 0 和 LSB 后面的 1 个 0 是没有数值的,应在最后结果中舍去。

1.3.2 计算机中常用编码

由于计算机只能识别 0 和 1 两种状态,因而计算机处理的任何信息必须以二进制形式表示。这些二进制形式的代码即为二进制编码(Encode)。计算机中常用的二进制编码有 BCD 码和 ASCII 码等。

1. BCD(Binary Coded Decimal)码——二-十进制码

BCD 码是一种二进制形式的十进制码,也称二-十进制码。它用 4 位二进制数表示 1 位十进制数,最常用的是 8421BCD 码,见表 1-4。

表 1-4 8421BCD 码表

十进制数	8421BCD 码	二进制数	十进制数	8421BCD 码	二进制数
0	0000	0000	8	1000	1000
1	0001	0001	9	1001	1001
2	0010	0010	10	0001 0000	1010
3	0011	0011	11	0001 0001	1011
4	0100	0100	12	0001 0010	1100
5	0101	0101	13	0001 0011	1101
6	0110	0110	14	0001 0100	1110
7	0111	0111	15	0001 0101	1111

8421BCD 码用 0000H～1001H 代表十进制数 0～9,运算法则是逢十进一。8421BCD 码每位的权分别是 8,4,2,1,故得此名。

例如,1 649 的 BCD 码为 0001 0110 0100 1001。

2. ASCII(American Standard Code for Information Interchange)码

ASCII 码是一种字符编码,是美国信息交换标准代码的简称,见表 1-5。它由 7 位二进制数码构成,共有 128 个字符。

ASCII 码主要用于微机与外设通信。当微机与 ASCII 码制的键盘、打印机及 CRT 等连用时,均以 ASCII 码形式进行数据传输。例如,当按微机的某一键时,键盘中的单片机便将所按的键码转换成 ASCII 码传入微机进行相应处理。

表 1 - 5　ASCII 码字符表

高　位		低　位															
		0	1	2	3	4	5	6	7	8	9	A	B	C	D	E	F
		0000	0001	0010	0011	0100	0101	0110	0111	1000	1001	1010	1011	1100	1101	1110	1111
0	000	NUL	SOH	STX	ETX	EOT	ENQ	ACK	DEL	BS	HT	LF	VT	FF	CR	SO	SI
1	001	DLE	DC1	DC2	DC3	DC4	NAK	SYN	ETB	CAN	EM	SUB	ESC	FS	GS	RS	US
2	010	SP	!	"	#	$	%	&	'	(	)	*	+	,	—	。	/
3	011	0	1	2	3	4	5	6	7	8	9	:	;	<	=	>	?
4	100	@	A	B	C	D	E	F	G	H	I	J	K	L	M	N	O
5	101	P	Q	R	S	T	U	V	W	X	Y	Z	[	\	]	↑	←
6	110	、	a	b	c	d	e	f	g	h	i	j	k	l	m	n	o
7	111	p.	q	r	s	t	u	v	w	x	y	z	{	|	}	~	DEL

1.4　数据在计算机中的表示

8 位单片机处理的是 8 位二进制数。8 位二进制数又分成有符号数和无符号数两种。

1.4.1　有符号数

有符号的 8 位二进制数用最高位 D7 表示数的正或负,0 代表"＋",1 代表"－",D7 称为符号位,D6～D0 为数值位。

上述的 8 位带符号二进制数又有 3 种不同表达形式,即原码、反码和补码。在计算机中,所有有符号数都是以补码形式存放的。

1. 原　码

一个二进制数,用最高位表示数的符号,其后各位表示数值本身,这种表示方法称为原码。原码的表示范围是－127～＋127,例如,

$X=+1011010B$　$[X]_原=01011010B$;　$X=-1011010B$　$[X]_原=11011010B$

2. 反　码

正数的反码与原码相同。符号位一定为 0,其余位为数值位。

负数的反码符号位为 1,数值位将其原码的数值位逐位求反。

反码的表示范围是－127～＋127,例如,

X＝－1011010B　　　[X]原＝11011010B　　　[X]反＝10100101B

3．补　码

正数的补码与原码相同。

负数的补码符号位为1,数值位将其原码的数值位逐位求反后加1,即负数的反码加1。

补码的表示范围是－128～＋127,例如,

X＝－1011010B　　　[X]补＝10100110B

通常计算机中的数用补码表示,用补码进行运算。一个很明显的优点是减法可以用补码的加法来运算。

这里还要特别提示"溢出"的概念。溢出与进位不同,溢出是指有符号数的运算结果超出了数－128～＋127 的表示范围,破坏了符号位。

4．机器数与真值

机器数：计算机中以二进制形式表示的数。

真值：机器数所代表的数值。

例如,机器数 10001010B,它的真值为

$$
\begin{cases}
138(无符号数) \\
-10(原码) \\
-117(反码) \\
-118(补码)
\end{cases}
$$

【**例 1－5**】　怎样根据真值求补码,或根据补码求真值？

答：只有两种求补码的方法：一是求负数的补码,用绝对值"取反加 1"来求补码；二是求负数(补码)的真值,可先将该补码用"取反加 1"的方法得到其绝对值,再在绝对值前添加一负号。

1.4.2　无符号数

无符号的 8 位二进制数没有符号位,D7～D0 皆为数值位,所以 8 位无符号二进制数的表示范围是 0～255。

8 位二进制数码的不同表达含义见表 1－6。

表 1－6　数的表示方法

8 位二进制数	无符号数	原　码	反　码	补　码
00000000	0	＋0	＋0	＋0
00000001	1	＋1	＋1	＋1
00000010	2	＋2	＋2	＋2

续表 1 - 6

8 位二进制数	无符号数	原　码	反　码	补　码
⋮	⋮	⋮	⋮	⋮
01111100	124	+124	+124	+124
01111101	125	+125	+125	+125
01111110	126	+126	+126	+126
01111111	127	+127	+127	+127
10000000	128	−0	−127	−128
10000001	129	−1	−126	−127
10000010	130	−2	−125	−126
⋮	⋮	⋮	⋮	⋮
11111100	252	−124	−3	−4
11111101	253	−125	−2	−3
11111110	254	−126	−1	−2
11111111	255	−127	−0	−1

1.5　89C51/S51 单片机

Intel 公司继 1976 年推出 MCS-48 系列 8 位单片机之后,又于 1980 年推出了 MCS-51 系列高档 8 位单片机。至今 30 多年来,51 系列单片机经久不衰,并得到了极其广泛的应用。近些年来,世界上很多大的半导体公司都生产以 8051 为内核的单片机,如 ATMEL/NXP/SST 公司的 AT89/P89/STC89 系列和 AT87/P87 系列单片机,越来越多地得到广泛应用。

51 系列单片机有多种型号的产品,如普通型(51 子系列)80C51、80C31、87C51 和 89C51 等,增强型(52 子系列)80C32、80C52、87C52 和 89C52 等。它们的结构基本相同,其主要差别反映在存储器的配置上。80C31 片内没有程序存储器,80C51 内部设有 4 KB 的掩膜 ROM 程序存储器。87C51 是将 80C51 片内的 ROM 换成 EPROM,89C51 则换成 4 KB 的闪速 E^2PROM。51 增强型的程序存储器容量为普通型的 2 倍。通常以 8×C51 代表这一系列的单片机,其中

$$\times = \begin{cases} 0 & \text{掩膜 ROM} \\ 7 & \text{EPROM/OTPROM} \\ 9 & \text{Flash ROM} \end{cases}$$

89 系列单片机已经在片内增加 4 KB 或 8 KB 的 Flash ROM,而且整个 89C51/89C52 芯片比 87C51 便宜得多。所以现在已经没有人使用 80C31 或 87C51 开发产品了。

　　单片机是典型的嵌入式系统,从体系结构到指令系统都是按照嵌入式应用特点专门设计的,能最好地满足面对控制对象、应用系统的嵌入、现场的可靠运行以及非凡的控制品质要求。因此,单片机是发展最快、品种最多、数量最大的嵌入式系统。

　　嵌入式系统与单片机已深入到国民经济众多技术领域,从天上到地下,从军事、工业到家庭日常生活。在人类进入信息时代的今天,难以想象,没有单片机的世界将会怎样!

　　本教程以 ATMEL、NXP 和 SST 等公司的 89 系列单片机中的 AT89C51/P89C51/SST89E554(以下简称为 89C51/S51)为典型机,讲述单片机的硬件结构、原理、接口技术、编程及其应用技术。舍弃 80C31 扩展 EPROM 的传统模式,而依据目标任务选择所需不同档次(片内不同存储器容量)的 89 系列单片机。89S51 单片机片内还增加了硬件看门狗,进行系统设计时更加方便。

1.5.1　AT89C51/S51 系列单片机

　　ATMEL 公司推出了 AT89C 和 AT89S 两大系列产品。其中,AT89C 系列为早期产品,常见型号及其技术指标如表 1-7 所列。AT89S 系列为新型产品,常见型号及其技术指标如表 1-8 所列。

表 1-7　常用 AT89C 系列单片机主要技术指标

型　号	Flash ROM (程序存储器)	RAM (数据存储器)	I/O 口	定时器/ 计数器	串　口	供电电压	其　他
AT89C51	4 KB	128 字节	32	2	1	4.0~6.0 V	—
AT89C52	8 KB	256 字节	32	3	1	4.0~6.0 V	—
AT89C55WD	20 KB	256 字节	32	3	1	4.0~5.5 V	WDT(看门狗)
AT89C2051	2 KB	128 字节	15	2	1	2.7~6.0 V	模拟比较器
T89C4051	4 KB	128 字节	15	2	1	2.7~6.0 V	模拟比较器

表 1-8　常用 AT89S 系列单片机主要技术指标

型　号	Flash ROM (程序存储器)	E²PROM (数据存储器)	RAM (数据存储器)	I/O 口	定时器/ 计数器	串　口	供电电压	其　他
AT89S51	4 KB	—	128 字节	32	2	1	4.0~5.5 V	WDT,ISP
AT89S52	8 KB	—	256 字节	32	3	1	4.0~5.5 V	WDT,ISP
AT89S53	12 KB	—	256 字节	32	3	1	4.0~5.5 V	WDT,ISP
AT89S8252	8 KB	2 KB	256 字节	32	3	1	4.0~6.0 V	WDT,ISP

　　AT89C 系列单片机属常规类型,只能用通用编程器进行编辑,不能进行下载编程,AT89S 系列单片机主要特点是具有 ISP 功能,也就是说,对 AT89S 芯片进行编

程时,不需要将芯片从目标板上取下,只需用一根下载线即可对 AT89S 单片机进行下载编程。

1.5.2　STC89 系列单片机

STC 公司生产的 STC89 系列单片机,是 51 单片机的派生产品,它在指令系统、硬件结构和片内资源上与标准 51 单片机完全兼容;STC89 系列单片机具有高速度、低功耗、在系统编程(ISP)、在应用编程(IAP)等优异功能,大大提高了 51 单片机的性能,性价比极高。常用 STC89 系列单片机主要技术指标如表 1-9 所列。

表 1-9　常用 STC89 系列单片机主要技术指标

型　号	Flash ROM (程序存储器)	E^2PROM (数据存储器)	RAM (数据存储器)	定时器/计数器	串口	供电电压	其　他
STC89C51RC	4 KB	2 KB	512 字节	3	1	3.8~5.5 V	WDT,ISP/IAP
STC89C52RC	8 KB	2 KB	512 字节	3	1	3.8~5.5 V	WDT,ISP/IAP
STC89C53RC	15 KB	—	512 字节	3	1	3.8~5.5 V	WDT,ISP/IAP
STC89C54RD+	16 KB	16 KB	1 280 字节	3	1	3.8~5.5 V	WDT,ISP/IAP
STC89C58RD+	32 KB	16 KB	1 280 字节	3	1	3.8~5.5 V	WDT,ISP/IAP
STC89C516RD+	63 KB	—	1 280 字节	3	1	3.8~5.5 V	WDT,ISP/IAP

1.5.3　SST89 系列单片机

SST89 系列单片机是美国 SST 公司推出的 Flash 单片机,均具有 IAP(在应用编程)和 ISP(在系统编程)功能,最大的特点在于,只需占用单片机的串口,即可实现在线仿真功能。

典型 SST89 系列单片机主要技术指标如表 1-10 所列。

表 1-10　典型 SST89 系列单片机主要技术指标

型　号	Flash ROM (程序存储器)	RAM (数据存储器)	串　口	供电电压	看门狗 (WDT)	ISP/IAP
SST89C58	32 KB+4 KB	256 字节	1	5V	有	有
SST89E554RC	32 KB+8 KB	1 KB	1	5V	有	有
SST89E564RD	64 KB+8 KB	1 KB	1	5V	有	有
SST89E516RD	64 KB+8 KB	1 KB	1	5V	有	有

1.6　思考题与习题

1. 什么是微处理器、CPU、微机和单片机?
2. 单片机有哪些特点?
3. 微型计算机怎样执行一个程序? 由哪几部分组成?
4. 将下列各二进制数转换为十进制数及十六进制数。
   ① 11010B　　② 110100B　　③ 10101011B　　④ 11111B
5. 将下列各数转换为十六进制数及 ASCII 码。
   ① 129D　　② 253D　　③ 01000011BCD　　④ 00101001BCD
6. 将下列十六进制数转换成二进制数和十进制数。
   ① 5AH　　② 0AE7.D2H　　③ 12BEH　　④ 0A85.6EH
7. 将下列十进制数转换成 8421BCD 码。
   ① 22　　② 986.71　　③ 1234　　④ 678.95
8. 什么叫原码、反码及补码?
9. 已知原码如下,写出其补码和反码(其最高位为符号位)。
   ① $[X]_原=01011001$　　　　② $[X]_原=00111110$
   ③ $[X]_原=11011011$　　　　④ $[X]_原=11111100$
10. 当微机把下列数看成无符号数时,它们相应的十进制数为多少? 若把它们看成是补码,最高位为符号位,那么相应的十进制数是多少?
    ① 10001110　　② 10110000　　③ 00010001　　④ 01110101
11. BCD 码与二进制数有什么异同?
12. 单片机的主要性能指标是什么?

第2章 89C51/S51 单片机的硬件结构和原理

2.1 89C51/S51 单片机的内部结构及特点

ATMEL、NXP、STC 和 SST 等公司生产的与 80C51 兼容的低功耗、高性能 8 位 89C51/S51 单片机具有比 80C31 更丰富的硬件资源，特别是其内部增加的闪速可电改写的存储器 Flash ROM 给单片机的开发及应用带来了很大的方便。因为 89C51＝80C31＋373＋2732，且芯片的价格非常便宜，因此，近年来得到了极其广泛的应用。

本章将以 89C51/S51(AT89C51/S51、P89C51 或 STC89C51)单片机为典型机，详细介绍芯片内部的硬件资源、各个功能部件的结构及原理。AT89S，STC89C 等系列单片机内集成有看门狗等功能，因此使用起来非常方便。

2.1.1 89C51/S51 单片机的基本组成

图 2-1 所示为 89C51/S51 带闪存(Flash ROM)单片机的基本结构框图。

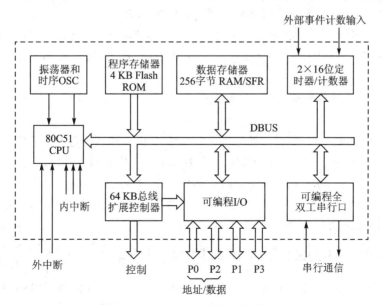

图 2-1 89C51/S51 单片机结构框图

89C51/S51 单片机芯片内包括：

- 一个 8 位的 80C51 微处理器(CPU)。
- 片内 256 字节数据存储器 RAM/SFR,用以存放可以读/写的数据,如运算的中间结果、最终结果以及欲显示的数据等。
- 片内 4 KB 程序存储器 Flash ROM,用以存放程序、一些原始数据和表格。
- 4 个 8 位并行 I/O 端口 P0～P3,每个端口既可以用作输入,也可以用作输出。
- 两个 16 位的定时器/计数器,每个定时器/计数器都可以设置成计数方式,用以对外部事件进行计数,也可以设置成定时方式,并可以根据计数或定时的结果实现计算机控制。
- 具有 5 个中断源、两个中断优先级的中断控制系统。
- 一个全双工 UART(通用异步接收发送器)的串行 I/O 口,用于实现单片机之间或单片机与 PC 机之间的串行通信。
- 片内振荡器和时钟产生电路,但石英晶体和微调电容需要外接,最高允许振荡频率为 24 MHz。
- 89C51/S51 单片机与 8051 相比,具有节电工作方式,即休闲方式及掉电方式。

以上各个部分通过片内 8 位数据总线(DBUS)相连接。

另外,89C51/S51 是用静态逻辑来设计的,其工作频率可下降到 0 Hz,并提供两种可用软件来选择的省电方式——空闲方式(Idle Mode)和掉电方式(Power Down Mode)。在空闲方式中,CPU 停止工作,而 RAM、定时器/计数器、串行口和中断系统都继续工作。此时的电流可降到大约为正常工作方式的 15%。在掉电方式中,片内振荡器停止工作,由于时钟被"冻结",使一切功能都暂停,故只保存片内 RAM 中的内容,直到下一次硬件复位为止。这种方式下的电流可降到 15 μA 以下,最小可降到 0.6 μA。

89C51/S51 单片机还有一种低电压的型号,即 89LV51,除了电压范围有区别之外,其余特性与 89C51/S51 完全一致。

89C51/S51 是一种低功耗、低电压、高性能的 8 位单片机。它采用了 CMOS 工艺和高密度非易失性存储器(NURAM)技术,而且其输出引脚和指令系统都与 MCS-51 兼容;片内的 Flash ROM 允许在系统内改编程序或用常规的非易失性存储器编程器来编程。因此 89C51/S51 是一种功能强、灵活性高且价格合理的单片机,可方便地应用在各种控制领域。

2.1.2 89C51/S51 单片机芯片内部结构

89C51/S51 单片机与早期 Intel 的 8051/8751/8031 芯片的外部引脚和指令系统完全兼容,只不过用 Flash ROM 替代了 ROM/EPROM 而已。89S51 片内还有硬件看门狗。

89C51/S51 单片机内部结构如图 2-2 所示。

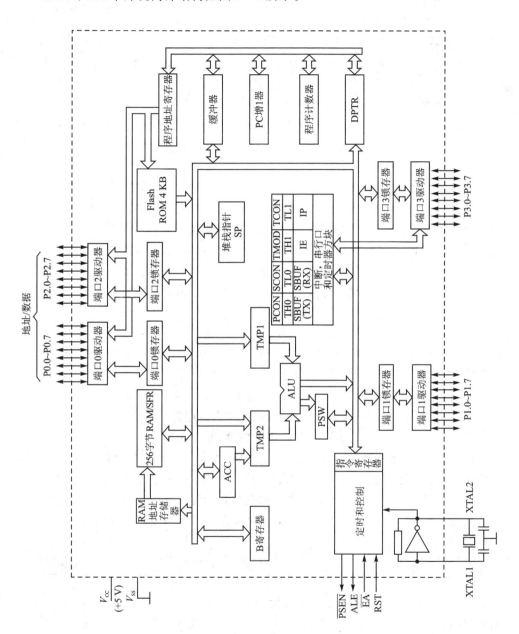

图 2-2　89C51/S51 单片机芯片内部结构图

一个完整的计算机应该由运算器、控制器、存储器(ROM 及 RAM)和 I/O 接口组成。各部分功能简述如下。

1. 中央处理单元(89C51/S51 CPU)

CPU 是单片机的核心,是单片机的控制和指挥中心,由运算器和控制器等部件组成。

1) 运算器

运算器包括一个可进行 8 位算术运算和逻辑运算的单元 ALU,8 位的暂存器 1(TMP1)、暂存器 2(TMP2),8 位的累加器 ACC,寄存器 B 和程序状态寄存器 PSW 等。

① ALU:逻辑运算单元。可对 4 位(半字节)、8 位(一字节)和 16 位(双字节)数据进行操作,能做加、减、乘、除、加 1、减 1、BCD 数十进制调整及比较等算术运算和"与"、"或"、"异或"、"求补"及"循环移位"等逻辑操作。

② ACC:累加器。经常作为一个运算数经暂存器 2 进入 ALU 的输入端,与另一个来自暂存器 1 的运算数进行运算,运算结果又送回 ACC。除此之外,ACC 在 89C51/S51 内部经常作为数据传送的中转站。同一般微处理器一样,它是最忙碌的一个寄存器。在指令中用助记符 A 来表示。

③ PSW:程序状态字寄存器。8 位,用于指示指令执行后的状态信息,相当于一般微处理器的标志寄存器。PSW 中各位状态供程序查询和判别用。详见特殊功能寄存器 SFR 中介绍。

④ B:8 位寄存器,在乘、除运算时,B 寄存器用来存放一个操作数,也用来存放运算后的一部分结果;若不做乘、除运算,则可作为通用寄存器使用。

另外,89C51/S51 片内还有一个布尔处理器,它以 PSW 中的进位标志位 CY 为其累加器(在布尔处理器及其指令中以 C 代替 CY),专门用于处理位操作。如可执行置位、位清 0、位取反、位等于 1 转移、位等于 0 转移、位等于 1 转移并清 0 以及位累加器 C 与其他可位寻址的空间之间进行信息传送等位操作,也能使 C 与其他可寻址位之间进行逻辑"与"、逻辑"或"操作,结果存放在进位标志位(位累加器)C 中。

2) 控制器

控制器包括程序计数器 PC、指令寄存器 IR、指令译码器 ID、振荡器及定时电路等。

程序计数器 PC:由两个 8 位的计数器 PCH 及 PCL 组成,共 16 位。PC 实际上是程序的字节地址计数器,PC 中的内容是将要执行的下一条指令的地址。改变 PC 的内容就可改变程序执行的方向。

指令寄存器 IR 及指令译码器 ID:由 PC 中的内容指定 Flash ROM 地址,取出来的指令经指令寄存器 IR 送至指令译码器 ID,由 ID 对指令译码并送 PLA 产生一定序列的控制信号,以执行指令所规定的操作。例如,控制 ALU 的操作,在 89C51/S51 片内工作寄存器间传送数据,以及发出 ACC 与 I/O 口(P0~P3)或存储器之间通信的控制信号等。

振荡器及定时电路：89C51/S51 单片机片内有振荡电路，只需外接石英晶体和频率微调电容(2 个 30 pF 左右)，其频率为 0～24 MHz。该脉冲信号就作为 89C51/S51 工作的基本节拍，即时间的最小单位。89C51/S51 同其他计算机一样，在基本节拍的控制下协调地工作，就像一个乐队按着指挥的节拍演奏一样。

2. 存储器

89C51/S51 片内有 Flash ROM(程序存储器，只能读)和 RAM(数据存储器，可读可写)两类，它们有各自独立的存储地址空间(称为哈佛结构)。

1) 程序存储器(Flash ROM)

89C51/S51 片内程序存储器容量为 4 KB，地址从 0000H 开始，用于存放程序和表格常数。

2) 数据存储器(RAM)

89C51/S51 片内数据存储器为 128 字节，地址为 00H～7FH，用于存放运算的中间结果、数据暂存以及数据缓冲等。

在这 128 字节的 RAM 中，有 32 字节单元可指定为工作寄存器。这同一般微处理器不同，89C51/S51 的片内 RAM 和工作寄存器排在一个队列里统一编址。

由图 2-2 可见，89C51/S51 单片机内部还有 SP、DPTR、PCON、IE 和 IP 等多个特殊功能寄存器，它们也同 128 字节 RAM 在一个队列里编址，地址为 80H～FFH。在这 128 字节 RAM 单元中有 21 个特殊功能寄存器(SFR)，这些特殊功能寄存器还包括 P0～P3 口锁存器。

如何使用 RAM 中的 32 个工作寄存器和特殊功能寄存器，将在 2.3.2 小节详细介绍。

3. I/O 接口

89C51/S51 有 4 个与外部交换信息的 8 位并行接口，即 P0～P3。它们都是准双向端口，每个端口各有 8 条 I/O 线，均可输入/输出。P0～P3 4 个锁存器同 RAM 统一编址，可以把 I/O 口当作一般特殊功能寄存器(SFR)来寻址。

除 4 个 8 位并行口外，89C51/S51 还有一个可编程的全双工串行口(UART)，利用 P3.0(RXD)和 P3.1(TXD)，可实现与外界的串行通信。

2.2　89C51/S51 单片机的引脚及其功能

图 2-3 是 89C51/S51 的引脚结构图，有双列直插封装(DIP)方式和方形封装方式。下面分别叙述这些引脚的功能。

1. 电源引脚 V_{CC} 和 V_{SS}

V_{CC}(**40 引脚**)：电源端，为 +5 V。

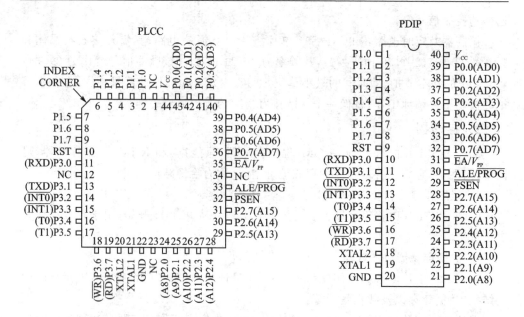

图 2-3　89C51/S51 的引脚结构

V_{SS}(20 引脚)：接地端。

2. 外接晶体引脚 XTAL1 和 XTAL2

XTAL2(18 引脚)：接外部晶体和微调电容的一端。在 89C51/S51 片内它是振荡电路反相放大器的输出端,振荡电路的频率就是晶体的固有频率。若采用外部时钟电路,则该引脚悬空。

要检查 89C51/S51 的振荡电路是否正常工作,可用示波器查看 XTAL2 端是否有脉冲信号输出。

XTAL1(19 引脚)：接外部晶体和微调电容的另一端。在片内,它是振荡电路反相放大器的输入端。在采用外部时钟时,该引脚输入外部时钟脉冲。

3. 控制信号引脚 RST、$\overline{PSEN}$、ALE 和$\overline{EA}$

RST(9 引脚)：RST 是复位信号输入端,高电平有效。当此输入端保持两个机器周期(24 个时钟振荡周期)的高电平时,就可以完成复位操作。

$\overline{PSEN}$(Program Store Enable,29 引脚)：程序存储允许输出信号端。当 89C51/S51 由片外程序存储器取指令(或常数)时,每个机器周期两次$\overline{PSEN}$有效(即输出 2 个脉冲)。但在此期间内,每当访问外部数据存储器时,这两次有效的$\overline{PSEN}$信号将不出现。

$\overline{PSEN}$端同样可驱动 8 个 LS 型 TTL 负载。

要检查一个 89C51/S51 小系统上电后 CPU 能否正常工作,也可用示波器看$\overline{PSEN}$端有无脉冲输出。如有,则说明基本上工作正常。

ALE/$\overline{\text{PROG}}$(Address Latch Enable/Programming,30 引脚)：地址锁存允许信号端。当 89C51/S51 上电正常工作后,ALE 引脚不断向外输出正脉冲信号,此频率为振荡器频率 f_{OSC} 的1/6。CPU 访问片外存储器时,ALE 输出信号作为锁存低 8 位地址的控制信号。

平时不访问片外存储器时,ALE 端也以振荡频率的 1/6 固定输出正脉冲,因而ALE 信号可以用作对外输出时钟或定时信号。如果想确认 89C51/S51 芯片的好坏,可用示波器查看 ALE 端是否有脉冲信号输出。若有脉冲信号输出,则 89C51/S51基本上是好的。

ALE 端的负载驱动能力为 8 个 LS 型 TTL(低功耗甚高速 TTL)负载。

此引脚的第 2 功能 $\overline{\text{PROG}}$ 在对片内带有 4 KB Flash ROM 的 89C51/S51 编程写入(固化程序)时,作为编程脉冲输入端。

$\overline{\text{EA}}$/V_{PP}(Enable Address/Voltage Pulse of Programming, 31 引脚)：外部程序存储器地址允许输入端/固化编程电压输入端。

当 $\overline{\text{EA}}$ 引脚接高电平时,CPU 只访问片内 Flash ROM 并执行内部程序存储器中的指令;但当 PC(程序计数器)的值超过 0FFFH(对 89C51/S51 为 4 KB)时,将自动转去执行片外程序存储器内的程序。

当输入信号 $\overline{\text{EA}}$ 引脚接低电平(接地)时,CPU 只访问片外 ROM 并执行片外程序存储器中的指令,而不管是否有片内程序存储器。然而需要注意的是,如果保密位LB1 被编程,则复位时在内部会锁存 $\overline{\text{EA}}$ 端的状态。

当 $\overline{\text{EA}}$ 端保持高电平(接 V_{CC} 端)时,CPU 则执行内部程序存储器中的程序。

在 Flash ROM 编程期间,该引脚也用于施加 12 V 的编程允许电源 V_{PP}(如果选用 12 V 编程)。

4. 输入/输出端口 P0、P1、P2 和 P3

P0 端口(P0.0~P0.7,39~32 脚)：P0 口是一个漏极开路的 8 位准双向 I/O 端口。它作为漏极开路的输出端口,每位能驱动 8 个 LS 型 TTL 负载。当 P0 口作为输入口使用时,应先向口锁存器(地址 80H)写入全 1,此时 P0 口的全部引脚浮空,可作为高阻抗输入。作输入口使用时要先写 1,这就是准双向的含义。

在 CPU 访问片外存储器(89C51/S51 片外 EPROM 或 RAM)时,P0 口分时提供低 8 位地址和 8 位数据的复用总线。在此期间,P0 口内部上拉电阻有效。

P1 端口(P1.0~P1.7)：P1 是一个带有内部上拉电阻的 8 位双向 I/O 端口。其输出缓冲器可驱动(吸收或输出电流方式)4 个 TTL 输入。对端口写 1 时,通过内部的上拉电阻把端口拉到高电位,这时可用作输入口。P1 作输入口使用时,因为有内部的上拉电阻,那些被外部信号拉低的引脚会输出一个电流(I_{IL})。

由于它的内部有一个上拉电阻,所以连接外围负载时不需要外接上拉电阻,这一点与下面将要介绍的 P2、P3 口都一样,与上面介绍的 P0 口则不同,请大家务必注意。

对于 AT89S51/52 单片机,P1 口的部分引脚也具有第二功能,如表 2-1 所列。

表 2-1　AT89S51/52 单片机 P1 口部分引脚的第二功能

引　脚	第二功能	适用单片机	备　注
P1.0	定时器/计数器 2 外部输入(T2)	AT89S52	AT89S51 只有 T0、T1 两个定时器/计数器;
P1.1	定时器/计数器 2 捕获/重载触发信号和方向控制(T2EX)	AT89S52	AT89S52 则有 T0、T1、T2 三个定时器/计数器
P1.5	主机输出/从机输入数据信号(MOSI)	AT89S51/52	这是 SPI 串行总线接口的三个信号,用来对 AT89S51/52 单片机进行 ISP 下载编程
P1.6	主机输入/从机输出数据信号(MISO)	AT89S51/52	
P1.7	串行时钟信号(SCK)	AT89S51/52	

　　STC89C51/C52 与 AT89S51/52 单片机有所不同,其 P1.5、P1.6、P1.7 脚没有第二功能,STC89C51/C52 的 ISP 下载编程是通过串口进行的。

　　P2 端口(P2.0～P2.7): P2 是一个带有内部上拉电阻的 8 位双向 I/O 端口。其输出缓冲器可驱动(吸收或输出电流方式)4 个 TTL 输入。对端口写 1 时,通过内部的上拉电阻把端口拉到高电位,这时可用作输入口。P2 作输入口使用时,因为有内部的上拉电阻,那些被外部信号拉低的引脚会输出一个电流(I_{IL})。

　　在访问外部程序存储器和 16 位地址的外部数据存储器(如执行"MOVX @DPTR"指令)时,P2 送出高 8 位地址。在访问 8 位地址的外部数据存储器(如执行 "MOVX　@R1"指令)时,P2 引脚上的内容(就是专用寄存器(SFR)区中 P2 寄存器的内容)在整个访问期间不会改变。

　　P3 端口(P3.0～P3.7): P3 是一个带内部上拉电阻的 8 位双向 I/O 端口。其输出缓冲器可驱动(吸收或输出电流方式)4 个 TTL 输入。对端口写 1 时,通过内部的上拉电阻把端口拉到高电位,这时可用作输入口。P3 作输入口使用时,因为有内部的上拉电阻,那些被外部信号拉低的引脚会输出一个电流(I_{IL})。

表 2-2　P3 端口引脚与复用功能表

端口引脚	复用功能
P3.0	RXD(串行输入口)
P3.1	TXD(串行输出口)
P3.2	$\overline{INT0}$(外部中断 0)
P3.3	$\overline{INT1}$(外部中断 1)
P3.4	T0(定时器 0 的外部输入)
P3.5	T1(定时器 1 的外部输入)
P3.6	$\overline{WR}$(外部数据存储器写选通)
P3.7	$\overline{RD}$(外部数据存储器读选通)

　　在 89C51/S51 中,P3 端口还具有第二功能。其第二功能如表 2-2 所列。

　　图 2-4、图 2-5、图 2-6 和图 2-7 分别给出了 P0、P1、P2 和 P3 端口的某 1 位结构。每个端口都是 8 位准双向口,共占 32 只引脚。每一条 I/O 线都能独立地用作输入或输出。每个端口都包括一个锁存器(即特殊功能寄存器 P0～P3)、一个输出驱动器和输入缓冲器。这些端口作输出时,数据可以锁存;作输入时,数据可以缓冲。

但这 4 个通道的功能不完全相同,其内部结构也略有不同。

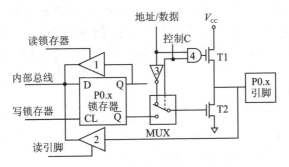

图 2-4   P0 口某位结构

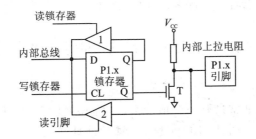

图 2-5   P1 口某位的结构

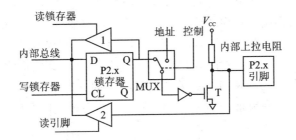

图 2-6   P2 口某位结构

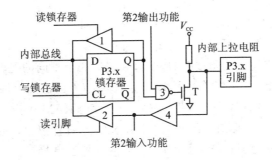

图 2-7   P3 口某位结构

当 89C51/S51 执行输出操作时,CPU 通过内部总线把数据写入锁存器。而 89C51/S51 执行输入(读端口)操作却有两种方式:当执行的是读锁存器指令时,CPU 发出读锁存器信号,此时锁存器状态由触发器的 Q 端经锁存器上面的三态输入缓冲器 1 送入内部总线;当执行的是读端口引脚的指令,CPU 发出的是读引脚控制信号,直接读取端口引脚上的外部输入信息,此时引脚状态经锁存器下面的三态输入缓冲器 2 送入内部总线。

在 89C51/S51 无片外扩展存储器的系统中,这 4 个端口都可以作为准双向通用 I/O 口使用。在具有片外扩展存储器的系统中,P2 口送出高 8 位地址;P0 口为双向总线,分时送出低 8 位地址和数据的输入/输出。

89C51/S51 单片机 4 个 I/O 端口的电路设计非常巧妙。熟悉 I/O 端口逻辑电路,不但有利于正确、合理地使用端口,而且会对设计单片机外围逻辑电路有所启发。

2.3　89C51/S51 单片机的存储器配置

89 系列单片机和 MCS - 51 系列单片机一样,它与一般微机的存储器配置方式很不相同。一般微机通常只有一个地址空间,而 ROM 和 RAM 可以随意安排在一个地址范围内不同的空间,即 ROM 和 RAM 的地址同在一个队列里分配不同的地址空间。CPU 访问存储器时,一个地址对应唯一的存储器单元,可以是 ROM,也可以是 RAM,并用同类访问指令。此种存储器结构称为普林斯顿结构。

89C51/S51 的存储器在物理结构上分为程序存储器空间和数据存储器空间,共有 4 个存储空间:片内程序存储器和片外程序存储器空间以及片内数据存储器和片外数据存储器空间,这种程序存储器和数据存储器分开的结构形式,称为哈佛结构。但从用户使用的角度看,89C51/S51 存储器地址空间分为以下 3 类:

- 片内、片外统一编址 0000H～FFFFH 的 64 KB 程序存储器地址空间(采用 16 位地址)。
- 64 KB 片外数据存储器地址空间,地址也在 0000H～FFFFH(采用 16 位地址)范围内编址。
- 256 字节数据存储器地址空间(采用 8 位地址)。

89C51/S51 存储器空间配置如图 2 - 8 所示。

上述 3 个存储空间地址是重叠的,如何区别这 3 个不同的逻辑空间呢? 89C51/S51 的指令系统设计了不同的数据传送指令符号:CPU 访问片内、片外 ROM 用指令 MOVC,访问片外 RAM 用指令 MOVX,访问片内 RAM 用指令 MOV。

图 2 - 8 中示出的引脚信号$\overline{\text{PSEN}}$,若$\overline{\text{PSEN}}$有效,即能读出片外 ROM 中的指令。引脚信号$\overline{\text{RD}}$和$\overline{\text{WR}}$有效时可读/写片外 RAM 或片外 I/O 接口。

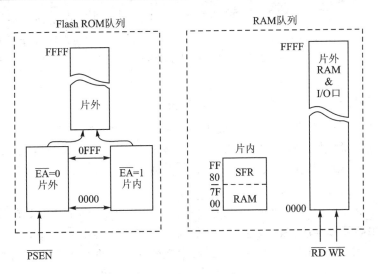

图 2 - 8　89C51/S51 存储器配置

2.3.1　程序存储器地址空间

1. 程序存储器的分类

程序存储器是专门用来存放程序和常数的,有 MASK ROM(掩膜 ROM)、OTP-ROM(一次性可编程 ROM)、EPROM(可擦除可编程 ROM)、E^2PROM(电可擦写 ROM)、Flash ROM(快闪 ROM)等类型。

掩膜 ROM 程序存储器适用于成熟的和大批量生产的产品,如使用到彩色电视机等家电产品中的单片机就采用这种方式,只要用户把应用程序代码交给半导体制造厂家,在生产相应的单片机时将程序固化到芯片中即可,这种芯片一旦生产出来,程序就无法改变了。

采用 OTPROM 的单片机也可以进行刷写程序,但写入后就不能再擦除,使用也不够方便。

采用 EPROM 的单片机虽然可以进行刷写程序,但刷写时需要用紫外线进行擦除,因此比较麻烦。

采用 E^2PROM 的单片机可方便地进行程序的刷写操作,其存在的问题是刷写速度稍慢。

采用 Flash ROM 的单片机,不但程序刷写方便,而且刷写速度快,使用十分方便。AT89S51/52 以及 STC89C51/52 单片机采用的就是 Flash ROM 程序存储器。

AT89S51/52 单片机内部有 4 KB/8 KB 大小的程序存储器,这对于一般的应用已经足够,另外还可以扩展外部程序存储器,最大寻址范围为 64 KB(相当于 FFFFH)。当扩展外部程序存储器时,需要注意单片机 31 脚($\overline{EA}$)的接法,当 31 脚接地时,即强制从外部程序存储器读取程序;当 31 脚接高电平时,则先从内部程序存储器中读取程序,超过内部程序存储器容量时,才会转向外部程序存储器读取程序。通常不要进行程序存储器的扩展,如果感觉 AT89S51/52 内部程序存储器不够,可以选购内部程序存储器更大的单片机,如 ATS8953、STC89C516RD＋、P89C668 型号等。

2. AT89S51 单片机程序存储器的使用

AT89S51 单片机片内有 4 KB 的 Flash ROM,其地址为 0000H～0FFFH,单片机启动复位后,程序计数器的内容为 0000H,所以系统将从 0000H 单元开始执行程序。实际编程时,一般在 0000H 单元存放一条跳转指令,而用户设计的程序从跳转后的地址开始存放。

另外需要注意的是,与 89C51 一样,AT89S51 的以下 40 个单元比较重要,它们分别存放中断处理程序的转移地址。

表 2-3 中 40 个单元是专门用于存放中断处理程序的地址单元,中断响应后,按中断的类型,自动转到各自的中断区去执行程序。因此以上地址单元不能用于存放程序的其他内容,只能存放中断服务程序。但是通常情况下,每段只有 8 个地址单元是不能存下完整的中断服务程序的,因而一般也在中断响应的地址区,安放一条无条件转移指令,指向程序存储器的其他真正存放服务程序的空间去执行,这样中断响应后,CPU 读到这条转移指令,便转向其他地方去继续执行中断服务程序。

例如,当外部中$\overline{\text{INT0}}$(P3.2)有效时,即引起中断申请,CPU 响应中断后自动将地址 0003H 装入 PC,程序就自动转向 0003H 单元开始执行。如果事先在 0003H～000AH 存有引导(转移)指令,程序就被引导(转移)到指定的中断服务程序空间去执行。这里,0003H 称为中断矢量地址。

3. AT89S52 单片机程序存储器的使用

AT89S52 单片机片内有 8 KB 的 Flash ROM,其地址为 0000H～1FFFH,与 AT89S51 不同的是,AT89S52 比 AT89S51 多 1 个定时器溢出中断 2,如表 2-4 所列。

表 2-3　AT89S51 中断入口地址

地　址	名　称
0003H～000AH	外部中断 0
000BH～0012H	定时器 0 溢出中断
0013H～001AH	外部中断 1
001BH～0022H	定时器 1 溢出中断
0023H～002AH	串行口中断

表 2-4　AT89S52 中断入口地址

地　址	名　称
0003H～000AH	外部中断 0
000BH～0012H	定时器 0 溢出中断
0013H～001AH	外部中断 1
001BH～0022H	定时器 1 溢出中断
0023H～002AH	串行口中断
002BH～0032H	定时器 2 溢出中断

为便于理解以上内容,图 2-9 给出了用户程序(主程序和中断程序)在程序存储器中的位置示意图。

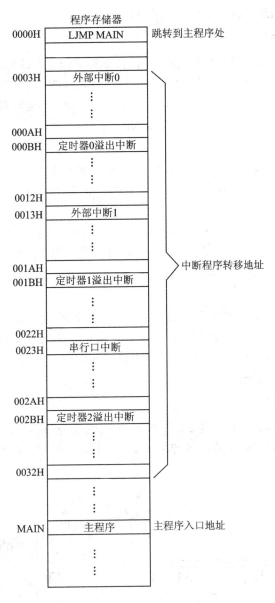

图 2-9 用户程序在程序存储器中的位置示意图

2.3.2 数据存储器地址空间

数据存储器 RAM(读/写存储器)用于存放运算的中间结果、数据暂存和缓冲、标志位等。

数据存储器空间也分成片内和片外两大部分,即片内 RAM 和片外 RAM。

89C51/S51 片外数据存储器空间为 64 KB,地址为 0000H～FFFFH;片内存储器空间为256 字节,地址为 0000H～00FFH。

1. 片外 RAM

如图 2-8 所示,片外数据存储器与片内数据存储器空间的低地址部分(0000H～00FFH)是重叠的,如何区别片内、片外 RAM 空间呢? 89C51/S51 有 MOV 和 MOVX 两种指令,用以区分片内、片外 RAM 空间。片内 RAM 使用 MOV 指令,片外 64 KB RAM 空间(包括片外 I/O 接口芯片)专门为 MOVX 指令(使引脚 $\overline{RD}$ 或 $\overline{WR}$ 信号有效)所用。

89C51/S51 单片机片内 RAM 只有 128 字节,89C52/S52 也只有 256 字节。若需要扩展片外 RAM,则可外接 2 KB/8 KB/32 KB 的静态 RAM 芯片 6116/6264/62256。

图 2-10 是访问 2 KB 片外 RAM 时的硬件连接图。在这种情况下,CPU 执行片内 Flash ROM 中的指令($\overline{EA}$ 接 V_{cc})。P0 口用作 RAM 的地址/数据总线,P2 口中的 3 位也作为 RAM 的页地址。访问片外 RAM 期间,CPU 根据需要发送 $\overline{RD}$ 和 $\overline{WR}$ 信号。

外部数据存储器的寻址空间可达 64 KB。片外数据存储器的地址可以是 8 位或 16 位的。使用 8 位地址时,要连同另外一条或几条 I/O 线作为 RAM 的页地址,如图 2-10 所示。这时 P2 的部分引线可作为通用的 I/O 线。若采用 16 位地址,则由 P2 端口传送高 8 位地址。

2. 片内 RAM

片内数据存储器最大可寻址 256 个单元,它们又分为两部分:低 128 字节(00H～7FH)是真正的 RAM 区;高 128 字节(80H～FFH)为特殊功能寄存器(SFR)区,如图 2-11 所示。

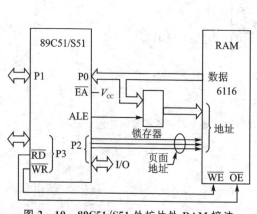

图 2-10　89C51/S51 外扩片外 RAM 接法

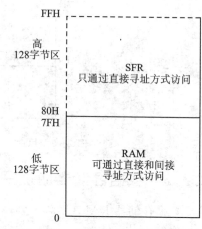

图 2-11　片内数据存储器的配置

高 128 字节和低 128 字节 RAM 中的配置及含义如图 2-12 和图 2-13 所示。

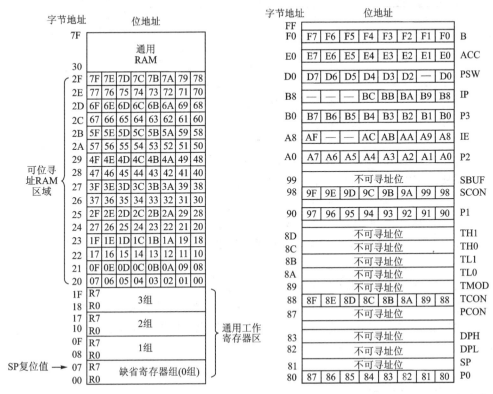

图 2-12　低 128 字节 RAM 区　　　　图 2-13　高 128 字节 RAM 区(SFR 区,特殊功能寄存器区)

1) 低 128 字节 RAM

89C51/S51 的 32 个工作寄存器与 RAM 安排在同一个队列空间里,统一编址并使用同样的寻址方式(直接寻址和间接寻址)。

00H～1FH 地址安排为 4 组工作寄存器区,每组有 8 个工作寄存器(R0～R7),共占 32 个单元,见表 2-5。通过对程序状态字 PSW 中 RS1、RS0 的设置,每组寄存器均可选作 CPU 的当前工作寄存器组。若程序中并不需要 4 组,那么其余可用作一般 RAM 单元。CPU 复位后,选中第 0 组寄存器为当前的工作寄存器。

工作寄存器区后的 16 字节单元(20H～2FH),可用位寻址方式访问其各位。在89 系列单片机的指令系统中,还包括许多位操作指令,这些位操作指令可直接对这128 位寻址。这 128 位的位地址为 00H～7FH,其位地址分布见图 2-12。

低 128 字节 RAM 单元地址范围也是 00H～7FH,89C51/S51 采用不同寻址方式来加以区分,即访问 128 个位地址用位寻址方式,访问低 128 字节单元用直接寻址和间接寻址。这样就可以区分开 00H～7FH 是位地址还是字节地址。

表 2 - 5　工作寄存器地址表

组	RS1	RS0	R0	R1	R2	R3	R4	R5	R6	R7
0	0	0	00H	01H	02H	03H	04H	05H	06H	07H
1	0	1	08H	09H	0AH	0BH	0CH	0DH	0EH	0FH
2	1	0	10H	11H	12H	13H	14H	15H	16H	17H
3	1	1	18H	19H	1AH	1BH	1CH	1DH	1EH	1FH

　　这些可寻址位,通过执行指令可直接对某一位操作,如置 1、清 0 或判 1、判 0 等,可用作软件标志位或用于位(布尔)处理。这是一般微机和早期的单片机(如 MCS - 48)所没有的。这种位寻址能力是 89C51/S51 的一个重要特点。

2) 高 128 字节 RAM——特殊功能寄存器(SFR)

　　89C51/S51 片内高 128 字节 RAM 中,有 21 个特殊功能寄存器(SFR),它们离散地分布在 80H~FFH 的 RAM 空间中。

　　访问特殊功能寄存器只允许使用直接寻址方式。

　　这些特殊功能寄存器见图 2-13。各 SFR 的名称及含义见表 2-6。

　　在这 21 个特殊功能寄存器中,有 11 个具有位寻址能力,其字节地址正好能被 8 整除,其地址分布见表 2-6。

表 2 - 6　特殊功能寄存器地址表

D7			位地址				D0	字节地址	SFR	寄存器名
P0.7	P0.6	P0.5	P0.4	P0.3	P0.2	P0.1	P0.0	80	P0*	P0 端口
87	86	85	84	83	82	81	80			
								81	SP	堆栈指针
								82	DPL	数据指针
								83	DPH	
SMOD								87	PCON	电源控制
TF1	TR1	TF0	TR0	IE1	IT1	IE0	IT0	88	TCON*	定时器控制
8F	8E	8D	8C	8B	8A	89	88			
CATE	C/T	M1	M0	GATE	C/T	M1	M0	89	TMOD	定时器模式
								8A	TL0	T0 低字节
								8B	TL1	T1 低字节
								8C	TH0	T0 高字节
								8D	TH1	T1 高字节

D7	位地址						D0	字节地址	SFR	寄存器名
P1.7	P1.6	P1.5	P1.4	P1.3	P1.2	P1.1	P1.0	90	P1*	P1 端口
97	96	95	94	93	92	91	90			
SM0	SM1	SM2	REN	TB8	RB8	TI	RI	98	SCON*	串行口控制
9F	9E	9D	9C	9B	9A	99	98			
								99	SBUF	串行口数据
P2.7	P2.6	P2.5	P2.4	P2.3	P2.2	P2.1	P2.0	A0	P2*	P2 端口
A7	A6	A5	A4	A3	A2	A1	A0			
EA			ES	ET1	EX1	ET0	TX0	A8	IE*	中断允许
AF	—	—	AC	AB	AA	A9	A8			
P3.7	P3.6	P3.5	P3.4	P3.3	P3.2	P3.1	P3.0	B0	P3v	P3 端口
B7	B6	B5	B4	B3	B2	B1	B0			
			PS	PT1	PX1	PT0	PX0	B8	IP*	中断优先权
	—		BC	BB	BA	B9	B8			
CY	AC	F0	RS1	RS0	OV	—	P	D0	PSW*	程序状态字
D7	D6	D5	D4	D3	D2	D1	D0			
								E0	A*	A 累加器
E7	E6	E5	D4	E3	E2	E1	E0			
								F0	B*	B 寄存器
F7	F6	F5	F4	F3	F2	F1	F0			

　　* SFR 既可按位寻址,也可直接按字节寻址。

　　下面介绍部分特殊功能寄存器。

　　(1) 累加器 ACC(E0H)

　　累加器 ACC 是 89C51/S51 最常用、最忙碌的 8 位特殊功能寄存器,许多指令的操作数取自于 ACC,许多运算中间结果也存放于 ACC。

　　在指令系统中用 A 作为累加器 ACC 的助记符。

　　(2) 寄存器 B(F0H)

　　在乘、除指令中用到了 8 位寄存器 B。乘法指令的两个操作数分别取自 A 和 B,乘积存于 B 和 A 两个 8 位寄存器中。除法指令中,A 中存放被除数,B 中放除数,商存放于 A,B 中存放余数。

　　在其他指令中,B 可作为一般通用寄存器或一个 RAM 单元使用。

　　(3) 程序状态寄存器 PSW(D0H)

　　PSW 是一个 8 位特殊功能寄存器,它的各位包含了程序执行后的状态信息,供程序查询或判别之用。各位的含义及其格式见表 2-7。

　　PSW 除有确定的字节地址(D0H)外,每一位均有位地址,见表 2-7。

表 2－7　PSW 程序状态字

位地址	D7	D6	D5	D4	D3	D2	D1	D0
位名称	CY	AC	F0	RS1	RS0	OV	—	P
位意义	进、借	辅进	用户标定	寄存器组选择		溢出	保留	奇/偶

对表 2－7 中各位进行说明。

CY(PSW.7):进位标志位。在执行加法(或减法)运算指令时,如果运算结果最高位(位 7)向前有进位(或借位),则 CY 位由硬件自动置 1;如果运算结果最高位无进位(或借位),则 CY 清 0。CY 也是 89C51/S51 在进行位操作(布尔操作)时的位累加器,在指令中用 C 代替 CY。

AC(PSW.6):半进位标志位,也称辅助进位标志。当执行加法(或减法)操作时,如果运算结果(和或差)的低半字节(位 3)向高半字节有半进位(或借位),则 AC 位将被硬件自动置 1;否则 AC 被自动清 0。

F0(PSW.5):用户标志位。用户可以根据自己的需要对 F0 位赋予一定的含义,由用户置位或复位,以作为软件标志。

RS0 和 RS1(PSW.3 和 PSW.4):工作寄存器组选择控制位。这两位的值可决定选择哪一组工作寄存器为当前工作寄存器组。通过用户用软件改变 RS1 和 RS0 值的组合,以切换当前选用的工作寄存器组。其组合关系如表 2－8 所列。

表 2－8　RS0、RS1 的组合关系

RS1	RS0	寄存器组	片内 RAM 地址
0	0	第 0 组	00H～07H
0	1	第 1 组	08H～0FH
1	0	第 2 组	10H～17H
1	1	第 3 组	18H～1FH

89C51/S51 上电复位后,RS1＝RS0＝0,CPU 自动选择第 0 组为当前工作寄存器组。

根据需要,可利用传送指令对 PSW 整字节操作或用位操作指令改变 RS1 和 RS0 的状态,以切换当前工作寄存器组。这样的设置为程序中保护现场提供了方便。

OV(PSW.2):溢出标志位。当进行补码运算时,如有溢出,即当运算结果超出 －128～＋127 的范围时,OV 位由硬件自动置 1;无溢出时,OV＝0。

PSW.1:为保留位。89C51/S51 未用,89C52/S52 为 F1 用户标志位。

P(PSW.0):奇偶校验标志位。每条指令执行完后,该位始终跟踪指示累加器 A 中 1 的个数。如结果 A 中有奇数个 1,则置 P＝1;否则 P＝0。常用于校验串行通信中的数据传送是否出错。

(4) 栈指针 SP(81H)

堆栈指针 SP 为 8 位特殊功能寄存器,SP 的内容可指向 89C51 片内 00H～7FH RAM 的任何单元。系统复位后,SP 初始化为 07H,即指向 07H 的 RAM 单元。

下面介绍一下堆栈的概念。

89C51/S51 同一般微处理器一样,设有堆栈。在片内 RAM 中专门开辟出来一个区域,数据的存取是以"后进先出"的结构方式处理的,好像冲锋枪压入子弹。这种数据结构方式对于处理中断,调用子程序都非常方便。

堆栈的操作有两种:一种叫数据压入(PUSH),另一种叫数据弹出(POP)。在图 2-14 中,假若有 8 个 RAM 单元,每个单元都在其右面编有地址,栈顶由堆栈指针 SP 自动管理。每次进行压入或弹出操作以后,堆栈指针便自动调整以保持指示堆栈顶部的位置。这些操作可用图 2-14 说明。

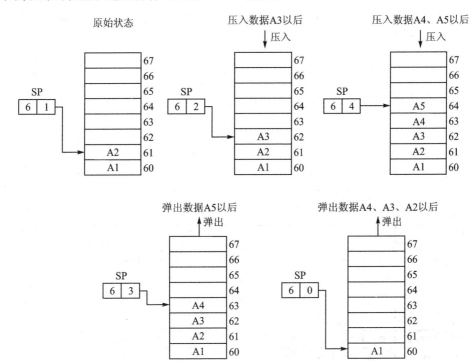

图 2-14　堆栈的压入与弹出

在使用堆栈之前,先给 SP 赋值,以规定堆栈的起始位置,称为栈底。当数据压入堆栈后,SP 自动加 1,即 RAM 地址单元加 1 以指出当前栈顶位置。89C51/S51 的这种堆栈结构属于向上生长型的堆栈(另一种属于向下生长型的堆栈)。

89C51/S51 的堆栈指针 SP 是一个双向计数器。进栈时,SP 内容自动增值,出栈时自动减值。存取信息必须按"后进先出"或"先进后出"的规则进行。

(5) 数据指针 DPTR(83H,82H)

DPTR 是一个 16 位的特殊功能寄存器,其高位字节寄存器用 DPH 表示(地址 83H),低位字节寄存器用 DPL 表示(地址 82H)。

DPTR 既可以作为一个 16 位寄存器来处理,也可以作为两个独立的 8 位寄存器 DPH 和 DPL 使用。

DPTR 主要用于存放 16 位地址,以便对 64 KB 片外 RAM 作间接寻址。

(6) I/O 端口 P0~P3(80H,90H,A0H,B0H)

P0~P3 为 4 个 8 位特殊功能寄存器,分别是 4 个并行 I/O 端口的锁存器。它们都有字节地址,每一个口锁存器还有位地址,所以,每一条 I/O 线均可独立用作输入或输出。用作输出时,可以锁存数据;用作输入时,数据可以缓冲。

除上述 21 个 SFR 以外,还有一个 16 位的 PC,称为程序计数器,这在 2.1.2 节中曾提到过。它是不可寻址的。

图 2-15 所示为各个 SFR 所在的字节地址位置。空格部分为未来设计新型芯片可定义的 SFR 位置。

	←——————— 8字节 ———————→								
F8									FF
F0	B								F7
E8									EF
E0	ACC								E7
D8									DF
D0	PSW*								D7
C8	T2CON*+	T2MOD+	RCAP2L+	RCAP2H+	TL2+		TH2+		CF
C0									C7
B8	IP								BF
B0	P3								B7
A8	IE*								AF
A0	P2								A7
98	SCON*	SBUF							9F
90	P1								97
88	TCON*	TMOD*	TL0	TL1	TH0	TH1			8F
80	P0	SP	DPL	DPH				PCON*	87

注: *特殊功能寄存器改变方式或控制位;
　　 +仅AT89C52存在。

图 2-15　特殊功能寄存器(SFR)的位置

2.4　89C51/S51 CPU 时序

89C51/S51 系列单片机与其他微机一样,从 Flash ROM 中取指令和执行指令过程中的各种微操作,都是按着节拍有序地工作的。就像一个交响乐团演奏一首乐曲一样,按着指挥棒的节拍进行。89C51/S51 单片机片内有一个节拍发生器,即片内的振荡脉冲电路。

89C51/S51 芯片内部有一个高增益反相放大器,用于构成振荡器。反相放大器的输入端为 XTAL1,输出端为 XTAL2,两端跨接石英晶体及两个电容就可以构成稳定的自激振荡器。电容器 C_1 和 C_2 通常取 30 pF 左右,可稳定频率并对振荡频率有微调作用。晶体振荡器的脉冲频率范围为 $f_{osc}=0\sim24$ MHz。

振荡信号从 XTAL2 端输入到片内的时钟发生器上,如图 2-16 所示。

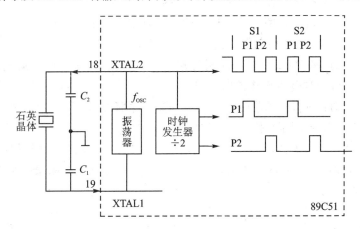

图 2-16　89C51/S51 的片内振荡器及时钟发生器

1. 节拍与状态周期

时钟发生器是一个 2 分频的触发器电路,它将振荡器的信号频率 f_{osc} 除以 2,向 CPU 提供两相时钟信号 P1 和 P2。时钟信号的周期称为机器状态周期 S(STATE),是振荡周期的 2 倍。在每个时钟周期(即机器状态周期 S)的前半周期,相位 1(P1)信号有效,在每个时钟周期的后半周期,相位 2(P2,节拍 2)信号有效。

每个时钟周期(以后常称状态 S)有两个节拍(相)P1 和 P2,CPU 就以两相时钟 P1 和 P2 为基本节拍指挥 89C51/S51 单片机各个部件协调地工作。

2. 机器周期和指令周期

计算机的一条指令由若干个字节组成。执行一条指令需要多长时间则以机器周期为单位。一个机器周期是指 CPU 访问存储器一次(例如取指令、读存储器、写存储器等)所需要的时间。有的微处理器系统对机器周期按其功能来命名。

89C51/S51 的一个机器周期包括 12 个振荡周期,分为 6 个 S 状态:S1~S6。每个状态又分为两拍,称为 P1 和 P2。因此,一个机器周期中的 12 个振荡周期表示为 S1P1、S1P2、S2P1、…、S6P2。若采用频率为 6 MHz 晶体振荡器,则每个机器周期恰为 2 μs。

每条指令都由一个或几个机器周期组成。在 89C51/S51 系统中,有单周期指令、双周期指令和 4 周期指令。4 周期指令只有乘、除两条指令,其余都是单周期或双周期指令。

指令的运算速度和它的机器周期数直接相关,机器周期数较少则执行速度快。在编程时要注意选用具有同样功能而机器周期数少的指令。

3. 基本时序定时单位

综上所述,89C51/S51 或其他 80C51 兼容单片机的基本时序定时单位有如下 4 个。

● 振荡周期:晶振的振荡周期,为最小的时序单位。
● 状态周期:振荡频率经单片机内的二分频器分频后提供给片内 CPU 的时钟周期。因此,一个状态周期包含 2 个振荡周期。
● 机器周期(MC):1 个机器周期由 6 个状态周期即 12 个振荡周期组成,是单片机执行一种基本操作的时间单位。
● 指令周期:执行一条指令所需的时间。一个指令周期由 1~4 个机器周期组成,依据指令不同而不同,见附录 A。

4 种时序单位中,振荡周期和机器周期是单片机内计算其他时间值(例如,波特率、定时器的定时时间等)的基本时序单位。下面是单片机外接晶振频率 12 MHz 时的各种时序单位的大小。

$$振荡周期 = \frac{1}{f_{osc}} = \frac{1}{12 \text{ MHz}} = 0.083\ 3\ \mu s$$

$$状态周期 = \frac{2}{f_{osc}} = \frac{2}{12 \text{ MHz}} = 0.167\ \mu s$$

$$机器周期 = \frac{12}{f_{osc}} = \frac{12}{12 \text{ MHz}} = 1\ \mu s$$

$$指令周期 = (1{\sim}4) 个机器周期 = 1{\sim}4\ \mu s$$

4 个时序单位从小到大依次是节拍(振荡脉冲周期,$1/f_{osc}$)、状态周期(时钟周期)、机器周期和指令周期,如图 2-17 所示。

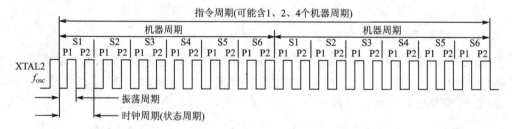

图 2-17　89C51/S51 单片机各种周期的相互关系

2.5　复位操作

2.5.1　复位操作的主要功能

89C51/S51 系列单片机与其他微处理器一样,在启动时都需要复位,使 CPU 及系统各部件处于确定的初始状态,并从初态开始工作。89C51/S51 系列单片机的复位信号是从 RST 引脚输入到芯片内的施密特触发器中的。当系统处于正常工作状态时,且振荡器稳定后,如 RST 引脚上有一个高电平并维持 2 个机器周期(24 个振荡周期),则 CPU 就可以响应并将系统复位。

复位是单片机的初始化操作。其主要功能是把 PC 初始化为 0000H,使单片机从 0000H 单元开始执行程序。除了进入系统的正常初始化之外,当由于程序运行出错或操作错误使系统处于死锁状态时,为摆脱困境,也须按复位键重新启动。

除 PC 之外,复位操作还对其他一些寄存器有影响,它们的复位状态如表 2-9 所列。即在 SFR 中,除了端口锁存器、堆栈指针 SP 和串行口的 SBUF 外,其余的寄存器全部清 0,端口锁存器的复位值为 0FFH,堆栈指针值为 07H,SBUF 内为不定值。内部 RAM 的状态不受复位的影响,在系统上电时,RAM 的内容是不定的。

表 2-9 中的符号意义如下:

- A＝00H:表明累加器已被清 0。
- PSW＝00H:表明选寄存器 0 组为工作寄存器组。
- SP＝07H:表明堆栈指针指向片内 RAM 07H 字节单元,根据堆栈操作的先加后压法则,第一个被压入的数据被写入 08H 单元中。
- P0～P3＝FFH:表明已向各端口线写入 1,此时,各端口既可用于输入,又可用于输出。
- IP＝×××00000B:表明各个中断源处于低优先级。
- IE＝0××00000B:表明各个中断均被关断。
- TMOD＝00H:表明 T0,T1 均为工作方式 0,且运行于定时器状态。
- TCON＝00H:表明 T0,T1 均被关断。
- SCON＝00H:表明串行口处于工作方式 0,允许发送,不允许接收。
- PCON＝00H:表明 SMOD＝0,波特率不加倍。

值得指出的是,记住一些特殊功能寄存器复位后的主要状态,对熟悉单片机操作,减短应用程序中的初始化部分是十分必要的。

表 2-9　各特殊功能寄存器的复位值

专用寄存器	复位值	专用寄存器	复位值
PC	0000H	TCON	00H
ACC	00H	T2CON(AT89C52)	00H
B	00H	TH0	00H
PSW	00H	TL0	00H
SP	07H	TH1	00H
DPTR	0000H	TL1	00H

续表 2 - 9

专用寄存器	复位值	专用寄存器	复位值
P0~P3	FFH	TH2(AT89C52)	00H
IP(AT89C51)	×××00000B	TL2(AT89C52)	00H
IP(AT89C52)	××000000B	RCAP2H(AT89C52)	00H
IE(AT89C51)	0×××00000B	RCAP2L(AT89C52)	00H
IE(AT89C52)	0×000000B	SCON	00H
TMOD	00H	SBUF	不定
T2MOD(AT89C52)	×××××00B	PCON(CHMOS)	0×××0000B

注:×为随机状态。

2.5.2 复位电路

复位操作有上电自动复位和按键手动复位两种方式。

1. 上电自动复位

上电自动复位是在加电瞬间电容通过充电来实现的,其电路如图 2 - 18(a)所示。在通电瞬间,电容 C 通过电阻 R 充电,RST 端出现正脉冲,用以复位。只要电源 V_{CC} 的上升时间不超过 1 ms,就可以实现自动上电复位,即接通电源就完成了系统的复位初始化。

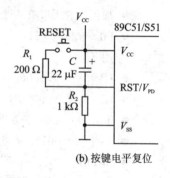

(a) 上电复位   (b) 按键电平复位

图 2 - 18 各种复位电路

对于 CMOS 型的 89C51/S51,由于在 RST 端内部有一个下拉电阻,故可将外部电阻去掉,而将外接电容减至 1 μF。

2. 手动复位

所谓手动复位,是指通过接通一按钮开关,使单片机进入复位状态。系统上电运行后,若需要复位,一般是通过手动复位来实现的。通常采用手动复位和上电自动复位组合,其电路如图 2 - 18(b)所示。

复位电路虽然简单,但其作用非常重要。一个单片机系统能否正常运行,首先要检查是否能复位成功。初步检查可用示波器探头监视 RST 引脚,按下复位键,观察是否有足够幅度的波形输出(瞬时的),还可以通过改变复位电路阻容值进行实验。

2.6　思考题与习题

1. 89C51/S51 单片机片内包含哪些主要逻辑功能部件？

2. 89C51/S51 的 $\overline{EA}$ 端有何用途？

3. 89C51/S51 的存储器分哪几个空间？如何区别不同空间的寻址？

4. 简述 89C51/S51 片内 RAM 的空间分配。

5. 简述布尔处理存储器的空间分配，片内 RAM 中包含哪些可位寻址单元。

6. 如何简捷地判断 89C51/S51 正在工作？

7. 89C51/S51 如何确定和改变当前工作寄存器组？

8. 89C51/S51 P0 口用作通用 I/O 口输入时，若通过 TTL"OC"门输入数据，应注意什么？为什么？

9. 读端口锁存器和"读引脚"有何不同？各使用哪种指令？

10. 89C51/S51 P0～P3 口结构有何不同？用作通用 I/O 口输入数据时，应注意什么？

11. 89C51/S51 单片机的 $\overline{EA}$ 信号有何功能？在使用 8031 时，$\overline{EA}$ 信号引脚应如何处理？

12. 89C51/S51 单片机有哪些信号需要芯片引脚以第 2 功能的方式提供？

13. 内部 RAM 低 128 字节单元划分为哪 3 个主要部分？各部分主要功能是什么？

14. 使单片机复位有几种方法？复位后机器的初始状态如何？

15. 开机复位后，CPU 使用的是哪组工作寄存器？它们的地址是什么？CPU 如何确定和改变当前工作寄存器组？

16. 程序状态寄存器 PSW 的作用是什么？常用标志有哪些位？作用是什么？

17. 位地址 7CH 与字节地址 7CH 如何区别？位地址 7CH 具体在片内 RAM 中的什么位置？

18. 89C51/S51 单片机的时钟周期与振荡周期之间有什么关系？什么叫机器周期和指令周期？

19. 一个机器周期的时序如何划分？

20. 什么叫堆栈？堆栈指针 SP 的作用是什么？89C51 单片机堆栈的容量不能超过多少字节？

21. 89C51/S51 有几种低功耗方式？如何实现？

22. PC 与 DPTR 各有哪些特点？有何异同？

23. 89C51/S51 端口锁存器的"读—修改—写"操作与"读引脚"操作有何区别？

24. 单片机复位后，其堆栈指针 SP 的值是多少？如果不对其修改，会有什么情况发生？

25. 为什么不应该将中断服务程序直接写在中断矢量地址里面？

第3章　指令系统

一台计算机只有硬件(称为裸机)是不能工作的,必须配备各种功能的软件,才能发挥其运算、测控等功能,而软件中最基本的就是指令系统。不同类型的 CPU 有不同的指令系统。这一章将介绍 89C51/S51 系列单片机汇编语言及其指令系统(与 MCS-51 完全兼容)。

3.1　汇编语言

3.1.1　指令和程序设计语言

指令是 CPU 根据人的意图来执行某种操作的命令。一台计算机所能执行的全部指令的集合称为这个 CPU 的指令系统。指令系统的功能强弱在很大程度上决定了这类计算机智能的高低。89C51/S51 单片机指令系统功能很强,例如,它有乘、除法指令,丰富的条件转移类指令,并且使用方便、灵活。

要使计算机按照人的思维完成一项工作,就必须让 CPU 按顺序执行各种操作,即一步步地执行一条条的指令。这种按人的要求编排的指令操作序列称为程序。程序就好像一个晚会的节目单。编写程序的过程就叫作程序设计。

如果要计算机按照人的意图办事,须设法让人与计算机对话,并听从人的指挥。程序设计语言是实现人机交换信息(对话)的最基本工具,可分为机器语言、汇编语言和高级语言。本章重点介绍汇编语言。

机器语言用二进制编码表示每条指令,是计算机能直接识别和执行的语言。用机器语言编写的程序称为机器语言程序或指令程序(机器码程序)。因为机器只能直接识别和执行这种机器码程序,所以又称它为目标程序。89C51/S51 单片机是 8 位机,其机器语言以 8 位二进制码为单位(称为 1 字节)。89C51/S51 指令有单字节、双字节或 3 字节几种。

例如,要做"10+20"的加法,在 89C51/S51 中可用机器码指令编程:

```
01110100    00001010      把 10 放到累加器 A 中
00100100    00010100      A 加 20,结果仍放在 A 中
```

为了便于书写和记忆,可采用十六进制表示指令码。以上两条指令可写成:

74　0AH
24　14H

显然,用机器语言编写程序不易记忆,不易查错,不易修改。为了克服上述缺点,可采用有一定含义的符号,即指令助记符,一般都采用某些有关的英文单词的缩写。这样就出现了另一种程序语言——汇编语言。

汇编语言是用助记符、符号和数字等来表示指令的程序语言,容易理解和记忆。它与机器语言指令是一一对应的。汇编语言不像高级语言(如 BASIC)那样通用性强,而是属于某种计算机所独有的,与计算机的内部硬件结构密切相关。用汇编语言编写的程序称为汇编语言程序。

例如,上述"10+20"的例子可写成:

汇编语言程序　　　　　　机器语言程序

MOV　A,♯0AH　　　　74　0AH
ADD　A,♯14H　　　　24　14H

以上两种程序语言都是低级语言。尽管汇编语言有不少优点,但它仍存在着机器语言的某些缺点,如与 CPU 的硬件结构紧密相关,不同的 CPU 其汇编语言是不同的。这使得汇编语言程序不能移植,使用不便;其次,要用汇编语言进行程序设计必须了解所使用的 CPU 硬件的结构与性能,对程序设计人员有较高的要求。为此,又出现了对 89C51/S51 进行编程的高级语言,如 PL/M、C 等。

3.1.2　指令格式

89C51/S51 汇编语言指令由操作码助记符字段和操作数字段两部分组成。指令格式如下:

〔标号〕:操作码　〔目的操作数〕〔,源操作数〕　〔;注释〕

例如:MOV A,♯00H。

操作码部分规定了指令所实现的操作功能,由 2～5 个英文字母表示。例如,JB、MOV、DJNZ 和 LCALL 等。

操作数部分指出了参与操作的数据来源和操作结果存放的目的单元。操作数可以直接是一个数(立即数),或者是一个数据所在的空间地址,即在执行指令时从指定的地址空间取出操作数。

操作码和操作数都有对应的二进制代码,指令代码由若干字节组成。对于不同的指令,指令的字节数不同。89C51/S51 指令系统中,有单字节、双字节或 3 字节指令。下面分别加以说明。

1. 单字节指令

单字节指令中的 8 位二进制代码既包含操作码的信息,也包含操作数的信息。这种指令有两种情况。

1）指令码中隐含着对某一个寄存器的操作

例如，数据指针 DPTR 加 1 指令"INC　DPTR"，由于操作的内容和唯一的对象 DPTR 寄存器只用 8 位二进制代码表示，其指令代码为 A3H，格式为：

2）由指令码中的 rrr 三位的不同编码指定某一个寄存器

例如，工作寄存器向累加器 A 传送数据指令"MOV A，Rn"，其指令码格式为：

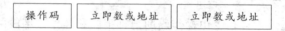

其中，高 5 位为操作内容——传送；最低 3 位 rrr 的不同组合编码用来表示从哪一个寄存器（R0～R7）取数，故一字节就够了。89C51 单片机共有 49 条单字节指令。

2．双字节指令

用一字节表示操作码，另一字节表示操作数或操作数所在的地址。其指令格式为：

操作码	立即数或地址

89C51 中有 45 条双字节指令。

3．3 字节指令

一字节操作码，两字节操作数。其格式如下：

操作码	立即数或地址	立即数或地址

89C51 单片机共有 3 字节指令 17 条，占全部 111 条指令的 15%。

3.2　寻址方式

寻址就是寻找指令中操作数或操作数所在地址。用高级语言，如 BASIC 语言编写的求"10+20"结果的语句为：

$$x = 10$$
$$y = 20$$
$$z = x + y$$

编程者只须知道 10 存放在一个叫 x 的单元中，20 存放在一个叫 y 的单元中，结果存放在一个叫 z 的单元中，至于它们具体的存放地址则根本不必关心。但在汇编语言程序设计时，要针对系统的硬件环境编程，数据的存放、传送、运算都要通过指令来完成，编程者必须自始至终都十分清楚操作数的位置，以便将它们传送至适当的空间去操作。因此，如何寻找存放操作数的空间位置和提取操作数就变得十分重要了。所谓寻址方式,就是如何找到存放操作数的地址,把操作数提取出来的方法。它是计算机的重要性能指标之一,也是汇编语言程序设计中最基本的内容之一,必须十分熟悉,牢固掌握。

89C51/S51 单片机寻址方式共有 7 种:

- 寄存器寻址;
- 直接寻址;
- 立即数寻址;
- 寄存器间接寻址;
- 变址寻址;
- 相对寻址;
- 位寻址。

3.2.1　7 种寻址方式

1. 寄存器寻址

寄存器寻址就是由指令指出寄存器组 R0~R7 中某一个或其他寄存器(A、B、DPTR 等)的内容作为操作数。例如:

```
MOV   A，R0        ;(R0)→A
MOV   P1，A        ;(A)→P1 口
ADD   A，R0        ;(A)+(R0)→A
```

指令中给出的操作数是一个寄存器名称,在此寄存器中存放着真正被操作的对象。寄存器的识别由操作码的低 3 位完成。其对应关系如表 3 - 1 所列。

表 3 - 1　低 3 位操作码与寄存器 Rn 的对应关系

低 3 位 rrr	000	001	010	011	100	101	110	111
寄存器 Rn	R0	R1	R2	R3	R4	R5	R6	R7

例如,"INC　Rn"的指令机器码格式为 00001rrr。若 rrr=010B,则 Rn=R2,即

```
INC   R2        ;(R2)+1→R2
```

指令功能:将 R2 工作寄存器的内容加 1 后送回 R2。如果(R2)=24H,则选定的工作寄存器组为第 1 组(RS1RS0=01B)。该指令的执行过程如图 3 - 1 所示。

2. 直接寻址

指令中所给出的操作数是片内 RAM 单元的地址。在这个地址单元中存放着一个被操作的数。例如:

```
MOV A,40H    ;(40H)→A
```

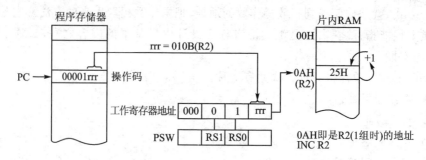

图 3-1 寄存器寻址方式

即内部 RAM 40H 单元的内容送入累加器 A。

设(40H)=0FFH,该指令的执行过程如图 3-2 所示。

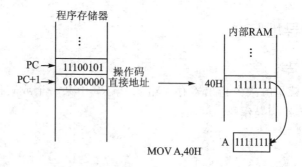

图 3-2 直接寻址方式

在 89C51/S51 中,使用直接寻址方式可访问片内 RAM 的 128 个单元以及所有的特殊功能寄存器(SFR)。对于特殊功能寄存器,既可以使用它们的地址,也可以使用它们的名字。例如:

    MOV A, 3AH   ;(3AH)→A

就是把片内 RAM 中 3AH 这个单元的内容送累加器 A。又如:

    MOV A, P1   ;(P1 口)→A

是把 SFR 中 P1 口内容送 A,它又可写成:

    MOV A, 90H

其中,90H 是 P1 口的地址。

直接寻址的地址占一字节,故一条直接寻址方式的指令至少占内存两个单元。

3. 立即数寻址

指令操作码后面紧跟的是一字节或两字节操作数,用"♯"号表示,以区别直接地址。例如:

```
MOV   A,   3AH      ;(3AH)→A
MOV   A,   ♯3AH     ;3AH→A
```

前者表示把片内 RAM 中 3AH 这个单元的内容送累加器 A,而后者则是把 3AH 这个数本身送累加器 A。应注意注释字段中加圆括号与不加圆括号的区别。

89C51/S51 有一条指令要求操作码后面紧跟的是两字节立即数,即:

```
MOV   DPTR,   ♯DATA16
```

例如:

```
MOV   DPTR,   ♯2000H
```

因为这条指令包括两字节立即数,所以它是 3 字节指令。

1 0 0 1 0 0 0 0	操作码
0 0 1 0 0 0 0 0	立即数高 8 位
0 0 0 0 0 0 0 0	立即数低 8 位

其功能是:2000H→DPTR。

4. 寄存器间接寻址

操作数的地址事先存放在某个寄存器中,寄存器间接寻址是把指定寄存器的内容作为地址,由该地址所指定的单元内容作为操作数。89C51/S51 规定 R0 或 R1 为间接寻址寄存器,可寻址内部 RAM 低位地址的 128 字节单元内容。还可采用数据指针(DPTR)作为间接寻址寄存器,寻址外部数据存储器的 64 KB 空间,但不能用这种寻址方式寻址特殊功能寄存器。

例如,将片内 RAM 65H 单元的内容 47H 送 A,可执行指令“MOV A,@R0”,其中 R0 中内容为 65H。

指令的执行过程为:当程序执行到本指令时,以指令中所指定的工作寄存器 R0 内容(65H)为指针,将片内 RAM 65H 单元的内容 47H 送累加器 A,如图 3-3 所示。

在访问片内 RAM 低 128 字节和片外 RAM 低地址的 256 个单元时,用 R0 或 R1 作地址指针;在访问全部 64 KB 外部 RAM 时,使用 DPTR 作地址指针进行间接寻址。

5. 变址寻址(基址寄存器＋变址寄存器间接寻址)

变址寻址是以某个寄存器的内容为基地址,然后在这个基地址的基础上加上地址偏移量形成真正的操作数地址。89C51/S51 中没有专门的变址寄存器,而是采用 A 为变址寄存器,数据指针 DPTR 或 PC 为基址寄存器,地址偏移量是累加器 A 的内容,以 DPTR 或 PC 的内容与累加器 A 的内容之和作为操作数的 16 位程序存储器地址。在 89C51/S51 中,用变址寻址方式只能访问程序存储器,访问的范围为

64 KB。当然,这种访问只能从 ROM 中读取数据而不能写入。例如:

```
MOVC  A,  @A+DPTR      ;((A)+(DPTR))→A
```

其操作如图 3-4 所示。

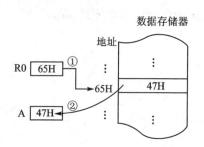

图 3-3　间接寻址(MOV A,@R0)示意图　　图 3-4　变址寻址(MOVC A,@A+DPTR)
　　　　　　　　　　　　　　　　　　　　　　示意图

这种寻址方式多用于查表操作。

6. 相对寻址

相对寻址只出现在相对转移指令中。相对转移指令执行时,是以当前的 PC 值加上指令中规定的偏移量 rel 而形成实际的转移地址。这里所说的 PC 当前值是执行完相对转移指令后的 PC 值。一般将相对转移指令操作码所在的地址称为源地址,转移后的地址称为目的地址。于是有:

$$目的地址=源地址+2(相对转移指令字节数)+rel$$

89C51/S51 指令系统中既有双字节的,也有 3 字节的。双字节的相对转移指令有"SJMP rel""JC rel"等。

例如,执行指令"JC　rel",设 rel=75H,CY=1。

这是一条以 CY 为条件的转移指令。因为"JC　rel"指令是双字节指令,当 CPU 取出指令的第 2 个字节时,PC 的当前值已是原 PC 内容加 2。由于 CY=1,所以程序转向(PC)+75H 单元去执行。其执行过程如图 3-5 所示。相对转移指令"JC rel"的源地址为 1000H,转移的目标地址是 1077H。

在实际中,经常需要根据已知的源地址和目的地址计算偏移量 rel,其值为 −128~+127。相对转移分为正向跳转和反向跳转两种情况。以双字节相对转移指令为例,正向跳转时:

$$rel=目的地址−源地址−2=地址差−2$$

而反向跳转时,目的地址小于源地址,rel 应用负数的补码表示,即:

$$rel=(目的地址−(源地址+2))_{补}$$

$$=FFH−(源地址+2−目的地址)+1$$

$=100H-(源地址+2-目的地址)$

$=FEH-|地址差|$

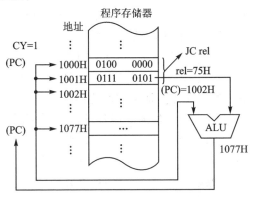

图 3-5　相对寻址(JC 75H)示意图

7. 位寻址

采用位寻址方式的指令的操作数将是 8 位二进制数中的某一位。指令中给出的是位地址,即片内 RAM 某一单元中的一位。位地址在指令中用 bit 表示。例如,"CLR　bit"。

89C51/S51 单片机片内 RAM 有两个区域可以位寻址:一个是 20H～2FH 的 16 个单元中的 128 位,另一个是字节地址能被 8 整除的特殊功能寄存器。

在 89C51/S51 中,位地址常用下列两种方式表示:

- 直接使用位地址。对于 20H～2FH 的 16 个单元共 128 位的位地址分布是 00H～7FH。如 20H 单元的 0～7 位位地址是 00H～07H,而 21H 的 0～7 位位地址是 08H～0FH……以此类推。
- 对于特殊功能寄存器,可以直接用寄存器名字加位数表示,如 PSW.3 等。

3.2.2　寻址空间及符号注释

1. 寻址空间

表 3-2 概括了每种寻址方式可涉及的存储器空间。

2. 寻址方式中常用符号注释

Rn(n=0～7)　　当前选中的工作寄存器组 R0～R7。它在片内数据存储器中的地址由 PSW 中 RS1 和 RS0 确定,可为 00H～07H(第 0 组)、08H～0FH(第 1 组)、10H～17H(第 2 组)或 18H～1FH(第 3 组)。

Ri(i=0,1)　　当前选中的工作寄存器组中可作为地址指针的两个工作寄存器 R0 和 R1。它在片内数据存储器中的地址由 RS1 和 RS0 确定,分别为 01H、02H、08H、09H;10H、11H 和 18H、19H。

♯data	8 位立即数,即包含在指令中的 8 位常数。
♯data16	16 位立即数,即包含在指令中的 16 位常数。
direct	8 位片内 RAM 单元(包括 SFR)的直接地址。
addr11	11 位目的地址,用于 ACALL 和 AJMP 指令中。目的地址必须在与下条指令地址相同的 2 KB 程序存储器地址空间之内。
addr16	16 位目的地址,用于 LCALL 和 LJMP 指令中。目的地址在 64 KB 程序存储器地址空间之内。
rel	补码形式的 8 位地址偏移量,以下条指令第一字节地址为基值。地址偏移量在 $-128 \sim +127$ 范围内。
bit	片内 RAM 或 SFR 的直接寻址位地址。
@	间接地址方式中,表示间址寄存器的符号。
/	位操作指令中,表示对该位先取反再参与操作,但不影响该位原值。
(×)	×中的内容。
((×))	由×指出的地址单元中的内容。
→	指令操作流程,将箭头左边的内容送入箭头右边的单元。

表 3－2　操作数寻址方式和有关空间

寻址方式	源操作数寻址空间	指　令
立即数寻址	程序存储器 ROM 中	MOV A,♯55H
直接寻址	片内 RAM 低 128 字节 特殊功能寄存器 SFR	MOV A,55H
寄存器寻址	工作寄存器 R0～R7 A、AB、C、DPTR	MOV 55H,R3
寄存器间接寻址	片内 RAM 低 128 字节[@R0,@R1,SP(仅 PUSH,POP)] 片外 RAM(@R0,@R1,@DPTR)	MOV A,@R0 MOVX A,@DPTR
变址寻址	程序存储器(@A+PC,@A+DPTR)	MOVC A,@A+DPTR
相对寻址	程序存储器 256 字节范围(PC+偏移量)	SJMP 55H
位寻址	片内 RAM 的 20H～2FH 字节地址 部分特殊功能寄存器	CLR C SETB 00H

3.3　89C51/S51 单片机的指令系统

　　89C51/S51 指令系统由 111 条指令组成。其中,单字节指令 49 条,双字节指令 45 条,3 字节指令仅 17 条。从指令执行时间来看,单周期指令 64 条,双周期指令 45 条,只有乘、除两条指令执行时间为 4 个周期。该指令系统有 255 种指令代码,使用汇编语言只要熟悉 42 种助记符即可。所以,89C51 的指令系统简单易学,使用方便。

89C51/S51 指令系统可分为 5 大类：

● 数据传送指令(28 条)；

● 算术运算指令(24 条)；

● 逻辑运算及移位指令(25 条)；

● 控制转移指令(17 条)；

● 位操作指令或布尔操作(17 条)。

3.3.1　数据传送指令

CPU 在进行算术和逻辑运算时，总需要有操作数。所以，数据的传送是一种最基本、最主要的操作。在通常的应用程序中，传送指令占有极大的比例。数据传送是否灵活、迅速，对整个程序的编写和执行都起着很大的作用。89C51/S51 为用户提供了极其丰富的数据传送指令，功能很强。特别是直接寻址的传送，可旁路工作寄存器或累加器，以提高数据传送的速度和效率。

所谓"传送"，是把源地址单元的内容传送到目的地址单元中去，而源地址单元内容不变；或者源、目的单元内容互换。

MOV 是传送(MOVE，移动)指令的操作助记符。这类指令的功能是，将源字节的内容传送到目的字节，源字节的内容不变。

1. 以累加器 A 为目的操作数的指令(4 条，即 4 种寻址方式)

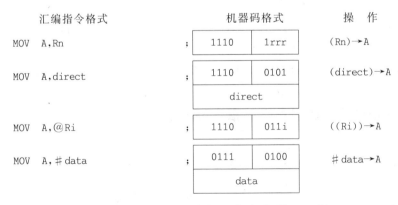

上述指令是将第二操作数所指定的工作寄存器 Rn(即 R0～R7)内容、直接寻址或间接寻址(Ri 为 R0 或 R1)所得的片内 RAM 单元或特殊功能寄存器中的内容以及立即数传送到由第一操作数所指定的累加器 A 中。

其中，rrr 为工作寄存器地址，rrr＝000～111 对应某组工作寄存器的 R0～R7。Ri 为间接寻址寄存器，i＝0 或 1，即 R0 或 R1。

长方框表示字节单元。一个长方格存放一个 8 位二进制机器代码，并用来示意单字节、双字节或 3 字节指令。方格中按第 1 字节、第 2 字节、第 3 字节顺序排列。

上述操作不影响源字节和任何别的寄存器内容，只影响 PSW 的 P 标志位。

2. 以寄存器 Rn 为目的操作数的指令(3 条)

```
MOV  Rn,A        ;(A)→Rn
MOV  Rn,direct   ;(direct)→Rn
MOV  Rn,#data    ;#data→Rn
```

这组指令的功能是把源操作数所指定的内容送到当前工作寄存器组 R0～R7 中的某个寄存器。源操作数有寄存器寻址、直接寻址和立即数寻址 3 种方式。

例如:(A)=78H,(R5)=47H,(70H)=F2H。

执行指令的意义为:

```
MOV R5,A         ;(A)→R5,(R5)=78H
MOV R5,70H       ;(70H)→R5,(R5)=F2H
MOV R5,#A3H      ;A3H→R5,(R5)=A3H
```

注意,89C51/S51 指令系统中没有“MOV Rn,Rn”传送指令。

3. 以直接地址为目的操作数的指令(5 条)

```
MOV  direct,A       ;(A)→direct
MOV  direct,Rn      ;(Rn)→direct
MOV  direct,direct  ;(源 direct)→目的 direct
MOV  direct,@Ri     ;((Ri))→direct
MOV  direct,#data   ;#data→direct
```

这组指令的功能是把源操作数所指定的内容送入由直接地址 direct 所指出的片内存储单元中。源操作数有寄存器寻址、直接寻址、寄存器间接寻址和立即数寻址等方式。

注意:“MOV direct,direct”指令在译成机器码时,源地址在前,目的地址在后,例如“MOV A0H,90H”的机器码为“8590A0”。

4. 以间接地址为目的操作数的指令(3 条)

```
MOV  @Ri,A       ;(A)→(Ri)
MOV  @Ri,direct  ;(direct)→(Ri)
MOV  @Ri,#data   ;data→(Ri)
```

(Ri)表示 Ri 中的内容为指定的 RAM 单元。

MOV 指令在片内存储器的操作功能如图 3-6 所示。

5. 16 位数据传送指令(1 条)

```
MOV  DPTR,#data16        ;dataH→DPH,dataL→
```

6. 查表指令(2 条)

在 89C51/S51 指令系统中,有 2 条极为有用的查表指令,其数据表格放在程序存储器中。

```
MOVC A,@A + DPTR          ;先(PC) + 1→PC,后((A) + (DPTR))→A,一字节
MOVC A,@A + PC            ;先(PC) + 1→PC,后((A) + (PC))→A,一字节
```

上述两条指令的操作过程如图 3 - 7 所示。

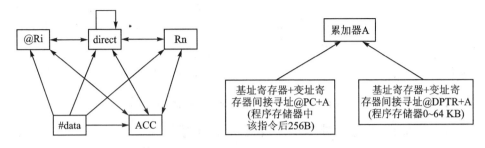

图 3 - 6　传送指令在片内存储器的操作功能　　　　图 3 - 7　程序存储器传送(查表)

CPU 读取单字节指令"MOVC A,@A + PC"后,PC 的内容先自动加 1,将新的 PC 内容与累加器 A 中的 8 位无符号数相加形成地址,取出该地址单元中的内容送累加器 A。这种查表操作很方便,但只能查找指令所在地址以后 256 字节范围内的代码或常数,称为近程查表。

例如:在程序存储器中,数据表格为:

```
             ROM
    1010H  02H
    1011H  04H
    1012H  06H
    1013H  08H
```

执行程序:

```
1000H: MOV    A,♯0DH         ;0DH→A,查表的偏移量
1002H: MOVC   A,@A + PC      ;(0DH + 1003H)→A
1003H: MOV    R0,A           ;(A)→R0
```

结果为(A)=02H,(R0)=02H,(PC)=1004H。

"MOVC A,@A+DPTR"指令以 DPTR 为基址寄存器进行查表。使用前,先给 DPTR 赋予一任意地址,所以查表范围可达整个程序存储器的 64 KB 空间,称为远程查表。但若 DPTR 已赋值待用,装入新值之前必须保存其原值,可用栈操作指令 PUSH 保存。

又如,在程序存储器中,数据表格为:

```
             ROM
    7010H  02H
    7011H  04H
    7012H  06H
    7013H  08H
```

执行程序：

```
1000H: MOV A,#10H            ;10H→A
1002H: PUSH DPH              ;DPH 入栈 ⎫
1004H: PUSH DPL              ;DPL 入栈 ⎭ 保护 DPTR
1006H: MOV DPTR,#7000H       ;7000H→DPTR
1009H: MOVC A,@A+DPTR        ;(10H+7000H)→A
100AH: POP DPL               ;DPL 出栈 ⎫
100CH: POP DPH               ;DPH 出栈 ⎭ 恢复 DPTR,先进后出
```

结果为(A)＝02H,(PC)＝100EH,(DPTR)＝原值。

7. 累加器 A 与片外 RAM 传送指令(4 条)

在 89C51/S51 指令系统中,CPU 对片外 RAM 或片外 I/O 外设芯片的访问只能用寄存器间接寻址的方式,且仅有 4 条指令。

```
MOVX A,@Ri          ;((Ri))→A,且使 RD̄ = 0
MOVX A,@DPTR        ;((DPTR))→A,使 RD̄ = 0
MOVX @Ri,A          ;(A)→(Ri),使 WR̄ = 0
MOVX @DPTR,A        ;(A)→(DPTR),使 WR̄ = 0
```

第 2 和第 4 两条指令以 DPTR 为片外数据存储器 16 位地址指针,寻址范围达 64 KB。其功能是在 DPTR 所指定的片外数据存储器与累加器 A 之间传送数据。

第 1 和第 3 两条指令是用 R0 或 R1 作低 8 位地址指针,由 P0 口送出,寻址范围是 256 字节(此时,P2 口仍可用作通用 I/O 口)。这两条指令完成以 R0 或 R1 为地址指针的片外数据存储器与累加器 A 之间的数据传送。

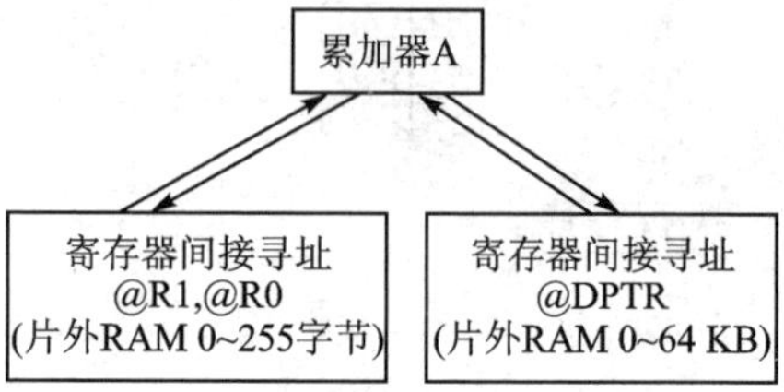

图 3 - 8　外部数据存储器传送操作

上述 4 条指令的操作如图 3 - 8 所示。

若片外数据存储器的地址空间上有片外 I/O 接口芯片,则上述 4 条指令就是 89C51/S51 的输入/输出指令。89C51/S51 没有专门的输入/输出指令,它只能用这种方式与外部设备打交道。

8. 栈操作指令(2 条)

在 89C51/S51 片内 RAM 的 128 字节单元中,可设定一个区域作为堆栈(一般可设在 30H～7FH 单元中),栈顶由堆栈指针 SP 指出(89C51 复位后,(SP)＝07H,若要更改,则需重新给 SP 赋值)。

1) PUSH(入栈)指令

```
PUSH direct          ;先(SP)+1→SP,后(direct)→(SP)
```

入栈操作进行时,栈指针(SP)+1 指向栈顶的上一个空单元,将直接地址(direct)寻址的单元内容压入当前 SP 所指示的堆栈单元中。本操作不影响标志位。

2) POP(出栈)指令

```
POP direct              ;先((SP))→direct,后(SP)-1→(SP)
```

出栈操作将栈指针(SP)所指示的内部 RAM(堆栈)单元中内容送入由直接地址寻址的单元中,然后(SP)-1→(SP)。本操作不影响标志位。

由入栈和出栈的操作过程可以看出,堆栈中数据的压入和弹出遵循"先进后出"的规律。

9. 交换指令(4 条)

1) 字节交换指令

```
XCH A, Rn               ;(A)⟷(Rn)
XCH A, direct           ;(A)⟷(direct)
XCH A, @Ri              ;(A)⟷((Ri))
```

将第二操作数所指定的工作寄存器 Rn(R0～R7)内容、直接寻址或间接寻址的单元内容与累加器 A 中的内容互换。其操作如图 3-9 所示。

2) 半字节交换指令

```
XCHD A, @Ri             ;(A_{0～3})⟷((Ri)_{0～3})
```

将 Ri 间接寻址的单元内容与累加器 A 中内容的低 4 位互换,高 4 位内容不变。该操作只影响标志位 P。

这条指令为低位字节交换指令。该指令将累加器 A 的低 4 位与 R0 或 R1 所指出的片内 RAM 单元的低 4 位数据相互交换,各自的高 4 位不变。其操作如图 3-10 所示。

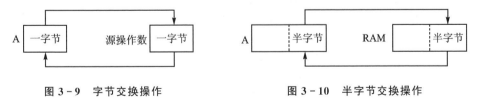

图 3-9　字节交换操作　　　　　　　　图 3-10　半字节交换操作

3.3.2　算术运算指令

89C51/S51 算术运算指令包括加、减、乘、除基本四则运算。

算术/逻辑运算部件(ALU)仅执行无符号二进制整数的算术运算。在双操作数的加、带进位加和带借位减的操作里,累加器 A 的内容为第一操作数,并将操作后的中间结果存放在 A 中;第二操作数可以是立即数、工作寄存器内容、寄存器 Ri 间接寻址字节或直接寻址字节。借助溢出标志,可对带符号数进行 2 的补码运算。借助进位标志,可进行多精度加、减运算;也可以对压缩 BCD 数进行运算(压缩 BCD 数是指在单字节中存放 2 位 BCD 码)。

算术运算结果将使进位 CY、半进位 AC、溢出位 OV 这 3 个标志位置位或复位,只有加 1 和减 1 指令不影响这些标志位。

1. 加法类指令(4 条)

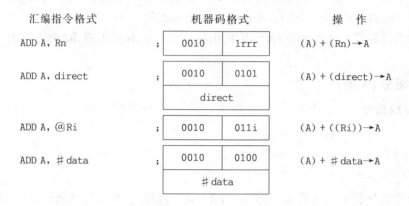

汇编指令格式	机器码格式	操　作
ADD A, Rn ;	0010　1rrr	(A) + (Rn)→A
ADD A, direct ;	0010　0101 / direct	(A) + (direct)→A
ADD A, @Ri ;	0010　011i	(A) + ((Ri))→A
ADD A, ♯data ;	0010　0100 / ♯data	(A) + ♯data→A

这些指令是将工作寄存器、内部 RAM 单元内容或立即数的 8 位无符号二进制数和累加器 A 中的数相加,所得的"和"存放于累加器 A 中。当"和"的第 3 位或第 7 位有进位时,分别将 AC 和 CY 标志位置 1;否则为 0。

上述指令的执行将影响标志位 AC、CY、OV 和 P。当然,溢出标志位 OV 只有带符号数运算时才有用。

【例 3-1】　设(A)=0C3H,(R0)=0AAH。
执行指令"ADD A,R0"所得和为 6DH。
标志位 CY=1,OV=1,AC=0。

```
(A)：  1100  0011
+(R0)：1010  1010
     1 0110  1101
```

溢出标志 OV 在 CPU 内部根据"异或"门输出置位,OV=C7⊕C6。

2. 带进位加法指令(4 条)

```
ADDC A, Rn        ;(A) + CY + (Rn)→A
ADDC A, direct    ;(A) + (direct) + CY→A
ADDC A, @Ri       ;(A) + ((Ri)) + CY→A
ADDC A, ♯data     ;(A) + ♯data + CY→A
```

这组指令的功能是同时把源操作数所指出的内容和进位标志位 CY 都加到累加器 A 中,结果存放在 A 中,其余的功能和上面 ADD 指令相同。

```
  (A)：1100 0011
+(CY)：0000 0001
      1100 0100
+(R0)：1010 1010
      0110 1110
```

当运算结果第 3 和第 7 位产生进位或溢出时,分别置位 AC、CY 和 OV 标志位。本指令的执行将影响标志位 AC、CY、OV 和 P。

本指令常用于多字节加法。

【例 3 - 2】　设(A)＝0C3H,(R0)＝0AAH,(CY)＝1。

执行指令"ADDC A，R0"得到的和 6EH 存于 A 中。

标志位 CY＝1,OV＝1,AC＝0。

3. 带借位减法指令(4 条)

```
SUBB A，Rn              ;(A)－CY－(Rn)→A
SUBB A，direct          ;(A)－CY－(direct)→A
SUBB A，@Ri             ;(A)－CY－((Ri))→A
SUBB A，♯data           ;(A)－CY－♯data→A
```

这组指令的功能是,从累加器 A 中减去源操作数所指出的内容及进位位 CY 的值,差值保留在累加器 A 中。

在多字节减法运算中,低字节差有时会向高字节产生借位(CY 置 1),所以在高字节运算时,就要用带借位减法指令。由于 89C51 指令系统中没有不带借位的减法指令,如果需要,则可以在"SUBB"指令前用"CLR C"指令将 CY 清 0。这一点必须注意。

此外,两个数相减时,如果位 7 有借位,则 CY 置 1;否则清 0。若位 3 有借位,则 AC 置 1;否则清 0。两个带符号数相减,还要考查 OV 标志,若 OV 为 1,表示差数溢出,即破坏了正确结果的符号位。

【例 3 - 3】　设累加器 A 内容为 0C9H,寄存器 R2 内容为 54H,进位标志CY＝1。

执行指令"SUBB A，R2"的结果为(A)＝74H。

标志位 CY＝0,AC＝0,OV＝1。

$$
\begin{array}{r}
(A)=\ 11001001 \\
-)(CY)=\ \ 00000001 \\
\hline
11001000 \\
-)(R2)=\ \ 01010100 \\
\hline
01110100
\end{array}
$$

如果在进行单字节或多字节减法前,不知道进位标志位 CY 的值,则应在减法指令前先将 CY 清 0。

4. 乘法指令(1 条)

```
MUL AB          ;(A)×(B)→ { B₁₅～₈
                             A₇～₀
```

$$;(A)\times(B)\to \begin{cases} B_{15\sim8} \\ A_{7\sim0} \end{cases}$$

这条指令的功能是,把累加器 A 和寄存器 B 中两个 8 位无符号数相乘,所得 16 位积的低字节存放在 A 中,高字节存放在 B 中。若乘积大于 0FFH,则 OV 置 1;否则清 0(即 B 的内容为 0)。CY 总是被清 0。

【例3-4】　(A)=4EH,(B)=5DH。

执行指令"MUL AB"结果为(B)=1CH,(A)=56H,表示积(BA)=1C56H,OV=1。

5. 除法指令(1条)

```
DIV AB              ;(A)/(B)的商→A,(A)/(B)的余数→B
```

这条指令的功能是进行 A 除以 B 的运算,A 和 B 的内容均为 8 位无符号整数。指令操作后,整数商存于 A 中,余数存于 B 中,CY 和 OV 均被清 0。若原(B)=00H,则结果无法确定,用OV=1表示,而 CY 仍为 0。

【例3-5】　(A)=BFH,(B)=32H。

执行指令"DIV AB"结果为(A)=03H,(B)=29H;标志位 CY=0,OV=0。

6. 加1指令(5条)

```
INC A               ;(A)+1→A
INC Rn              ;(Rn)+1→Rn
INC direct          ;(direct)+1→direct
INC @Ri             ;((Ri))+1→(Ri)
INC DPTR            ;(DPTR)+1→DPTR
```

这组指令的功能是将操作数所指定的单元内容加 1,其操作不影响 CY。若原单元内容为 FFH,加 1 后溢出为 00H,也不会影响 CY 标志。

另外,"INC A"和"ADD A,♯01H"这两条指令都将累加器 A 的内容加 1,但后者对标志位 CY 有影响。

7. 减1指令(4条)

```
DEC A               ;(A)-1→A
DEC Rn              ;(Rn)-1→Rn
DEC direct          ;(direct)-1→direct
DEC @Ri             ;((Ri))-1→(Ri)
```

这组指令的功能是将操作数所指的单元内容减 1,其操作不影响标志位 CY。若原单元内容为 00H,则减 1 后为 FFH,也不会影响标志位 CY。其他情况与加 1 指令相同。

8. 十进制调整指令(1条)

```
DA A                ;调整累加器内容为 BCD 数
```

这条指令跟在 ADD 或 ADDC 指令后,且只能用于压缩 BCD 数相加结果的调整。将相加后存放在累加器 A 中的结果进行十进制调整,实现十进制加法运算功能。

【例 3 - 6】　设累加器 A 内容为 01010110B(即为 56 的 BCD 数),寄存器 R3 内容为 01100111B(67 的 BCD 数),CY 内容为 1。

执行下列指令:

```
ADDC  A,R3
DA  A
```

第一条指令是执行带进位的纯二进制数加法,相加后累加器 A 的内容为 10111110B(0BEH),结果不是 BCD 数 124,且 CY=0,AC=0;然后执行调整指令 "DA A"。因为高 4 位值为 11,大于 9,低 4 位值为 14,亦大于 9,所以内部须进行加 66H 操作,结果为 124 的 BCD 数。即

$$
\begin{array}{l}
(A):\ 01010110 \quad BCD:\ 56 \\
(R3):\ 01100111 \quad BCD:\ 67 \\
(+)(CY):\ 00000001 \quad BCD:\ 01 \\
\hline
和\quad 10111110 \\
调正\quad 01100110 \\
\hline
1\ \ 00100100 \quad BCD:\ 124
\end{array}
$$

3.3.3　逻辑操作指令

逻辑操作指令包括与、或、异或、清除、求反、移位等操作。这类指令的操作数都是 8 位,共 25 条逻辑操作指令。

1. 简单操作指令(2 条)

1) 累加器 A 清 0 指令

汇编指令格式		机器码格式		操　作
CLR A	;	1110	0100	0→A

清 0 累加器 A,只影响标志位 P。

2) 累加器 A 取反指令

CPL A　　　　　　;$(\overline{A})$→A

对累加器 A 内容逐位取反,不影响标志位。

2. 移位指令(4 条)

1) 累加器 A 循环左移指令

RL　A　　　　　; ← a7 ← a0

2) 累加器 A 循环右移指令

RR　A　　　　　; → a7 → a0

3）累加器 A 连同进位位循环左移指令

RLC　A　　　　　　　;←[CY]←[a7←a0]←

4）累加器 A 连同进位位循环右移指令

RRC　A　　　　　　　;←[CY]→[a7→a0]→

前两条指令的功能分别是,将累加器 A 的内容循环左移或右移一位;后两条指令的功能分别是,将累加器 A 的内容连同进位位 CY 一起循环左移或右移一位。

此外,通常用"RLC A"指令将累加器 A 的内容做乘 2 运算。

【例 3 - 7】 无符号 8 位二进制数(A)=10111101B=BDH,CY=0。

将(A)乘 2,执行指令 "RLC A"的结果为(A)=01111010B=7AH,CY=1。17AH 正是 BDH 的 2 倍。

3. 累加器半字节交换指令

SWAP A　　　　　　;$(A_{0\sim3})\Longleftrightarrow(A_{4\sim7})$

这条指令的功能是将累加器 A 的高低两半字节交换。

【例 3 - 8】 (A)=FAH。

执行指令"SWAP　A"的结果为(A)=AFH。

4. 逻辑"与"指令(6 条)

```
ANL A,Rn            ;(A)∧(Rn)→A
ANL A, direct       ;(A)∧(direct)→A
ANL A, @Ri          ;(A)∧((Ri))→A
ANL A, #data        ;(A)∧#data→A
ANL direct, A       ;(direct)∧(A)→direct
ANL direct, #data   ;(direct)∧#data→direct
```

这组指令中前 4 条指令是将累加器 A 的内容和源操作数所指的内容按位进行逻辑"与",结果存放在 A 中。

后两条指令是将直接地址单元中的内容和源操作数所指的内容按位进行逻辑"与",结果存入直接地址单元中。若直接地址正好是 I/O 端口,则为"读—修改—写"操作。

5. 逻辑"或"指令(6 条)

```
ORL A, Rn           ;(A)∨(Rn)→A
ORL A, direct       ;(A)∨(direct)→A
ORL A, @Ri          ;(A)∨((Ri))→A
ORL A, #data        ;(A)∨#data→A
```

```
ORL direct, A              ;(direct)∨(A)→direct
ORL direct, #data          ;(direct)∨#data→direct
```

这组指令的功能是,将两个指定的操作数按位进行逻辑"或"。前 4 条指令的操作结果存放在累加器 A 中,后两条指令的操作结果存放在直接地址单元中(也具有"读—修改—写"操作功能)。

6. 逻辑"异或"指令(6 条)

```
XRL A, Rn                  ;(A)⊕(Rn)→A
XRL A, direct              ;(direct)⊕(A)→A
XRL A, @Ri                 ;(A)⊕((Ri))→A
XRL A, #data               ;(A)⊕#data→A
XRL direct, A              ;(direct)⊕(A)→direct
XRL direct, #data          ;(direct)⊕#data→direct
```

这组指令的功能是,将两个指定的操作数按位进行"异或"。前 4 条指令的结果存放在累加器 A 中,后两条指令的操作结果存放在直接地址单元中(同样为"读—修改—写"操作)。

将上述逻辑操作类指令(与、或和异或操作)归纳,如图 3-11 所示。这类指令的操作均只影响标志位 P。布尔逻辑操作将在后面讲述。

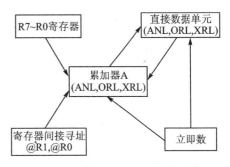

图 3-11　内部数据存储器逻辑操作

3.3.4　控制程序转移类指令

计算机"智商"的高低,取决于它的转移类指令的多少,特别是条件转移指令的多少。计算机运行过程中,有时因为操作的需要,程序不能按顺序逐条执行指令,需要改变程序运行方向,即将程序跳转到某个指定的地址,再顺序执行下去。某些指令具有修改程序计数器 PC 内容的功能,因为 PC 的内容是将要执行的下一条指令的地址,所以计算机执行这类指令就能控制程序转移到新的地址上去执行。89C51/S51单片机有丰富的转移类指令(共 17 条),包括无条件转移指令、条件转移指令、调用指令及返回指令等。所有这些指令的目标地址都是在 64 KB 程序存储器地址空间内。

1. 无条件转移指令(4 条)

无条件转移指令是指,当程序执行到该指令时,程序无条件转移到指令所提供的地址处执行。无条件转移类指令有短转移、长转移、相对转移和间接转移(散转指令)4 条。

1) 短转移指令

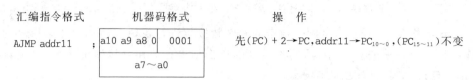

汇编指令格式	机器码格式	操　作
AJMP addr11 ;	a10 a9 a8 0 ｜ 0001 a7～a0	先(PC) + 2→PC,addr11→PC$_{10\sim0}$,(PC$_{15\sim11}$)不变

这条指令提供 11 位地址,可在 2 KB 范围内无条件转移到由 a10～a0 所指出的地址单元中去。

因为指令只提供低 11 位地址,高 5 位为原 PC$_{11\sim15}$位的值,因此,转移的目标地址必须在 AJMP 后面指令的第一个字节开始的同一 2 KB 范围内。

本指令同 ACALL 指令一样,有 8 种操作码,形成 256 个页面号。转移操作如图3 - 12 所示。

2) 长转移指令

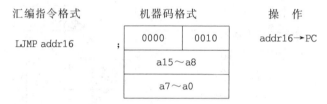

汇编指令格式	机器码格式	操　作
LJMP addr16 ;	0000 ｜ 0010 a15～a8 a7～a0	addr16→PC

指令提供 16 位目标地址,将指令的第 2 和第 3 字节地址码分别装入 PC 的高 8 位和低 8 位中,程序无条件转向指定的目标地址去执行。

由于直接提供 16 位目标地址,所以程序可转向 64 KB 程序存储器地址空间的任何单元。操作如图 3 - 13 所示。

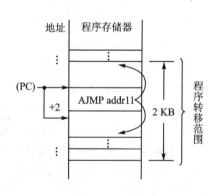

图 3 - 12　AJMP 转换示意图

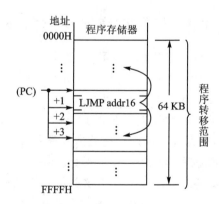

图 3 - 13　LJMP 转换示意图

3) 相对转移(短转移)指令

汇编指令格式　　　　　机器码格式　　　　　　　　操　作

SJMP rel　　　；| 1000 | 0000 | 先(PC) + 2→PC, 后(PC) + rel→PC

| rel(相对地址) |

指令的操作数是相对地址, rel 是一个带符号的偏移字节数(2 的补码), 其范围为 −128～+127(00H～7FH 对应表示 0～+127, 80H～FFH 对应表示 −128～−1)。负数表示反向转移, 正数表示正向转移。该指令为双字节指令, 执行时先将 PC 内容加 2, 再加相对地址 rel, 就得到了转移目标地址。

例如: 在(PC)=0100H 地址单元有条"SJMP rel"指令, 若 rel=55H(正数), 则正向转移到 0102H+0055H=0157H 地址处; 若 rel=F6H(负数), 则反向转移到 0102H+FFF6H=00F8H 地址处。

在用汇编语言编写程序时, rel 可以是一个转移目的地址的标号, 由汇编程序在汇编过程中自动计算偏移地址, 并且填入指令代码中。在手工汇编时, 可用转移目的地址减转移指令所在源地址, 再减转移指令字节数 2, 得到偏移字节数 rel。

【例 3 - 9】 SJMP RELADR。

设标号 RELADR 的地址值为 0123H, 该指令地址(PC)=0100H, 相对地址偏移量 rel=0123H−(0100+2)=21H。

执行指令"SJMP RELADR"的结果为(PC)+2+rel=0123H, 装入 PC 中, 控制程序转向 0123H 去执行。在手工汇编时, 应将 rel 值填入指令的第二字节。操作如图 3 - 14 所示。

显然, 一条带有 FEH 相对地址(rel)的 SJMP 指令将是一条单指令的无限循环。因为 FEH 是补码, 它的真值是 −2, 目的地址=PC+2−2=PC, 结果转向自己, 导致无限循环。

【例 3 - 10】 设 rel=FEH。

执行"JMPADR: SJMP JMPADR"的结果将在原处进行无限循环。这可用于诊断硬件故障或缺陷。

4) 间接转移指令

汇编指令格式　　　　　　　机器码格式　　　　　操　作

JMP @A + DPTR　　　；| 0111 | 0011 | (A) + (DPTR)→PC

该指令的转移地址由数据指针 DPTR 的 16 位数和累加器 A 的 8 位数进行无符号数相加形成, 并直接送入 PC。指令执行过程对 DPTR、A 和标志位均无影响。这条指令可代替众多的判别跳转指令, 具有散转功能(又称散转指令)。转移操作如图3 - 15 所示。

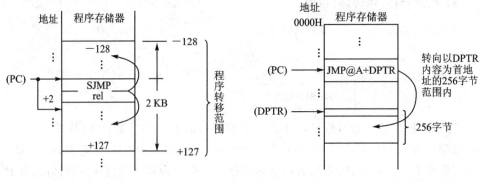

图 3-14　"SJMP rel"示意图　　　　　图 3-15　"JMP @A+DPTR"转移示意图

【例 3-11】 根据累加器 A 中命令键键值,设计命令键操作程序入口跳转表。

```
        CLR  C                  ;清进位
        RLC  A                  ;键值乘以 2
        MOV  DPTR,#JPTAB        ;指向命令键跳转表首址
        JMP  @A+DPTR            ;散转到命令键入口
JPTAB:  AJMP CCS0               ;双字节指令
        AJMP CCS1
        AJMP CCS2
          ⋮
```

从程序中看出,当(A)=00H 时,散转到 CCS0;当(A)=01H 时,散转到 CCS1
……。由于 AJMP 是双字节指令,散转前 A 中键值应先乘以 2。

2. 空操作指令(1 条)

汇编指令格式　　　　　　　机器码格式　　　　　　操　作

NOP　　　　　；│ 0000 │ 0000 │　　　(PC)+1→PC

这是一条单字节指令,除 PC 加 1 外,不影响其他寄存器和标志位。NOP 指令
常用来产生一个机器周期的延时。

3. 条件转移类指令(8 条)

89C51 同样有丰富的条件转移指令。根据给出的条件进行检测,若条件满足,则
程序转向指定的目的地址(目的地址是以下一条指令的起始地址为中心的−128～+
127 共 256 字节范围)去执行。

1）判零转移指令

汇编指令格式	机器码格式	操　作

JZ rel ;

0110	0000
相对地址(rel)	

(PC)+2→PC。当 A 为全 0 时,(PC)=(PC)+rel;
当 A 不为全 0 时,程序顺序执行。

JNZ rel ;

0111	0000
相对地址(rel)	

(PC)+2→PC。当 A 不为全 0 时,(PC)+rel→PC;
当 A 为全 0 时,程序顺序执行。

　　JZ 和 JNZ 指令分别对累加器 A 的内容为全 0 和不为全 0 进行检测并转移,当不满足各自的条件时,程序继续往下执行。当各自的条件满足时(相当于一条相对转移指令),程序转向指定的目标地址。其目标地址是以下一条指令第一个字节的地址为基础,加上指令的第二个字节中的相对偏移量。相对偏移量为一个带符号的 8 位数,偏移范围为 −128～+127 共 256 字节,在指令汇编或手工汇编时被确定,它是目标地址与下条指令地址之差。本指令不改变累加器 A 的内容,也不影响任何标志位。指令的执行流程如图 3−16 所示。

　　在实际编程中,rel 用标号(目标符号)代替,如"JNZ　NEXT",汇编时自动生成相对地址。

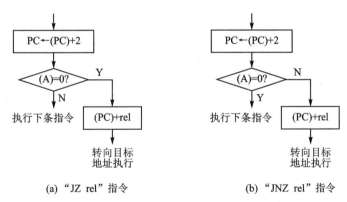

(a)"JZ rel"指令　　　　　　(b)"JNZ rel"指令

图 3−16　JZ 和 JNZ 指令的逻辑流程图

2）比较转移指令

比较转移指令是新增设的、功能较强的指令,它的格式为:

　　　　CJNE　(目的字节),(源字节),rel　　　　;3 字节指令

　　它的功能是对指定的目的字节和源字节进行比较,若它们的值不相等,则转移。转移的目标地址为当前的 PC 值加 3 后,再加指令的第 3 字节偏移量(rel)。若目的字节内的数大于源字节内的数,则清 0 进位标志位 CY;若目的字节数小于源字节数,则置位进位标志位 CY;若二者相等,则往下执行。本指令执行后不影响任何操

作数。

这类指令的源操作数和目的操作数有 4 种寻址方式,即 4 条指令。

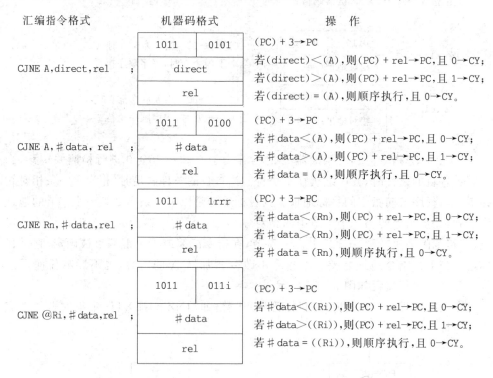

汇编指令格式	机器码格式	操 作
CJNE A,direct,rel ;	1011 0101 / direct / rel	(PC)+3→PC 若(direct)<(A),则(PC)+rel→PC,且 0→CY; 若(direct)>(A),则(PC)+rel→PC,且 1→CY; 若(direct)=(A),则顺序执行,且 0→CY。
CJNE A,#data,rel ;	1011 0100 / #data / rel	(PC)+3→PC 若#data<(A),则(PC)+rel→PC,且 0→CY; 若#data>(A),则(PC)+rel→PC,且 1→CY; 若#data=(A),则顺序执行,且 0→CY。
CJNE Rn,#data,rel ;	1011 1rrr / #data / rel	(PC)+3→PC 若#data<(Rn),则(PC)+rel→PC,且 0→CY; 若#data>(Rn),则(PC)+rel→PC,且 1→CY; 若#data=(Rn),则顺序执行,且 0→CY。
CJNE @Ri,#data,rel ;	1011 011i / #data / rel	(PC)+3→PC 若#data<((Ri)),则(PC)+rel→PC,且 0→CY; 若#data>((Ri)),则(PC)+rel→PC,且 1→CY; 若#data=((Ri)),则顺序执行,且 0→CY。

89C51/S51 的这条比较转移指令内容丰富,功能很强。它可以是累加器内容与立即数或直接地址单元内容进行比较,可以是工作寄存器内容与立即数进行比较,也可以是内部 RAM 单元内容与立即数进行比较。若两数不相等,则程序转向目标地址((PC)+rel→PC)去执行;当源字节内容大于目的字节内容时,置位 CY,否则复位 CY。

CJNE 指令流程图如图 3-17 所示。

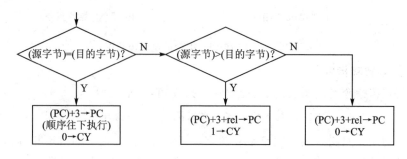

图 3-17 CJNE 指令流程示意图

由于这是条 3 字节指令,取出第 3 字节(rel),(PC)+3 指向下条指令的第一个字节的地址,然后对源字节数和目的字节数进行比较,判定比较结果。由于这时 PC 的当前值已是(PC)+3,因此,程序的转移范围应为以(PC)＋3 为起始地址的 +127～−128 共 256 字节单元地址。

3) 循环转移指令

89C51/S51 循环转移指令同样功能很强。它比较 8048,增设了以直接地址单元内容作为循环控制寄存器使用,连同工作寄存器 Rn,就派生出很多条循环转移指令。这是其他微型计算机所不能比拟的。

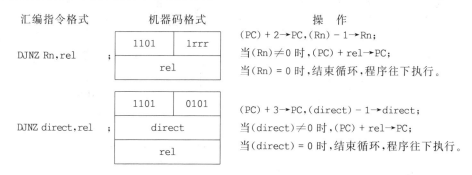

　　汇编指令格式　　　　　机器码格式　　　　　　　　　　　操　作

DJNZ Rn,rel　;

1101	1rrr
rel	

(PC) + 2→PC,(Rn) − 1→Rn;
当(Rn)≠0 时,(PC) + rel→PC;
当(Rn) = 0 时,结束循环,程序往下执行。

DJNZ direct,rel　;

1101	0101
direct	
rel	

(PC) + 3→PC,(direct) − 1→direct;
当(direct)≠0 时,(PC) + rel→PC;
当(direct) = 0 时,结束循环,程序往下执行。

　　程序每执行一次本指令,便将第一操作数的字节变量减 1,并判断字节变量是否为 0。若不为 0,则转移到目标地址,继续执行循环程序段;若为 0,则终止循环程序段的执行,程序往下执行。

　　其中,rel 为相对于 DJNZ 指令的下一条指令第一个字节的相对偏移量,用一个带符号的 8 位数表示。所以,循环转移的目标地址应为 DJNZ 指令的下条指令地址和偏移量之和(即当前 PC 值加 rel)。

　　DJNZ 指令操作的流程图如图 3-18 所示。

4. 调用和返回指令

　　在程序设计中,有时因操作需要而反复执行某段程序。这时,应使这段程序能被公用,以减少程序编写和调试的工作量,于是引进了主程序和子程序的概念。指令系统中一般都有主程序调用子程序的指令和从子程序返回主程序的指令。通常把具有一定功能的公用程序段作为子程序,子程序的最后一条指令为返回主程序指令(RET)。主程序调用子程序以及从子程序返回主程序的过程如图 3-19 所示。

　　当 CPU 执行主程序到 A 处遇到调用子程序 ADD1 的指令时,CPU 自动把 B 处,即下一条指令第一字节的地址(PC 值,称为断点)压入堆栈中,栈指针(SP)＋2,并将子程序 ADD1 的起始地址送入 PC。于是,CPU 就转向子程序 ADD1 去执行。当遇到 ADD1 中的 RET 指令时,CPU 自动把断点 B 的地址弹回到 PC 中,于是,CPU 又回到主程序继续往下执行。当主程序执行到 C 处又遇到调用子程序 ADD1 的指令时,便再次重复上述过程。可见,子程序能被主程序多次调用。

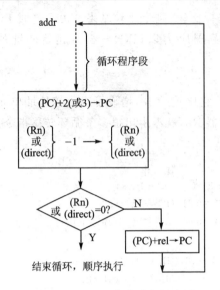

图 3 - 18　DJNZ 指令流程示意图

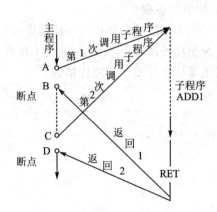

图 3 - 19　主程序调用子程序与从子程序返回示意

89C51/S51 设置了短调用和长调用指令。前者为双字节指令，用于目标地址在当前指令的 2 KB 范围内调用；后者为 3 字节指令，可调用 64 KB 程序空间的任一目标地址的子程序。

1）短调用指令

短调用指令提供 11 位目标地址，限定在 2 KB 地址空间内调用，这与 MCS-48 的调用指令相同。

汇编指令格式	机器码格式	操　作

ACALL addr11　；

a10 a9 a8 1	0001
addr$_{7\sim0}$	

$(PC) + 2 \rightarrow PC$
$(SP) + 1 \rightarrow SP$
$(PC_{7\sim0}) \rightarrow (SP)$ ⎫
$(SP) + 1 \rightarrow SP$ ⎬ 断点值压入堆栈
$(PC_{15\sim8}) \rightarrow (SP)$ ⎭
$addr_{10\sim0} \rightarrow PC_{10\sim0}$（2 KB 区域内地址）$(PC_{15\sim11})$ 不变

本指令为双字节、双周期指令。执行完本指令，程序计数器内容先加 2，指向下一条指令的地址；然后将 PC 值压入堆栈保存，栈指针（SP）加 2；接着将 11 位目标地址（addr$_{10\sim0}$）送程序计数器的低 11 位（PC$_{10\sim0}$），PC 值的高 5 位（PC$_{15\sim11}$）不变，即由指令第一字节的高 3 位（a10 a9 a8）、第二字节（addr$_{7\sim0}$）共 11 位和当前 PC 值的高 5 位（PC$_{15\sim11}$）组成 16 位转移目标地址。因此，所调用的子程序首地址必须在 ACALL 指令后第一个字节开始的 2 KB 范围内的程序存储器中。

2）长调用指令

由于 89C51/S51 单片机可寻址 64 KB 的程序存储器，为了方便地寻址 64 KB 范围内任一子程序空间,特设有长调用指令。

LCALL 指令提供 16 位目标地址,以调用 64 KB 范围内所指定的子程序。执行本指令时,首先(PC)+3→PC,以获得下一条指令地址;然后把这 16 位地址(断点值,即返回到 LCALL 指令的下一条指令地址)压入堆栈(先压入 $PC_{7\sim0}$ 低位字节,后压入 $PC_{15\sim8}$ 高位字节),栈指针 SP 加 2 指向栈顶;接着将 16 位目标地址 addr16 送入程序计数器 PC,从而使程序转向目标地址(addr16)去执行被调用的子程序。这样,子程序的首地址可以设置在 64 KB 程序存储器地址空间的任何位置。

【例 3 – 12】 设(SP)=07H,符号地址"SUBRTN"指向程序存储器的 5678H,(PC)=0123H。

从 0123H 处执行指令"LCALL SUBRTN",执行结果为(PC)+3=0123H+3=0126H。将 PC 内容压入堆栈:向(SP)+1=08H 中压入 26H,向(SP)+1=09H 中压入 01H,(SP)=09H。SUBRTN=5678H 送入 PC,即(PC)=5678H。程序转向以 5678H 为首地址的子程序执行。

3) 返回指令

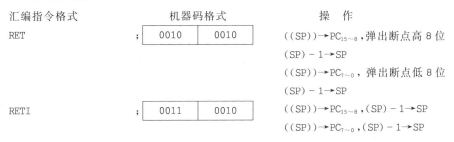

RET 指令是从子程序返回。当程序执行到本指令时,表示结束子程序的执行,返回调用指令(ACALL 或 LCALL)的下一条指令处(断点)继续往下执行。因此,它的主要操作是将栈顶的断点地址送 PC,即$((SP))\to PC_{15\sim8}$,$(SP)-1\to SP$;$((SP))\to PC_{7\sim0}$,$(SP)-1\to SP$。于是,子程序返回主程序继续执行。

RETI 指令是中断返回指令,除具有"RET"指令的功能外,还将开放中断逻辑。

3.3.5 位操作(布尔处理)类指令

89C51/S51 硬件结构中有个位处理机(布尔处理机),它具有一套处理位变量的指令集,包括位变量传送、逻辑运算、控制程序转移等指令。

在进行位操作时,位累加器 C 即为进位标志 CY,位地址是片内 RAM 字节地址 20H~2FH 单元中连续的 128 个位(位地址 00H~7FH)和部分特殊功能寄存器。凡 SFR 中字节地址能被 8 整除的特殊功能寄存器都具有可寻址的位地址,其中 ACC(位地址 E0H~E7H)、B(位地址 F0H~F7H)和片内 RAM 中 128 个位都可作软件标志或存储位变量。

在汇编语言中,位地址的表达方式有多种:

- 直接(位)地址方式,如 D4H;
- 点操作符号方式,如 PSW.4;
- 位名称方式,如 RS1;
- 用户定义名方式,如用伪指令 bit:

SUB. REG bit RS1

经定义后,允许指令中用 SUB. REG 代替 RS1。

上面 4 种方式都可表示 PSW(D0H)中的第 4 位,它的位地址是 D4H,而名称为 RS1,用户定义为 SUB. REG。

1. 位数据传送指令(2 条)

汇编指令格式		机器码格式		操　作
MOV C,bit	;	1010	0010	(bit)→C
		位地址(bit)		
MOV bit,C	;	1001	0010	(C)→bit
		位地址(bit)		

上述指令把源操作数指定的位变量传送到目的操作数指定的位单元中。其中,一个操作数为位地址(bit),另一个必定为布尔累加器 C(即进位标志位 CY)。此指令不影响其他寄存器或标志位。

指令中位地址 bit 若为 00H~7FH,则位地址在片内 RAM(20H~2FH 单元)中共128 位;bit 若为 80H~FFH,则位地址在 11 个特殊功能寄存器中。

其中,有 4 个 8 位的并行 I/O 口,每位均可单独进行操作。因此,布尔 I/O 口共有 32 个(P0.0~P0.7、P1.0~P1.7、P2.0~P2.7、P3.0~P3.7)。

2. 位修正指令(6 条)

1) 位清 0 指令

```
CLR C              ;0→C
CLR bit            ;0→bit
```

2）位置 1 指令

```
SETB C              ;1→C
SETB bit            ;1→bit
```

3）位取反指令

```
CPL C               ;(C̄)→C
CPL bit             ;(bit̄)→bit
```

这类指令的功能分别是清除、取反、置位进位标志 C 或直接寻址位,执行结果不影响其他标志位。当直接位地址为端口中某一位时,具有"读－修改－写"功能。

3. 位逻辑运算指令(4 条)

1）位逻辑"与"指令

```
ANL C,bit           ;(C)∧(bit)→C
ANL C,/bit          ;(C)∧(bit̄)→C
```

2）位逻辑"或"指令

```
ORL C,bit           ;(C)∨(bit)→C
ORL C,/bit          ;(C)∨(bit̄)→C
```

这组指令的功能是,把位累加器 C 的内容与直接位地址的内容进行逻辑"与"、"或"操作,结果再送回 C 中。斜杠"/"表示对该位取反后再参与运算,但不改变原来的数值。

4. 位条件转移类指令(5 条)

这类指令包括判布尔累加器转移,判位变量转移和判位变量清 0 转移 3 组,现分别介绍如下。

1）判布尔累加器 C 转移指令

汇编指令格式	机器码格式		操　　作
JC rel	;	0100　0000	(PC)＋2→PC
		相对地址(rel)	若(C)＝1,则(PC)＋rel→PC; 若(C)＝0,则顺序往下执行。
JNC rel	;	0101　0000	(PC)＋2→PC
		相对地址(rel)	若(C)＝0,则(PC)＋rel→PC; 若(C)＝1,则顺序往下执行。

上述两条指令分别对进位标志位 C 进行检测,当(C)＝1(前一条)或(C)＝0(后一条)时,程序转向目标地址;否则,顺序执行下一条指令。目标地址是(PC)＋2 后的 PC 当前值(指向下一条指令)与指令的第二字节中带符号的相对地址(rel)之和。

2) 判位变量转移指令

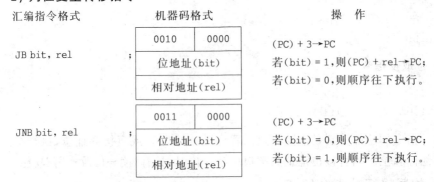

| 汇编指令格式 | 机器码格式 | 操 作 |

JB bit, rel ;
```
0010    0000
位地址(bit)
相对地址(rel)
```
(PC) + 3→PC
若(bit) = 1,则(PC) + rel→PC;
若(bit) = 0,则顺序往下执行。

JNB bit, rel ;
```
0011    0000
位地址(bit)
相对地址(rel)
```
(PC) + 3→PC
若(bit) = 0,则(PC) + rel→PC;
若(bit) = 1,则顺序往下执行。

上述 2 条指令分别检测指定位,若位变量为 1(前一条指令)或位变量为 0(后一条指令),则程序转向目标地址去执行;否则,顺序执行下一条指令。对该位变量进行测试时,不影响原变量值,也不影响标志位。目标地址为(PC)＋3 后的 PC 当前值(指向下一条指令)与带符号的相对偏移量之和。

3) 判位变量并清 0 转移指令

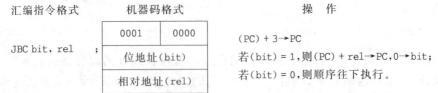

| 汇编指令格式 | 机器码格式 | 操 作 |

JBC bit, rel ;
```
0001    0000
位地址(bit)
相对地址(rel)
```
(PC) + 3→PC
若(bit) = 1,则(PC) + rel→PC,0→bit;
若(bit) = 0,则顺序往下执行。

本指令对指定位变量检测,若位变量值为 1,则清 0 该位,程序转向目标地址去执行;否则顺序往下执行。注意,不管该位变量为何值,在进行检测后即清 0。目标地址为(PC)＋3 后的 PC 当前值加上指令的第 3 字节中带符号的 8 位偏移量。

89C51/S51 的指令系统,充分反映了它是一台面向控制的功能很强的电子计算机。

指令系统是熟悉单片机功能,开发与应用单片机的基础。掌握指令系统必须与单片机的 CPU 结构、存储空间的分布和 I/O 端口的分布结合起来,真正理解符号指令的操作含义,结合实际问题多作程序分析和简单程序设计,才能达到好的效果。

3.4　思考题与习题

1. 简述下列基本概念:指令、指令系统、机器语言、汇编语言、高级语言。
2. 什么是计算机的指令和指令系统?
3. 简述 89C51/S51 汇编指令格式。
4. 简述 89C51/S51 的寻址方式和所能涉及的寻址空间。
5. 要访问特殊功能寄存器和片外数据存储器,应采用哪些寻址方式?

6. 在 89C51/S51 片内 RAM 中,已知(30H)＝38H,(38H)＝40H,(40H)＝
48H,(48H)＝90H。请分析下面各是什么指令,说明源操作数的寻址方式以
及按顺序执行每条指令后的结果。

```
MOV  A,40H
MOV  R0,A
MOV  P1,＃0F0H
MOV  @R0,30H
MOV  DPTR,＃3848H
MOV  40H,38H
MOV  R0,30H
MOV  P0,R0
MOV  18H,＃30H
MOV  A,@R0
MOV  P2,P1
```

7. 对 89C51/S51 片内 RAM 的高 128 字节的地址空间寻址要注意什么?

8. 指出下列指令的本质区别?

```
MOV  A,data
MOV  A,＃data
MOV  data1,data2
MOV  74H,＃78H
```

9. 设 R0 的内容为 32H,A 的内容为 48H,片内 RAM 的 32H 单元内容为 80H,
40H 单元内容为 08H。请指出在执行下列程序段后上述各单元内容的变化。

```
MOV  A,@R0
MOV  @R0,40H
MOV  40H,A
MOV  R0,＃35H
```

10. 如何访问 SFR,可使用哪些寻址方式?
11. 如何访问片外 RAM 单元,可使用哪些寻址方式?
12. 如何访问片内 RAM 单元,可使用哪些寻址方式?
13. 如何访问片内外程序存储器,可使用哪些寻址方式?
14. 说明十进制调整的原因和方法。
15. 说明 89C51/S51 的布尔处理机功能。
16. 已知(A)＝83H,(R0)＝17H,(17H)＝34H。请写出执行完下列程序段后
A 的内容。

```
ANL  A,＃17H
ORL  17H,A
```

```
XRL   A，@R0
CPL   A
```

17. 使用位操作指令实现下列逻辑操作。要求不得改变未涉及位的内容。

    (1) 使 ACC.0 置 1；

    (2) 清除累加器高 4 位；

    (3) 清除 ACC.3，ACC.4，ACC.5，ACC.6。

18. 编程实现把内部 RAM R0~R7 的内容传递到 20H~27H 单元。

19. 试编写程序，将内部 RAM 的 20H、21H 和 22H 3 个连续单元的内容依次存入 2FH、2EH 和 2DH 中。

20. 编写程序，进行两个 16 位数的减法：6F5DH－13B4H，结果存入内部 RAM 的 30H 和 31H 单元，30H 存储低 8 位。

21. 编写程序，若累加器 A 的内容分别满足下列条件，则程序转至 LABEL 存储单元。设 A 中存的是无符号数。

    (1) A≥10；　　(2) A＞10；　　(3) A≤10。

22. 已知(SP)＝25H，(PC)＝2345H，(24H)＝12H，(25H)＝34H，(26H)＝56H。问此时执行"RET"指令以后，(SP)＝？ (PC)＝？

23. 若(SP)＝25H，(PC)＝2345H，标号 LABEL 所在的地址为 3456H。问执行长调用指令"LCALL LABEL"后，堆栈指针和堆栈的内容发生什么变化？ PC 的值等于什么？

24. 上题中的 LCALL 指令能否直接换成 ACALL 指令，为什么？ 如果使用 ACALL 指令，则可调用的地址范围是什么？

25. 试编写程序，查找在内部 RAM 的 20H~50H 单元中是否有 0AAH 这一数据。若有，则将 51H 单元置为 01H；若未找到，则将 51H 单元清 0。

26. 试编写程序，查找在内部 RAM 的 20H~50H 单元中出现 00H 的次数，并将查找的结果存入 51H 单元。

27. 外部数据 RAM 中有一个数据块，存有若干字符、数字，首地址为 SOURCE。要求将该数据块传送到内部 RAM 以 DIST 开始的区域，直到遇到字符"＄"时结束（"＄"也要传送，它的 ASCII 码为 24H）。

28. 已知 R3 和 R4 中存有一个 16 位的二进制数，高位在 R3 中，低位在 R4 中。请编程将其求补，并存回原处。

29. 已知 30H 和 31H 中存有一个 16 位的二进制数，高位在前，低位在后。请编程将它们乘以 2，再存回原单元中。

30. 内存中有两个 4 字节以压缩的 BCD 码形式存放的十进制数，一个存放在 30H~33H 的单元中，一个存放在 40H~43H 的单元中。请编程求它们的和，结果放在 30H~33H 中。

31. 编写一个程序，把片外 RAM 从 2000H 开始存放的 8 个数传送到片内 30H

开始的单元中。

32. 要将片内 RAM 中 0FH 单元的内容传送到寄存器 B,对 0FH 单元的寻址可以有 3 种方法:

　　(1) R 寻址;

　　(2) R 间址;

　　(3) direct 寻址。

　　请分别编出相应程序,比较其字节数、机器周期数和优缺点。

33. 阅读下列程序,要求:

　　(1) 说明该程序的功能;

　　(2) 填写所缺的机器码;

　　(3) 试修改程序,使片内 RAM 的内容成为如图 3 - 20所示的结果。

	⋮	
00H	50H
01H	51H
02H	52H
03H	53H
04H	54H
05H	55H
06H	56H
07H	57H
08H	58H
09H	59H
	⋮	

```
7A __              MOV   R2,#0AH
__ __              MOV   R0,#50H
E4                 CLR   A
F6        LOOP:    MOV   @R0,A
08                 INC   R0
DA __              DJNZ  R2,LOOP
          DONE:
```

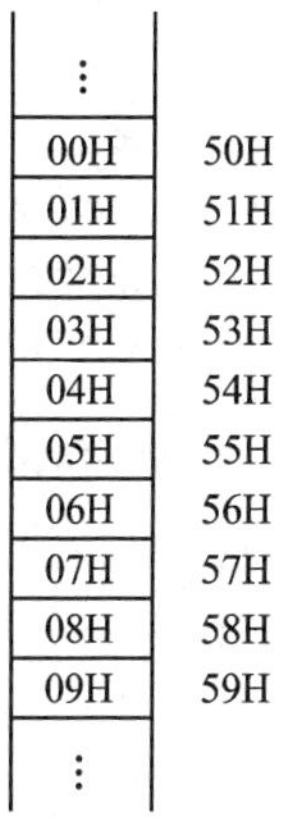

图 3 - 20　片内 RAM

34. 设(R0)=7EH,(DPTR)=10FEH,片内 RAM 中 7E 单元的内容为 0FFH,7F 单元的内容为 38H。试为下列程序的每条指令注释其执行结果。

```
INC   @R0
INC   R0
INC   @R0
INC   DPTR
INC   DPTR
INC   DPTR
```

35. 阅读下列程序,并要求:

　　(1) 说明程序的功能;

　　(2) 写出涉及的寄存器及片内 RAM 单元(如图 3 - 21 所示)的最后结果。

```
MOV   R0,#40H
MOV   A,@R0
INC   R0
ADD   A,@R0
INC   R0
MOV   @R0,A
```

```
CLR   A
ADDC  A,#0
INC   R0
MOV   @R0,A
```

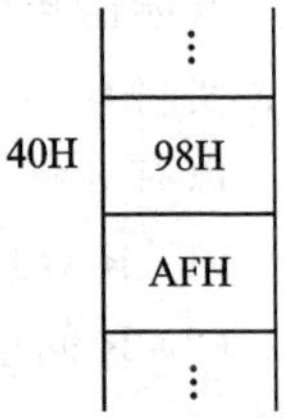

36. 要求同上题(如图 3-22 所示),程序如下:

```
MOV   A,61H
MOV   B,#02H
MUL   AB
ADD   A,62H
MOV   63H,A
CLR   A
ADDC  A,B
MOV   64H,A
```

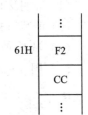

图 3-21　片内 RAM

图 3-22　片内 RAM

37. 试编写程序:采用"与"运算,判断某 8 位二进制数是奇数还是偶数个 1。

38. 试编写程序:采用"或"运算,使任意 8 位二进制数的符号位必为 1。

39. 请思考:采用"异或"运算,怎样可使一带符号数的符号位改变,数据位不变?怎样可使该数必然变为 0?

40. 两条查表指令的寻址方式是什么?哪个寄存器充当变址寄存器?哪个寄存器充当基址寄存器?

41. 累加器的增量指令和减量指令对 PSW 中的标志位有影响吗?

第4章 汇编语言程序设计知识

计算机在完成一项工作时,必须按顺序执行各种操作。这些操作是程序设计人员用计算机所能接受的语言把解决问题的步骤事先描述好的,也就是事先编制好计算机程序,再由计算机去执行。汇编语言程序设计,要求设计人员对单片机的硬件结构有较详细的了解。编程时,对数据的存放、寄存器和工作单元的使用等要由设计者安排;而高级语言程序设计时,这些工作是由计算机软件完成的,程序设计人员不必考虑。

4.1 编程的步骤、方法和技巧

根据要实现的目标,如被控对象的功能和工作过程要求,首先设计硬件电路;然后再根据具体的硬件环境进行程序设计。

4.1.1 编程步骤

1. 分析问题

首先,要对需要解决的问题进行分析,以求对问题有正确的理解。例如,解决问题的任务是什么? 工作过程是什么? 现有的条件、已知的数据、对运算的精度和速度方面的要求是什么? 设计的硬件结构是否方便编程等。

2. 确定算法

算法就是如何将实际问题转化成程序模块来处理。

解决一个问题,常常有几种可选择的方法。从数学角度来描述,可能有几种不同的算法。在编制程序以前,先要对不同的算法进行分析、比较,找出最适宜的算法。

3. 画程序流程图

程序流程图是使用各种图形、符号、有向线段等来说明程序设计过程的一种直观的表示,常采用以下图形及符号:

- 椭圆框(○)或桶形框(▭)表示程序的开始或结束。
- 矩形框(▭)表示要进行的工作。
- 菱形框(◇)表示要判断的事情,菱形框内的表达式表示要判断的内容。
- 圆圈(○)表示连接点。

● 指向线(→)表示程序的流向。

流程图步骤分得越细致,编写程序时也就越方便。

一个程序按其功能可分为若干部分,通过流程图把具有一定功能的各部分有机地联系起来,从而使人们能够抓住程序的基本线索,对全局有完整的了解。这样,设计人员容易发现设计思想上的错误和矛盾,也便于找出解决问题的途径。因此,画流程图是程序结构设计时采用的一种重要手段。有了流程图,可以很容易地把较大的程序分成若干个模块,分别进行设计,最后合在一起联调。一个系统的软件要有总的流程图,即主程序框图。它可以画得粗一点,侧重于反映各模块之间的相互联系。另外,还要有局部的流程图,反映某个模块的具体实现方案。

4. 编写程序

用 89C51/S51 汇编语言编写的源程序行(一条语句)包括 4 个部分,也叫 4 个字段,汇编程序能识别它们。这 4 个字段是:

〔标号:〕〔操作码〕 〔操作数〕 ;〔注释〕

每个字段之间要用分隔符分隔,而每个字段内部不能使用分隔符。可以用作分隔符的符号有空格“⌴”、冒号“:”、逗号“,”、分号“;”等。例如:

```
LOOP1: MOV A,#00H    ;立即数 00H→A
```

1) 标　号

标号是用户定义的符号地址。一条指令的标号是该条指令的符号名字,标号的值是汇编这条指令时指令的地址。标号由以英文字母开始的 1~8 个字母或数字串组成,以冒号“:”结尾。

标号可以由赋值伪指令赋值。如果标号没有赋值,则汇编程序就把存放该指令目标码第一字节的存储单元的地址赋给该标号,所以,标号又叫指令标号。

2) 操作码

对于一条汇编语言指令,这个字段是必不可少的。它用一组字母符号表示指令的操作码。在 89C51/S51 中,由自己的指令系统助记符组成。

3) 操作数

汇编语言指令可能要求或不要求操作数,所以,这一字段可能有也可能没有。若有两个操作数,则操作数之间应用逗号分开。

操作数字段的内容是复杂多样的,它可能包括下列诸项:

(1) 工作寄存器名

由 PSW.3 和 PSW.4 规定的当前工作寄存器区中的 R0~R7 都可以出现在操作数字段中。

(2) 特殊功能寄存器名

89C51/S51 中 21 个特殊功能寄存器的名字都可以作为操作数使用。

（3）标号名

可以在操作数字段中引用的标号名包括：

- 赋值标号——由汇编命令 EQU 等赋值的标号可以作为操作数。
- 指令标号——指令标号虽未给赋值，但这条指令的第一字节地址就是这个标号的值，在以后的指令操作数字段中可以引用。

（4）常　　数

为了方便用户，汇编语言指令允许以各种数制表示常数，亦即常数可以写成二进制、十进制或十六进制等形式。常数总是要以一个数字开头（若十六进制的第一个数为"A～F"字符，则前面要加 0），而数字后要直接跟一个表明数制的字母（B 表示二进制，H 表示十六进制）。

（5）$

操作数字段中还可以使用一个专门符号"$"，用来表示程序计数器的当前值。这个符号最常出现在转移指令中，如"JNB TF0，$"表示若 TF0 为 0，则仍执行该指令；否则往下执行（它等效于"$：JNB TF0，$"）。

（6）表达式

汇编程序允许把表达式作为操作数使用。在汇编时，计算出表达式的值，并把该值填入目标码中。例如：MOV A，SUM＋1。

5. 注　释

注释字段不是汇编语言的功能部分，只用于改善程序的可读性。良好的注释是汇编语言程序编写中的重要组成部分。

4.1.2　编程的方法和技巧

1. 模块化的程序设计方法

1) 程序功能模块化的优点

实际的应用程序一般都由一个主程序（包括若干个功能模块）和多个子程序构成。每一程序模块都能完成一个明确的任务，实现某个具体功能，如发送、接收、延时、显示、打印等。采用模块化的程序设计方法，有下述优点：

- 单个模块结构的程序功能单一，易于编写、调试和修改；
- 便于分工，从而可使多个程序员同时进行程序的编写和调试工作，加快软件研制进度；
- 程序可读性好，便于功能扩充和版本升级；
- 对程序的修改可局部进行，其他部分可以保持不变；
- 对于使用频繁的子程序可以建立子程序库，便于多个模块调用。

2) 划分模块的原则

在进行模块划分时，应首先弄清楚每个模块的功能，确定其数据结构以及与其他模块的关系;其次是对主要任务进一步细化,把一些专用的子任务交由下一级即第二级子模块完成,这时也需要弄清楚它们之间的相互关系。按这种方法一直细分成易于理解和实现的小模块为止。

模块的划分有很大的灵活性,但也不能随意划分。划分模块时应遵循下述原则:

- 每个模块应具有独立的功能,能产生一个明确的结果,这就是单模块的功能高内聚性。
- 模块之间的控制耦合应尽量简单,数据耦合应尽量少,这就是模块间的低耦合性。控制耦合是指模块进入和退出的条件及方式,数据耦合是指模块间的信息交换(传递)方式、交换量的多少及交换的频繁程度。
- 模块长度适中。模块语句的长度通常为 20～100 条较合适。模块太长时,分析和调试比较困难,失去了模块化程序结构的优越性;过短则模块的连接太复杂,信息交换太频繁,因而也不合适。

2. 编程技巧

在进行程序设计时,应注意以下事项及技巧。

- 尽量采用循环结构和子程序。这样可以使程序的总容量大大减少,提高程序的效率,节省内存。在多重循环时,要注意各重循环的初值和循环结束条件。
- 尽量少用无条件转移指令。这样可以使程序条理更加清楚,从而减少错误。
- 对于通用的子程序,考虑到其通用性,除了用于存放子程序入口参数的寄存器外,子程序中用到的其他寄存器的内容应压入堆栈(返回前再弹出),即保护现场。一般不必把标志寄存器压入堆栈。
- 由于中断请求是随机产生的,所以在中断处理程序中,除了要保护处理程序中用到的寄存器外,还要保护标志寄存器。因为在中断处理过程中,难免对标志位产生影响,而中断处理结束后返回主程序时,可能会遇到以中断前的状态标志为依据的条件转移指令,如果标志位被破坏,则整个程序就被打乱了。
- 累加器是信息传递的枢纽。用累加器传递入口参数或返回参数比较方便,即在调用子程序时,通过累加器传递程序的入口参数,或反过来;通过累加器向主程序传递返回参数。所以,在子程序中,一般不必把累加器内容压入堆栈。

4.1.3　汇编语言程序的基本结构

汇编语言程序具有 4 种结构形式:顺序结构、分支结构、循环结构和子程序结构。

1. 顺序程序

顺序程序是最简单的程序结构,也称直线程序。这种程序中既无分支、循环,也不调用子程序,程序按顺序一条一条地执行指令。

【例 4 - 1】　双字节加法程序段。

设被加数存放于片内 RAM 的 addr1(低位字节)和 addr2(高位字节),加数存放于 adddr3(低位字节)和 addr4(高位字节),运算结果和数存于 addr1 和 addr2 中。其程序段如下:

```
START: PUSH    ACC              ;将 A 中内容进栈保护
       MOV     R0,#addr1        ;将 addr1 地址值送 R0
       MOV     R1,#addr3        ;将 addr3 地址值送 R1
       MOV     A,@R0            ;被加数低字节内容送 A
       ADD     A,@R1            ;低字节数相加
       MOV     @R0,A            ;低字节数和存 addr1 中
       INC     R0               ;指向被加数高位字节
       INC     R1               ;指向加数高位字节
       MOV     A,@R0            ;被加数高位字节送 A
       ADDC    A,@R1            ;高字节数相加
       MOV     @R0,A            ;高字节数和存 addr2 中
       POP     ACC              ;恢复 A 原内容
```

这里将 A 原内容进栈保护,如果原 R0 和 R1 内容有用,则亦须进栈保护。

【例 4 - 2】　拆字。将片内 RAM 20H 单元的内容拆成两段,每段 4 位,并将它们分别存入 21H 与 22H 单元中。程序如下:

```
       ORG     2000H
START: MOV     R0,#21H          ;21H→R0
       MOV     A,20H            ;(20H)→A
       ANL     A,#0FH           ;A∧#0FH→A
       MOV     @R0,A            ;(A)→(R0)
       INC     R0               ;R0+1→R0
       MOV     A,20H            ;(20H)→A
       SWAP    A                ;$A_{0\sim3}\leftrightarrow A_{4\sim7}$
       ANL     A,#0FH           ;A∧#0FH→A
       MOV     @R0,A            ;(A)→(R0)
```

【例 4 - 3】　16 位数求补。设 16 位二进制数在 R1 和 R0 中,求补结果存于 R3 和 R2 中。

```
       MOV     A,  R0           ;16 位数低 8 位送 A
       CPL     A                ;求反
       ADD     A,#01H           ;加 1
       MOV     R2,  A           ;存补码低 8 位
       MOV     A,  R1           ;取 16 位数高 8 位
       CPL     A                ;求反
       ADDC    A,#00H           ;加进位
       MOV     R3,  A           ;存补码高 8 位
```

求补过程就是取反加 1。由于 89C51/S51 的加 1 指令不影响标志位,所以,取反后立即用 ADD 指令;然后高 8 位取反,再加上来自低位的进位。

2. 分支程序

程序分支是通过条件转移指令实现的,即根据条件对程序的执行进行判断:若满足条件,则进行程序转移;若不满足条件,则顺序执行程序。

在 89C51/S51 指令系统中,通过条件判断实现单分支程序转移的指令有 JZ、JNZ、CJNE 和 DJNZ 等。此外,还有以位状态作为条件进行程序分支的指令,如 JC、JNC、JB、JNB 和 JBC 等。使用这些指令,可以完成以 0、1,正、负,以及相等、不相等作为各种条件判断依据的程序转移。

分支程序又分为单分支和多分支结构。单分支结构的程序很多,此处就不专门举例了。

对于多分支程序,首先把分支程序按序号排列,然后按照序号值进行转移。假如分支转移序号的最大值为 n,则分支转移结构如图 4 - 1 所示。例如,n 个按键,则转向 n 个键的功能处理程序。

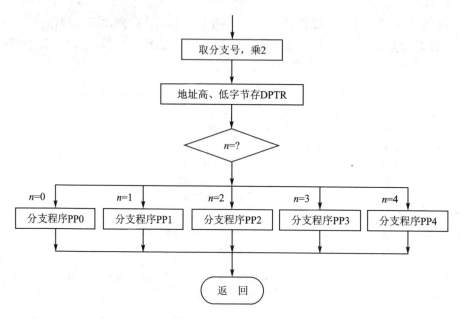

图 4 - 1　多分支(散转)程序结构图

【例 4 - 4】　128 种分支转移程序。程序框图如图 4 - 1 所示。

功能:根据入口条件转移到 128 个目的地址。

入口:(R3)=转移目的地址的序号 00H～7FH。

出口:转移到相应功能分支程序入口。

```
JMP _128： MOV      A,R3
          RL       A
          MOV      DPTR,♯JMPTAB
          JMP      @A+DPTR
JMPTAB：   AJMP     ROUT00 ⎫
          AJMP     ROUT01 ⎬ 128 个功能程序首址
            ⋮        ⋮    ⎪
          AJMP     ROUT7F ⎭
```

说明：此程序要求 128 个转移目的地址(ROUT00~ROUT7F)必须驻留在与绝对转移指令 AJMP 相同的一个 2 KB 存储区内。RL 指令对变址部分乘以 2,因为每条 AJMP 指令占两字节。如果改用 LJMP 指令,则目的地址可以任意安排在 64 KB 的程序存储器空间内,但程序应作较大的修改。

【例 4 - 5】　存放于 addr1 和 addr2 中的两个无符号二进制数,求其中的大数并存于 addr3 中,其程序流程如图 4 - 2 所示,程序段如下：

```
        addr1  DATA  31H
        addr2  DATA  32H
        addr3  DATA  30H
TART：   MOV     A,addr1          ;将 addr1 中内容送 A
        CJNE    A,addr2,LOOP1    ;两数比较,不相等则转 LOOP1
        SJMP    LOOP2
LOOP1：  JC      LOOP2            ;当 CY＝1,转 LOOP2
        MOV     addr3,A          ;CY＝0,(A)＞(addr2)
        SJMP    LOOP3            ;转结束
LOOP2：  MOV     addr3,addr2      ;CY＝1,(addr2)＞(A)
LOOP3：  END                      ;结束
```

可见,CJNE 是一条功能极强的比较指令,它可指出两数的大、小和相等。通过寄存器和直接寻址方式,可派生出很多条比较指令。同样,它也属于相对转移。

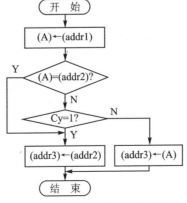

图 4 - 2　求大数程序流程图

【例4-6】 片内 RAM ONE 和 TWO 两个单元中存有两个无符号数,将两个数中的小者存入 30H 单元。

程序如下:

```
        ONE   DATA  31H
        TWO   DATA  32H
        MOV  A, ONE              ;第一数送 A
        CJNE A, TWO, BIG         ;比较
        SJMP STORE               ;相等 ONE 作为小
BIG:    JC   STORE               ;有借位 ONE 为小
        MOV  A, TWO              ;无借位 TWO 为小
STORE:  MOV  30H, A              ;小者送 RAM
        END
```

其流程如图 4-3 所示,为典型的分支程序。

【例4-7】 设变量 x 存放在 VAR 单元中,函数值 y 存放在 FUNC 中,按下式给 y 赋值。

$$y = \begin{cases} 1 & x > 0 \\ 0 & x = 0 \\ -1 & x < 0 \end{cases}$$

程序流程图如图 4-4 所示。

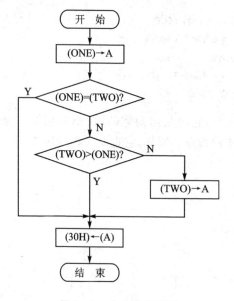

图 4-3　分支程序框图

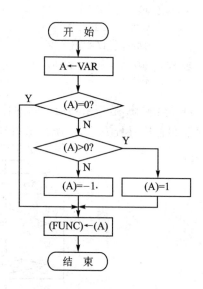

图 4-4　赋值程序流程

程序如下：

```
          VAR     DATA   30H
          FUNC    DATA   31H
START:    MOV     A,VAR              ;取 x
          JZ      COMP              ;为 0 转 COMP
          JNB     ACC.7,POSI        ;x>0 转 POSI
          MOV     A,#0FFH           ;x<0,−1→A
          SJMP    COMP
POSI:     MOV     A,#01H
COMP:     MOV     FUNC,A
          END
```

3. 循环程序

循环程序是最常见的程序组织方式。在程序运行时，有时需要连续重复执行某段程序，这时可以使用循环程序。这种设计方法可大大地简化程序。

循环程序的结构一般包括下面几个部分。

1）置循环初值

对于循环过程中所使用的工作单元，在循环开始时应置初值。例如，工作寄存器设置计数初值，累加器 A 清 0，以及设置地址指针、长度等。这是循环程序中的一个重要部分，不注意就很容易出错。

2）循环体（循环工作部分）

重复执行的程序段部分，分为循环工作部分和循环控制部分。循环控制部分每循环一次，检查结束条件，当满足条件时，就停止循环，往下继续执行其他程序。

3）修改控制变量

在循环程序中，必须给出循环结束条件。常见的是计数循环，当循环了一定的次数后，就停止循环。在单片机中，一般用一个工作寄存器 Rn 作为计数器，对该计数器赋初值作为循环次数。每循环一次，计数器的值减 1，即修改循环控制变量，当计数器的值减为 0 时，就停止循环。

4）循环控制部分

根据循环结束条件，判断是否结束循环。89C51/S51 可采用 DJNZ 指令来自动修改控制变量并能结束循环。

上述 4 个部分有两种组织方式，如图 4-5(a)和(b)所示。

循环程序在实际应用程序设计中应用极广。对前面列举的程序，如果采用循环程序设计方法，可大大简化源程序。

【例 4-8】　软件延时程序。

当单片机时钟确定后，每条指令的指令周期是确定的，在指令表中已用机器周期表示出来。因此，根据程序执行所用的总的机器周期数，可以较准确地计算程序执行

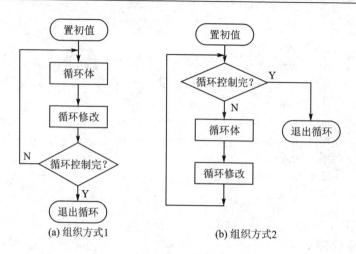

图 4 - 5　循环组织方式流程图

完所用的时间。软件延时是实际经常采用的一种短时间定时方法。

1）采用循环程序进行软件延时子程序

```
DELAY:  MOV    R2,♯data      ;预置循环控制常数
DELAY1: DJNZ   R2,DELAY1     ;当(R2)≠0 时,转向本身
        RET
```

根据 R2 的不同初值,可实现 3~513(♯data＝1~255)个机器周期的延时(第 1 条为单周期指令,第 2 条为双周期指令)。

2）采用双重循环的延时子程序

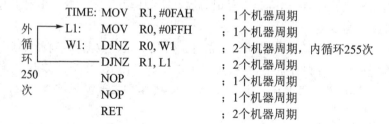

计算延时时间 t:

$$N=1+(1+2\times255+2)\times250+1+1+2=128\ 255\ \text{个机器周期}(T)$$

如果 $f=6\ \text{MHz}$,$T=2\ \mu\text{s}$

则　　　　　　　$t=N\times T=128\ 255\times2=256\ 510\ \mu\text{s}=256.51\ \text{ms}$

调整 R0 和 R1 中的参数,可改变延时时间。如果需要加长延时时间,则可增加循环嵌入。在延时时间较长,不便多占用 CPU 时间的情况下,一般采用定时器方法。

若需要延时更长时间,则可采用多重的循环,如 1 s 延时可用 3 重循环,而用 7 重循环可延时几年!

【例 4 - 9】　多字节无符号数加法程序。

设被加数低字节地址存 R0 中,加数低字节地址存 R1 中,字节数存 R3 中。相加的结果依次存于原被加数单元。其程序流程如图 4 - 6 所示,加法程序段如下:

```
START:  MOV   A,R0          ;保存被加数首地址
        MOV   R5,A
        MOV   A,R3          ;保存字节数
        MOV   R7,A
        CLR   C
ADDA:   MOV   A,@R0
        ADDC  A,@R1         ;作加法
        MOV   @R0,A         ;部分和存入对应的被加数单元
        INC   R0            ;指向下一个字节单元
        INC   R1
        DJNZ  R7,ADDA       ;若(R7)-1≠0,则继续作加法
        JNC   ADDB          ;若最高字节相加无进位,则转 ADDB
        INC   R3            ;有进位(CY),字节数加 1
        MOV   @R0,#01H      ;最高进位位存入被加数下一单元
ADDB:   MOV   A,R5          ;和数低字节地址送 A
        MOV   R0,A          ;A 送 R0,为读取和数作准备
        END                 ;结束
```

由于最高字节内容相加可能产生进位,因此,和数字节单元比被加数单元多一个。这里,把字节数和被加数最低字节地址保存在 R5 和 R7 中,目的是为读取和数作准备。

【例 4 - 10】　搜索最大值。从片内 RAM 的 BLOCK 单元开始有一个无符号数据块,其长度存于 LEN 单元中,试求出其中最大的。

这是一个最简单、最基本的搜索问题。寻找最大值的方法很多,其中最直接的方法是比较和交换交替进行。先取出第一个数作为基准,和第二个数进行比较:若基准数大,则不交换;若基准数小,则交换。依此类推,直至整个数据块比较结束,基准数即为最大。程序如下:

```
START: LEN    DATA    20H
       MAX    DATA    21H
       BLOCK  DATA    22H
       CLR    A
```

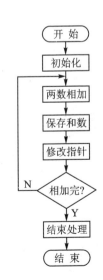

图 4 - 6　多字节加法
程序流程图

```
          MOV       R2,LEN            ;数据块长度送 R2
          MOV       R1,＃BLOCK        ;置地址指针
LOOP：CLR      C
          SUBB      A,@R1             ;用减法做比较
          JNC       NEXT              ;无借位 A 大
          MOV       A,@R1             ;否则大者送 A
          SJMP      NEXT1
NEXT：ADD       A,@R1             ;A 大恢复 A
NEXT1：INC      R1                ;修改地址指针
          DJNZ      R2,LOOP           ;未完继续
          MOV       MAX,A             ;若完则存大数
```

4.2　伪指令

不同的微机系统有不同的汇编程序,也就定义了不同的汇编命令。这些由英文字母表示的汇编命令称为伪指令。伪指令不是真正的指令,无对应的机器码,在汇编时不产生目标程序(机器码),只是用来对汇编过程进行某种控制。89C51/S51 汇编程序(如 Intel 的 ASM51)定义的常用伪指令有以下几条。

1. ORG　汇编起始命令

格式：ORG　16 位地址

功能是规定该伪指令后面程序的汇编地址,即汇编后生成目标程序存放的起始地址。例如：

```
          ORG   2000H
START：  MOV  A,＃64H
          ⋮
```

既规定了标号 START 的地址是 2000H,又规定了汇编后的第一条指令码从 2000H 开始存放。

ORG 可以多次出现在程序的任何地方。当它出现时,下一条指令的地址就由此重新定位。

2. END　汇编结束命令

END 命令通知汇编程序结束汇编。在 END 之后所有的汇编语言指令均不予以汇编。

3. EQU　赋值命令

格式：字符名称　EQU　项(数或汇编符号)

EQU 命令是把"项"赋给"字符名称"。注意,这里的字符名称不等于标号(其后

没有冒号）。其中的项,可以是数,也可以是汇编符号。用 EQU 赋过值的符号名可以用作数据地址、代码地址、位地址或是一个立即数。因此,它可以是 8 位的,也可以是 16 位的。例如:

```
AA      EQU   R1
MOV     A,AA
```

这里 AA 就代表了工作寄存器 R1。又例如:

```
A10       EQU   10
DELY      EQU   07EBH
MOV       A,    A10
LCALL     DELY
```

这里 A10 当作片内 RAM 的一个直接地址,而 DELY 定义了一个 16 位地址,实际上它是一个子程序的入口。

4. DATA 数据地址赋值命令

格式：　字符名称　　DATA　　表达式

DATA 命令功能与 EQU 类似,但有以下差别:
- EQU 定义的字符名必须先定义后使用,而 DATA 定义的字符名可以后定义先使用。
- 用 EQU 伪指令可以把一个汇编符号赋给一个名字,而 DATA 只能把数据赋给字符名。
- DATA 语句中可以把一个表达式的值赋给字符名称,其中的表达式应是可求值的。

DATA 伪指令常在程序中用来定义数据地址。

5. DB　定义字节命令

格式：　DB　〔项或项表〕

项或项表可以是一字节、用逗号隔开的字节串或括在单引号(' ')中的 ASCII 字符串。它通知汇编程序从当前 ROM 地址开始,保留一字节或字节串的存储单元,并存入 DB 后面的数据,例如:

```
          ORG   2000H
          DB    0A3H
LIST:     DB    26H,03H
STR:      DB    'ABC'
          ⋮
```

经汇编后,则有:

```
(2000H) = A3H
```

```
(2001H) = 26H
(2002H) = 03H
(2003H) = 41H
(2004H) = 42H
(2005H) = 43H
```

其中,41H、42H 和 43H 分别为 A、B 和 C 的 ASCII 编码值。

6. DW　定义字命令

格式：　DW　16 位数据项或项表

该命令把 DW 后的 16 位数据项或项表从当前地址连续存放。每项数值为 16 位二进制数,高 8 位先存放,低 8 位后存放,这和其他指令中 16 位数的存放方式相同。DW 常用于定义一个地址表,例如:

```
        ORG  1500H
TABLE：  DW  7234H,8AH,10H
```

经汇编后,则有:

```
(1500H) = 72H   (1501H) = 34H
(1502H) = 00H   (1503H) = 8AH
(1504)H = 00H   (1505H) = 10H
```

7. DS　定义存储空间命令

格式：　DS　表达式

在汇编时,从指定地址开始保留 DS 之后表达式的值所规定的存储单元,以备后用。例如:

```
ORG  1000H
DS   08H
DB   30H,8AH
```

汇编以后,从 1000H 保留 8 个单元,然后从 1008H 开始按 DB 命令给内存赋值,即

```
(1008H) = 30H
(1009H) = 8AH
```

以上的 DB、DW 和 DS 伪指令都只对程序存储器起作用,它们不能对数据存储器进行初始化。

8. BIT　位地址符号命令

格式：字符名　BIT　位地址

其中,字符名不是标号,其后没有冒号,但它是必需的。其功能是把 BIT 之后的

位地址值赋给字符名。例如：

```
A1   BIT   P1.0
A2   BIT   02H
```

这样，P1 口第 0 位的位地址 90H 就赋给了 A1，而 A2 的值则为 02H。

　　说明：实际应用中所使用的汇编程序不同，伪指令可能有所增减。

4.3　思考题与习题

　　下列程序段经汇编后，从 1000H 开始的各有关存储单元的内容将是什么？

```
           ORG    1000H
TAB1       EQU    1234H
TAB2       EQU    3000H
           DB     "START"
           DW     TAB1,TAB2,70H
```

第5章 中断系统

5.1 微机的输入/输出方式

单片机系统的运行同其他微机系统一样,CPU 不断地与外部输入/输出设备交换信息。CPU 与外部设备交换信息通常有以下几种方式:

- 程序控制传送方式,又分为无条件传送方式和查询传送方式;
- 中断传送方式;
- 直接存储器存取(DMA)方式。

5.1.1 无条件传送方式

这种数据传送方式有些类似于 CPU 和存储器之间的数据传送,即 CPU 总是认为外设在任何时刻都是处于"准备好"的状态。因此,这种传送方式不需要交换状态信息,只需在程序中加入访问外设的指令,数据传送便可以实现,但此种方法很少使用。

5.1.2 查询传送方式

查询传送也称为条件传送,可用于无条件传送不便于使用的场合,以解决外部设备与 CPU 之间的速度匹配问题。在这种传送方式中,不论是输入还是输出,都是以计算机为主动的一方。为了保证数据传送的正确性,计算机在传送数据之前,首先要查询外部设备是否处于"准备好"的状态。对于输入操作,需要知道外设是否已把要输入的数据准备好了;对于输出操作,则要知道外设是否已把上一次计算机输出的数据处理完毕。只有通过查询,确信外设已处于"准备好"的状态,计算机才能发出访问外设的指令,实现数据的交换。

状态信息一般只需一位二进制码,所以,在接口中只用一个 D 触发器就可用来保存和产生状态信息。例如,"准备好"用 D 触发器 Q=1 表示;"没准备好"用 Q=0 表示。图 5-1(a)为查

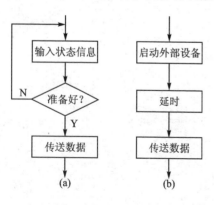

图 5-1 查询方式流程图

询方式程序的一般流程图。

　　查询方式的过程为：查询—等待—数据传送。待到下一次数据传送时，重复上述过程。等待也可以不采用循环等待，而用软件插入固定延时的方法来完成，如图 5-1(b) 所示。

　　查询方式的优点是通用性好，可以用于各类外部设备和 CPU 间的数据传送。缺点是需要有一个等待过程，特别是在连续进行数据传送时，由于外设工作速度比 CPU 慢得多，因此，CPU 在完成一次数据传送后要等待很长时间（与数据传送相比），才能进行下一次的传送。在等待过程中，CPU 不能进行其他操作，所以效率比较低。提高 CPU 效率的一条有效途径是采用中断方式。

5.1.3　直接存储器存取(DMA)方式

　　DMA(Direct Memory Access) 方式是 CPU 让出数据总线（悬浮状态），使外部设备和存储器之间直接传送（不通过 CPU）数据的方式。在下述两种情况下可考虑采用 DMA 方式：

- 外设和存储器之间有大量的数据需要传送，如磁盘驱动器中的大量数据需快速送到微机系统的 RAM 中；
- 外部设备的工作速度很高。

　　同其他计算机系统一样，单片机系统还有另一种非常重要的数据输入/输出方式——中断方式。下面作较详细的介绍。

5.2　中断的概念

　　早期的计算机没有中断功能，主机和外设交换信息（数据）只能采用程序控制传送方式。如前所述，查询传送方式交换信息时，CPU 不能再做别的事，而是在大部分时间内处于等待状态，等待 I/O 接口准备就绪。

　　现代的计算机都具有实时处理功能，能对外界随机（异步）发生的事件作出及时处理。这是靠中断技术来实现的。

　　当 CPU 正在处理某件事情的时候，外部发生的某一事件（如一个电平的变化、一个脉冲沿的发生或定时器计数溢出等）请求 CPU 迅速去处理，于是，CPU 暂时中止当前的工作，转去处理所发生的事件。中断服务处理完该事件以后，再回到原来被中止的地方，继续原来的工作，这样的过程称为中断，如图 5-2 所示。实现这种功能的部件称为中断系统（中断机构），产生中断的请求源称为中断源。中断源向 CPU 提出的处理请求，称为中断请求或中断申请。CPU 暂时中止自身的事务，转去处理事件的过程，称为 CPU 的中断响应过程。对事件的整个处理过程，称为中断服务（或中断处理）。处理完毕，再回到原来被中止的地方，称为中断返回。

　　为帮助读者理解中断操作，这里作个比喻。把 CPU 比作正在写报告的有限公

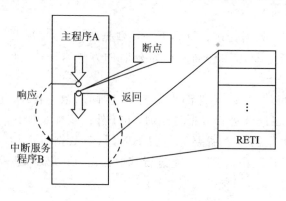

图 5-2　中断过程示意图

司的总经理,将中断比作电话呼叫。总经理的主要任务是写报告,可是如果电话铃响了(一个中断),她写完正在写的字或句子,然后去接电话。听完电话以后,她又回来从打断的地方继续写。在这个比喻中,电话铃声相当于向总经理请求中断。

从这个比喻中还能对比出程序控制传送方式(无条件传送或查询方式传送)的缺点。如果不设中断请求(电话铃声),我们就会被置于可笑的境地:总经理写了报告中的几个字以后,拿起电话听听对方是否有人呼叫,如果没有,放下电话再写几个字;接着再一次检查这个电话。很明显,这种方法浪费了一个重要的资源——总经理的时间。

这个简单的比喻说明了中断功能的重要性。没有中断技术,CPU 的大量时间可能会浪费在原地踏步的操作上。

程序控制传送方式中(如查询传送方式),由于是 CPU 主动要求传送数据,而它又不能控制外设的工作速度,因此只能用等待的方式来解决速度匹配问题。中断方式则是外设主动提出数据传送的请求,CPU 在收到这个请求以前,执行本身的程序(主程序),只是在收到外设希望进行数据传送的请求之后,才中断原有主程序的执行,暂时去与外设交换数据。由于 CPU 工作速度很快,交换数据所花费的时间很短;对于主程序来讲,虽然中断了一个瞬间,由于时间很短,对计算机的运行也不会有什么影响。

中断方式完全消除了 CPU 在查询方式中的等待现象,大大提高了 CPU 的工作效率。

中断方式的另一个应用领域是实时控制。将从现场采集到的数据通过中断方式及时传送给 CPU,经过处理后就可立即作出响应,实现现场控制。而采用查询方式就很难做到及时采集,实时控制。

由于外界异步事件中断 CPU 正在执行的程序(只要允许的话)是随机的,CPU 转去执行中断服务程序时,除了硬件会自动把断点地址(16 位程序计数器的值)压入堆栈之外,用户还须注意保护有关工作寄存器、累加器、标志位等信息(称为保护现场),以便在完成中断服务程序后,恢复原工作寄存器、累加器、标志位等的内容(称为恢复现场)。最后执行中断返回指令,自动弹出断点地址到 PC,返回主程序,继续执行被中断的程序。

由于中断传送方式的优点极为明显,因此,在现代计算机系统中应用极为广泛。其具体应用及过程将在后面章节中作进一步的介绍。

5.3 89C51/S51中断系统结构及中断控制

89C51/S51 单片机中断系统的结构如图 5-3 所示。

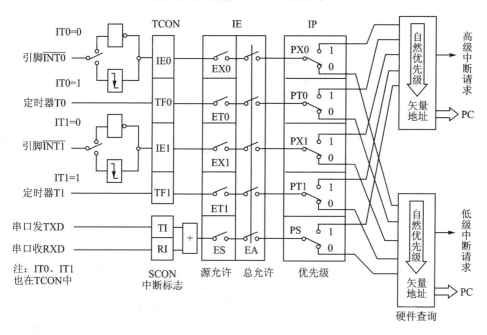

图 5-3 中断系统结构

从图 5-3 中可见,89C51/S51 单片机有 5 个中断请求源(89C52 有 6 个),4 个用于中断控制的寄存器 IE、IP、TCON(用 6 位)和 SCON(用 2 位),用来控制中断的类型、中断的开/关和各种中断源的优先级别。5 个中断源有两个中断优先级,每个中断源可以编程为高优级或低优级中断,可以实现二级中断服务程序嵌套。

中断是计算机的一个重要功能。采用中断技术能实现以下的功能:

- 分时操作。计算机的中断系统可以使 CPU 与外设同时工作。CPU 在启动外设后,便继续执行主程序;而外设被启动后,开始进行准备工作。当外设准备就绪时,就向 CPU 发出中断请求,CPU 响应该中断请求并为其服务完毕后,返回到原来的断点处继续运行主程序。外设在得到服务后,也继续进行自己的工作。因此,CPU 可以使多个外设同时工作,并分时为各外设提供服务,从而大大提高了 CPU 的利用率和输入/输出的速度。

- 实时处理。当计算机用于实时控制时,请求 CPU 提供服务是随机发生的。有了中断系统,CPU 就可以立即响应并加以处理。

- 故障处理。计算机在运行时往往会出现一些故障,如电源断电、存储器奇偶校验出错、运算溢出等。有了中断系统,当出现上述情况时,CPU 可及时转去执行故障处理程序,自行处理故障而不必停机。

5.3.1　89C51/S51 中断源

89C51/S51 中断系统的 5 个中断源为:

- INT0:外部中断 0 请求,低电平有效。通过 P3.2 引脚输入。
- INT1:外部中断 1 请求,低电平有效。通过 P3.3 引脚输入。
- T0:定时器/计数器 0 溢出中断请求。
- T1:定时器/计数器 1 溢出中断请求。
- TXD/RXD:串行口中断请求。当串行口完成一帧数据的发送或接收时,便请求中断。

每个中断源都对应一个中断请求标志位,它们设置在特殊功能寄存器 TCON 和 SCON 中。当这些中断源请求中断时,相应的标志分别由 TCON 和 SCON 中的相应位来锁存。

通常,中断源有以下几种:

- I/O 设备。一般的 I/O 设备(键盘、打印机、A/D 转换器等)在完成自身的操作后,向 CPU 发出中断请求,请求 CPU 为其服务。
- 硬件故障。例如,电源断电就要求把正在执行的程序的一些重要信息(继续正确执行程序所必需的信息,如程序计数器、各寄存器的内容以及标志位的状态等)保存下来,以便重新供电后能从断点处继续执行。另外,目前绝大多数计算机的 RAM 是使用半导体存储器,故电源断电后,必须接上备用电源,以保护存储器中的内容。所以,通常在直流电源上并联大容量的电容器,当断电时,因电容的容量大,故直流电源电压不能立即变为 0,而是下降很缓慢;当电压下降到一定值时,就向 CPU 发出中断请求,由计算机的中断系统执行上述各项操作。
- 实时时钟。在控制中常会遇到定时检测和控制的情况。若用 CPU 执行一段程序来实现延时,则在规定时间内,CPU 便不能进行其他任何操作,从而降低了 CPU 的利用率。因此,常采用专门的时钟电路。当需要定时时,CPU 发出命令,启动时钟电路开始计时,待到达规定的时间后,时钟电路发出中断请求,CPU 响应并加以处理。
- 为调试程序而设置的中断源。一个新的程序编好后,必须经过反复调试才能正确可靠地工作。在调试程序时,为了检查中间结果的正确与否或为寻找问题所在,往往在程序中设置断点或单步运行程序,一般称这种中断为自愿中断。而上述前 3 种中断是由随机事件引起的中断,称为强迫中断。

5.3.2　中断控制

89C51/S51 中断系统有以下 4 个特殊功能寄存器:

- 定时器控制寄存器 TCON(用 6 位);
- 串行口控制寄存器 SCON(用 2 位);
- 中断允许寄存器 IE;
- 中断优先级寄存器 IP。

其中,TCON 和 SCON 只有一部分位用于中断控制。通过对以上各特殊功能寄存器的各位进行置位或复位等操作,可实现各种中断控制功能。

1. 中断请求标志

1) TCON 中的中断标志位

TCON 为定时器/计数器 T0 和 T1 的控制寄存器,同时也锁存 T0 和 T1 的溢出中断标志及外部中断 0 和 1 的中断标志等。与中断有关的位如图 5-4 所示。

	8FH	8EH	8DH	8CH	8BH	8AH	89H	88H
TCON (88H)	TF1		TF0		IE1	IT1	IE0	IT0

图 5-4 TCON 中的中断标志位

各控制位的含义如下:

- TF1:定时器/计数器 T1 的溢出中断请求标志位。当启动 T1 计数以后,T1 从初值开始加 1 计数,计数器最高位产生溢出时,由硬件使 TF1 置 1,并向 CPU 发出中断请求。当 CPU 响应中断时,硬件将自动对 TF1 清 0。
- TF0:定时器/计数器 T0 的溢出中断请求标志位。含义与 TF1 相同。
- IE1:外部中断 1 的中断请求标志。当检测到外部中断引脚 1 上存在有效的中断请求信号时,由硬件使 IE1 置 1。当 CPU 响应该中断请求时,由硬件使 IE1 清 0。
- IT1:外部中断 1 的中断触发方式控制位。
  - IT1=0 时,外部中断 1 程控为电平触发方式。CPU 在每一个机器周期 S5P2 期间采样外部中断 1 请求引脚的输入电平。若外部中断 1 请求为低电平,则使 IE1 置 1;若外部中断 1 请求为高电平,则使 IE1 清 0。
  - IT1=1 时,外部中断 1 程控为边沿触发方式。CPU 在每一个机器周期 S5P2 期间采样外部中断 1 请求引脚的输入电平。如果在相继的两个机器周期采样过程中,一个机器周期采样到外部中断 1 请求为高电平,接着的下一个机器周期采样到外部中断 1 请求为低电平,则使 IE1 置 1。直到 CPU 响应该中断时,才由硬件使 IE1 清 0。
- IE0:外部中断 0 的中断请求标志。其含义与 IE1 类同。
- IT0:外部中断 0 的中断触发方式控制位。其含义与 IT1 类同。

2) SCON 中的中断标志位

SCON 为串行口控制寄存器,其低 2 位锁存串行口的接收中断和发送中断标志 RI 和 TI。SCON 中 TI 和 RI 的格式如图 5-5 所示。

各控制位的含义如下:

- TI:串行口发送中断请求标志。CPU 将一个数据写入发送缓冲器 SBUF 时, 就启动发送。每发送完一帧串行数据后,硬件置位 TI。但 CPU 响应中断 时,并不清除 TI,必须在中断服务程序中由软件对 TI 清 0。
- RI:串行口接收中断请求标志。在串行口允许接收时,每接收完一个串行 帧,硬件置位 RI。同样,CPU 响应中断时不会清除 RI,必须用软件对其清 0。

						99H	98H
SCON (98H)						TI	RI

图 5-5　SCON 中的中断标志位

2. 中断允许控制

89C51/S51 对中断源的开放或屏蔽是由中断允许寄存器 IE 控制的。IE 的格式 如图 5-6 所示。

	AFH	AEH	ADH	ACH	ABH	AAH	A9H	A8H
IE (A8H)	EA			ES	ET1	EX1	ET0	EX0

图 5-6　中断允许控制位

中断允许寄存器 IE 对中断的开放和关闭实现两级控制。所谓两级控制,就是有 一个总的开关中断控制位 EA(IE.7),当 EA=0 时,屏蔽所有的中断申请,即任何中 断申请都不接受;当 EA=1 时,CPU 开放中断,但 5 个中断源还要由 IE 低 5 位的各 对应控制位的状态进行中断允许控制(见图 5-3)。IE 中各位的含义如下:

- EA:中断允许总控制位。EA=0,屏蔽所有中断请求;EA=1,CPU 开放中 断。对各中断源的中断请求是否允许,还要取决于各中断源的中断允许控制 位的状态。
- ES:串行口中断允许位。ES=0,禁止串行口中断;ES=1,允许串行口中断。
- ET1:定时器/计数器 T1 的溢出中断允许位。ET1=0,禁止 T1 中断;ET1=1, 允许 T1 中断。
- EX1:外部中断 1 中断允许位。EX1=0,禁止外部中断 1 中断;EX1=1,允 许外部中断 1 中断。
- ET0:定时器/计数器 T0 的溢出中断允许位。ET0=0,禁止 T0 中断;ET0=1, 允许 T0 中断。

● EX0：外部中断 0 中断允许位。EX0＝0，禁止外部中断 0 中断；EX0＝1，允许外部中断 0 中断。

【例 5 - 1】　假设允许片内定时器/计数器中断，禁止其他中断。试根据假设条件设置 IE 的相应值。

解：（a）用字节操作指令

```
    MOV IE,＃8AH 或      MOV A8H,＃8AH
```

（b）用位操作指令

```
    SETB  ET0      ;定时器/计数器 0 允许中断
    SETB  ET1      ;定时器/计数器 1 允许中断
    SETB  EA       ;CPU 开中断
```

3. 中断优先级控制

89C51/S51 有两个中断优先级。每一个中断请求源均可编程为高优先级中断或低优先级中断。中断系统中有两个不可寻址的"优先级生效"触发器，一个指出 CPU 是否正在执行高优先级的中断服务程序，另一个指出 CPU 是否正在执行低优先级中断服务程序。这两个触发器为 1 时，则分别屏蔽所有的中断请求。另外，89C51/S51 片内有一个中断优先级寄存器 IP，其格式如图 5 - 7 所示。

			BCH	BBH	BAH	B9H	B8H
IP （B8H）			PS	PT1	PX1	PT0	PX0

图 5 - 7　中断优先级寄存器 IP 的控制位

IP 中的低 5 位为各中断源优先级的控制位，可用软件来设定。各位的含义如下：
● PS：串行口中断优先级控制位。
● PT1：定时器/计数器 T1 中断优先级控制位。
● PX1：外部中断 1 中断优先级控制位。
● PT0：定时器/计数器 T0 中断优先级控制位。
● PX0：外部中断 0 中断优先级控制位。

若某几个控制位为 1，则相应的中断源就规定为高级中断；反之，若某几个控制位为 0，则相应的中断源就规定为低级中断。

当同时接收到几个同一优先级的中断请求时，响应哪个中断源则取决于内部硬件查询顺序。其优先级顺序排列如图 5 - 8 所示。

有了 IP 的控制，即可实现如下两个功能。

中断源	同级内的中断优先级
外部中断0	最　高
定时器/计数器0溢出中断	↓
外部中断1	
定时器/计数器1溢出中断	
串行口中断	最　低

图 5 - 8　中断源优先级排列顺序

1) 按内部查询顺序排队

通常,系统中有多个中断源,因此就会出现数个中断源同时提出中断请求的情况。这样,就必须由设计者事先根据它们的轻重缓急,为每个中断源确定一个 CPU 为其服务的顺序号。当数个中断源同时向 CPU 发出中断请求时,CPU 根据中断源顺序号的次序依次响应其中断请求。

2) 实现中断嵌套

当 CPU 正在处理一个中断请求时,又出现了另一个优先级比它高的中断请求,这时,CPU 就暂时中止执行对原来优先级较低的中断源的服务程序,保护当前断点,转去响应优先级更高的中断请求,并为其服务。待服务结束,再继续执行原来较低级的中断服务程序。该过程称为中断嵌套(类似于子程序的嵌套),该中断系统称为多级中断系统。二级中断嵌套的中断过程如图 5-9 所示。

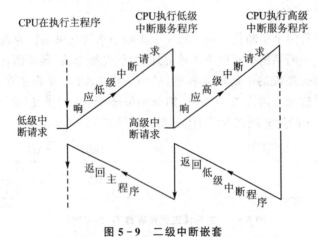

图 5-9　二级中断嵌套

【例 5-2】 设 89C51/S51 的片外中断为高优先级,片内中断为低优先级。试设置 IP 相应值。

解:

用字节操作指令:

```
MOV  IP,#05H    或    MOV  0B8H,#05H
```

用位操作指令:

```
SETB  PX0
SETB  PX1
CLR   PS
CLR   PT0
CLR   PT1
```

5.4　中断响应及中断处理过程

在 89C51/S51 内部,中断则表现为 CPU 的微查询操作,89C51/S51 在每个机器周期的 S6 中查询中断源,并在下一个机器周期的 S1 中响应相应的中断,并进行中断处理。

中断处理过程可分为 3 个阶段:中断响应、中断处理和中断返回。由于各计算机系统的中断系统硬件结构不同,中断响应的方式也有所不同。在此说明 89C51/S51 单片机的中断处理过程。

以外设提出接收数据请求为例。当 CPU 执行主程序到第 K 条指令时,外设向 CPU 发一信号,告知自己的数据寄存器已"空",提出接收数据的请求(即中断请求)。CPU 接到中断请求信号,在本条指令执行完后,中断主程序的执行并保存断点地址,然后转去准备向外设输出数据(即响应中断)。CPU 向外设输出数据(中断服务),数据输出完毕,CPU 返回到主程序的第 $K+1$ 条指令处继续执行(即中断返回)。在中断响应时,首先应在堆栈中保护主程序的断点地址(第 $K+1$ 条指令的地址),以便中断返回时,执行 RETI 指令能将断点地址从堆栈中弹出到 PC,正确返回。

由此可见,CPU 执行的中断服务程序如同子程序一样,因此又被称作中断服务子程序。但两者的区别在于,子程序是用 LCALL(或 ACALL)指令来调用的,而中断服务子程序是通过中断请求实现的。所以,在中断服务子程序中也存在保护现场、恢复现场的问题。中断处理的大致流程图如图 5-10 所示。

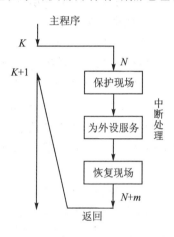

图 5-10　中断处理的大致流程

5.4.1　中断响应

1. 中断响应条件

CPU 响应中断的条件有:

- 有中断源发出中断请求;
- 中断总允许位 EA＝1,即 CPU 开中断;
- 申请中断的中断源的中断允许位为 1,即中断没有被屏蔽;
- 无同级或更高级中断正在被服务;
- 当前的指令周期已经结束;
- 若现行指令为 RETI 或者是访问 IE 或 IP 指令,则该指令以及紧接着的另一条指令已执行完。

例如,CPU 对外部中断的响应,当采用边沿触发方式时,CPU 在每个机器周期的 S5P2 期间采样外部中断输入信号 $\overline{INTx}$(x=0,1)。如果在相邻的两次采样中,第一次采样到的 $\overline{INTx}$=1,紧接着第二次采样到的 $\overline{INTx}$=0,则硬件将特殊功能寄存器 TCON 中的 IEx(x=0,1)置 1,请求中断。IEx 的状态可一直保存下去,直到 CPU 响应此中断,进入到中断服务程序时,才由硬件自动将 IEx 清 0。由于外部中断每个机器周期被采样一次,因此,输入的高电平或低电平必须保持至少 12 个振荡周期(一个机器周期),以保证能被采样到。

2. 中断响应的自主操作过程

89C51/S51 的 CPU 在每个机器周期的 S5P2 期间顺序采样每个中断源,CPU 在下一个机器周期 S6 期间按优先级顺序查询中断标志。如查询到某个中断标志为 1,则将在接下来的机器周期 S1 期间按优先级进行中断处理。中断系统通过硬件自动将相应的中断矢量地址装入 PC,以便进入相应的中断服务程序。表现为 CPU 的自主操作。

89C51/S51 单片机的中断系统中有两个不可编程的"优先级生效"触发器。一个是"高优先级生效"触发器,用以指明已进行高级中断服务,并阻止其他一切中断请求;一个是"低优先级生效"触发器,用以指明已进行低优先级中断服务,并阻止除高优先级以外的一切中断请求。89C51/S51 单片机一旦响应中断,首先置位相应的中断"优先级生效"触发器,然后由硬件执行一条长调用指令 LCALL,把当前 PC 值压入堆栈,以保护断点,再将相应的中断服务程序的入口地址(如外中断 0 的入口地址为 0003H)送入 PC,于是 CPU 接着从中断服务程序的入口处开始执行。

对于有些中断源,CPU 在响应中断后会自动清除中断标志,如定时器溢出标志 TF0、TF1 和边沿触发方式下的外部中断标志 IE0、IE1;而有些中断标志不会自动清除,只能由用户用软件清除,如串行口接收发送中断标志 RI、TI;在电平触发方式下的外部中断标志 IE0 和 IE1 则是根据引脚 $\overline{INT0}$ 和 $\overline{INT1}$ 的电平变化的,CPU 无法直接干预,需在引脚外加硬件(如 D 触发器)使其自动撤销外部中断请求。

CPU 执行中断服务程序之前,自动将程序计数器的内容(断点地址)压入堆栈保护起来(但不保护状态寄存器 PSW 的内容,也不保护累加器 A 和其他寄存器的内容);然后将对应的中断矢量装入程序计数器 PC,使程序转向该中断矢量地址单元中,以执行中断服务程序。各中断源及与之对应的矢量地址见表 5-1。

表 5-1　中断源及其对应的矢量地址

中断源	中断矢量地址
外部中断 0($\overline{INT0}$)	0003H
定时器 T0 中断	000BH
外部中断 1($\overline{INT1}$)	0013H
定时器 T1 中断	001BH
串行口中断	0023H

　　由于 89C51/S51 系列单片机的两个相邻中断源中断服务程序入口地址相距只有 8 个单元,一般的中断服务程序是容纳不下的,通常是在相应的中断服务程序入口地址中放一条长跳转指令 LJMP,这样就可以转到 64 KB 的任何可用区域了。若在 2 KB 范围内转移,则可存放 AJMP 指令。

　　中断服务程序从矢量地址开始执行,一直到返回指令 RETI 为止。RETI 指令的操作,一方面告诉中断系统该中断服务程序已执行完毕,另一方面把原来压入堆栈保护的断点地址从栈顶弹出,装入程序计数器 PC,使程序返回到被中断的程序断点处继续执行,如图 5-2 所示。

　　我们在编写中断服务程序时应注意:
- 在中断矢量地址单元处放一条无条件转移指令(如 LJMP　××××H),使中断服务程序可灵活地安排在 64 KB 程序存储器的任何空间。
- 在中断服务程序中,用户应注意用软件保护现场,以免中断返回后丢失原寄存器、累加器中的信息。
- 若要在执行当前中断程序时禁止更高优先级中断,则可先用软件关闭 CPU 中断或禁止某中断源中断,在中断返回前再开放中断。

3. 中断响应时间

　　CPU 不是在任何情况下都对中断请求予以响应的,而且不同情况下对中断响应的时间也是不同的。现以外部中断为例,说明中断响应的最短时间。

　　在每个机器周期的 S5P2 期间,$\overline{INT0}$ 和 $\overline{INT1}$ 引脚的电平被锁存到 TCON 的 IE0 和 IE1 标志位,CPU 在下一个机器周期才会查询这些值。这时,如果满足中断响应条件,下一条要执行的指令将是一条长调用指令 LCALL,使程序转至中断源对应的矢量地址入口。长调用指令本身要花费 2 个机器周期。这样,从外部中断请求有效到开始执行中断服务程序的第一条指令,中间要隔 3 个机器周期,这是最短的响应时间。

　　如果遇到中断受阻的情况,则中断响应时间会更长一些。例如,一个同级或高优先级的中断正在进行,则附加的等待时间将取决于正在进行的中断服务程序。如果正在执行的一条指令还没有进行到最后一个机器周期,则附加的等待时间为 1～3 个机器周期。因为一条指令的最长执行时间为 4 个机器周期(MUL 和 DIV 指令)。如果正在执行的是 RETI 指令或者是读/写 IE 或 IP 的指令,则附加的时间在 5 个机器周期之内(为完成正在执行的指令,还需要 1 个机器周期,加上为完成下一条指令所需的最长时间为 4 个机器周期,故最长为 5 个机器周期)。

　　若系统中只有一个中断源,则响应时间为 3～8 个机器周期。

5.4.2　中断处理

　　CPU 响应中断后即转至中断服务程序的入口,执行中断服务程序。从中断服务程序的第一条指令开始到返回指令为止,这个过程称为中断处理或中断服务。不同中断源服务的内容及要求各不相同,其处理过程也就有所区别。一般情况下,中断处理包括两部分内容:一是保护现场,二是为中断源服务。

现场通常有 PSW、工作寄存器和 SFR 等。如果在中断服务程序中用这些寄存器,则在进入中断服务之前应将它们的内容保护起来(保护现场);在中断结束、执行RETI 指令前应恢复现场。

中断服务应针对中断源的具体要求进行相应的处理。用户在编写中断服务程序时,应注意以下几点:

- 各中断源的入口矢量地址之间只相隔 8 个单元,一般的中断服务程序是容纳不下的,因而最常用的方法是在中断入口地址单元处存放一条无条件转移指令,转至存储器其他的任何空间。
- 若在执行当前中断程序时禁止更高优先级中断,应用软件关闭 CPU 中断或屏蔽更高级中断源的中断,在中断返回前再开放中断。
- 在保护现场和恢复现场时,为了不使现场信息受到破坏或造成混乱,一般应关闭 CPU 中断,使 CPU 暂不响应新的中断请求。这样,在编写中断服务程序时,应注意在保护现场之前要关闭中断,在保护现场之后若允许高优先级中断嵌套,则应开中断。同样,在恢复现场之前应关闭中断,恢复之后再开中断。

5.4.3　中断返回

当某一中断源发出中断请求时,CPU 能决定是否响应这个中断请求。若响应此中断请求,则 CPU 必须在现行(假设)第 K 条指令执行完后,把断点地址(第 $K+1$ 条指令的地址)即现行 PC 值压入堆栈中保护起来(保护断点)。当中断处理完后,再将压入堆栈的第 $K+1$ 条指令的地址弹到 PC(恢复断点)中,程序返回到原断点处继续运行。中断返回也表现为 CPU 的自主操作。

在中断服务程序中,最后一条指令必须为中断返回指令 RETI。CPU 执行此指令时,一方面清除中断响应时所置位的"优先级生效"触发器,另一方面从当前栈顶弹出断点地址送入程序计数器 PC,从而返回主程序。若用户在中断服务程序中进行了压栈操作,则在 RETI 指令执行前应进行相应的出栈操作,使栈顶指针 SP 与保护断点后的值相同。也就是说,在中断服务程序中,PUSH 指令与 POP 指令必须成对使用,否则不能正确返回断点。

5.4.4　关于具体的中断服务程序

CPU 响应中断结束后即转至中断服务程序的入口。从中断服务程序的第一条指令开始到返回指令为止,这个过程称为中断处理或称中断服务。不同的中断源服务的内容及要求各不相同,其处理过程也就有所区别。一般情况下,中断处理包括两部分内容:一是保护现场,二是为中断源服务。

在编程时经常用到 PSW、工作寄存器、SFR 寄存器等。如果在中断服务程序中要用这些寄存器,则在进入中断服务之前应将它们的内容保护起来,即保护现场;同时在中断结束,执行 RETI 指令之前应恢复现场。

中断服务是针对中断源的具体要求进行处理的。在编写中断服务程序时应注意以下几点:

- 各中断源的入口矢量地址之间,只相隔 8 个单元,一般中断服务程序是容纳不下的,因而最常用的方法是在中断入口矢量地址单元处存放一条无条件转移指令,而转至存储器其他的任何空间去。
- 若要在执行当前中断程序时禁止更高优先级中断,则应用软件关闭 CPU 中断,或屏蔽更高级中断源的中断,在中断返回前再开放中断。
- 在保护现场和恢复现场时,为了不使现场信息受到破坏或造成混乱,一般在此情况下,应关 CPU 中断,使 CPU 暂不响应新的中断请求。这样就要求在编写中断服务程序时,应注意在保护现场之前关中断,在保护现场之后若允许高优先级中断打断它,则应开中断。同样在恢复现场之前应关中断,恢复之后再开中断。具体的中断服务子程序流程如图5－11 所示。

图 5－11　中断服务子程序流程图

5.5　中断程序举例

中断程序的结构及内容与 CPU 对中断的处理过程密切相关,通常分为两大部分。

5.5.1　主程序

1. 主程序的起始地址

89C51/S51 系列单片机复位后,(PC)＝0000H,而 0003H～002BH 分别为各中断源的入口地址。所以,编程时应在 0000H 处写一跳转指令(一般为长跳转指令),使 CPU 在执行程序时,从 0000H 跳过各中断源的入口地址。主程序则是以跳转的目标地址作为起始地址开始编写的,一般从 0030H 开始,如图 5－12 所示。

2. 主程序的初始化内容

所谓初始化,是对将要用到的 89C51/S51 系列单片机内部部件进行初始工作状

态设定。89C51/S51 系列单片机复位后,特殊功能寄存器
IE 和 IP 的内容均为 00H,所以应对 IE 和 IP 进行初始化
编程,以开放 CPU 中断,允许某些中断源中断和设置中断
优先级等。

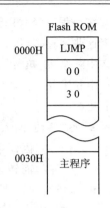

5.5.2　中断服务程序

1. 中断服务程序的起始地址

当 CPU 接收到中断请求信号并予以响应后,CPU 把
当前的 PC 内容压入栈中进行保护,然后转入相应的中断
服务程序入口处执行。89C51/S51 系列单片机的中断系

图 5 - 12　主程序地址安排

图 5 - 13　中断服务程序地址

统对 5 个中断源分别规定
了各自的入口地址(见表 5 - 1),但这些入口地址相距
很近(仅 8 字节)。如果中断服务程序的指令代码少
于 8 字节,则可从规定的中断服务程序入口地址开
始,直接编写中断服务程序;若中断服务程序的指令
代码大于 8 字节,则应采用与主程序相同的方法,在
相应的入口处写一条跳转指令,并以跳转指令的目标
地址作为中断服务程序的起始地址进行编程。

以 $\overline{\text{INT0}}$ 为例,中断矢量地址为 0003H,中断服务
程序从 0200H 开始,如图 5 - 13 所示。

2. 中断服务程序编写中的注意事项

- 需要确定是否保护现场。
- 及时清除那些不能被硬件自动清除的中断请求标志,以免产生错误的中断。
- 中断服务程序中的压栈(PUSH)与弹栈(POP)指令必须成对使用,以确保中断服务程序的正确返回。
- 主程序和中断服务程序之间的参数传递与主程序和子程序的参数传递方式相同。

【例 5 - 3】　如图 5 - 14 所示,将 P1 口的 P1.4～P1.7 作为输入位,P1.0～P1.3
作为输出位。要求利用 89C51/S51 将开关所设的数据读入单片机内,并依次通过
P1.0～P1.3 输出,驱动发光二极管,以检查 P1.4～P1.7 输入的电平情况(若输入为
高电平,则相应的 LED 亮)。现要求采用中断边沿触发方式,每中断一次,完成一次
读/写操作。

解: 如图 5 - 14 所示,采用外部中断 0,中断申请从 $\overline{\text{INT0}}$ 输入,并采用了去抖动
电路。

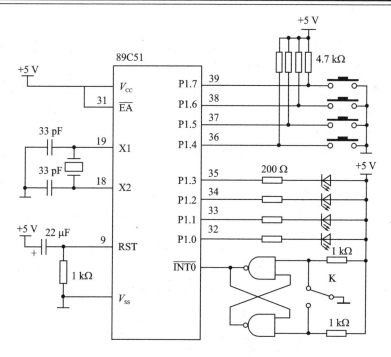

图 5 – 14 外部中断$\overline{\text{INT0}}$电路

当 P1.0～P1.3 的任何一位输出 0 时,相应的发光二极管就会发光。当开关 K 来回拨动一次时,将产生一个下降沿信号,通过$\overline{\text{INT0}}$发出中断请求。中断服务程序的矢量地址为 0003H。

源程序如下:

```
        ORG    0000H
        AJMP   MAIN        ;上电,转向主程序
        ORG    0003H       ;外部中断 0 入口地址
        AJMP   INSER       ;转向中断服务程序
        ORG    0030H       ;主程序
        MOV    SP,#60H
MAIN:   SETB   EX0         ;允许外部中断 0 中断
        SETB   IT0         ;选择边沿触发方式
        SETB   EA          ;CPU 开中断
HERE:   SJMP   HERE        ;等待中断
        ORG    0200H       ;中断服务程序
INSER:  MOV    A,#0F0H
        MOV    P1,A        ;设 P1.4～P1.7 为输入
        MOV    A,P1        ;取开关数
        SWAP   A           ;A 的高、低 4 位互换
        MOV    P1,A        ;输出驱动 LED 发光
        RETI               ;中断返回
```

　　　　　　END

　　当外部中断源多于2个时,可采用硬件请求和软件查询相结合的办法,把多个中断源通过硬件经"或非"门引入到外部中断输入端$\overline{INTx}$,同时又连到某个I/O口。这样,每个中断源都可能引起中断。在中断服务程序中,读入I/O口的状态,通过查询就能区分是哪个中断源引起的中断。若有多个中断源同时发出中断请求,则查询的次序就决定了同一优先级中断中的优先次序。

　　【例5-4】　如图5-15所示,此中断电路可实现系统的故障显示。当系统的各部分正常工作时,4个故障源的输入均为低电平,显示灯全不亮。当有某个部分出现故障时,则相应的输入线由低电平变为高电平,相应的发光二极管亮。

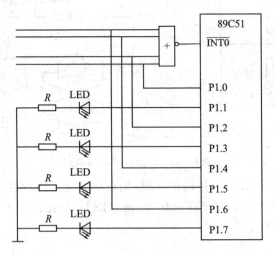

图5-15　利用中断显示系统故障

　　解:如图5-15所示,当某一故障信号输入线由低电平变为高电平时,会通过$\overline{INT0}$线引起89C51/S51中断(边沿触发方式)。在中断服务程序中,应将各故障源的信号读入,并加以查询,以进行相应的发光显示。

　　源程序如下:

```
        ORG    0000H
        AJMP   MAIN            ;上电,转向主程序
        ORG    0003H           ;外部中断0入口地址
        AJMP   INSER           ;转向中断服务程序
        MOV    SP,#60H
MAIN:   ANL    P1,#55H         ;P1.0,P1.2,P1.4,P1.6为输入
                               ;P1.1,P1.3,P1.5,P1.7输出为0
        SETB   EX0             ;允许外部中断0中断
        SETB   IT0             ;选择边沿触发方式
        SETB   EA              ;CPU开中断
HERE:   SJMP   HERE            ;等待中断
```

```
INSER:    JNB     P1.0,L1        ;查询中断源,(P1.0)＝0,转 L1
          SETB    P1.1           ;是 P1.0 引起的中断,使相应的二极管亮
L1:       JNB     P1.2,L2        ;继续查询
          SETB    P1.3
L2:       JNB     P1.4,L3
          SETB    P1.5,
L3:       JNB     P1.6,L4
          SETB    P1.7
L4:       RETI
          END
```

5.6　思考题与习题

1. 什么是中断和中断系统？其主要功能是什么？

2. 试编写一段对中断系统初始化的程序,使之允许$\overline{INT0}$、$\overline{INT1}$、T0 和串行口中断,且使 T0 中断为高优先级中断。

3. 在单片机中,中断能实现哪些功能？

4. 89C51/S51 共有哪些中断源？对其中断请求如何进行控制？

5. 什么是中断优先级？处理中断优先的原则是什么？

6. 说明外部中断请求的查询和响应过程。

7. 89C51/S51 在什么条件下可响应中断？

8. 简述 89C51/S51 单片机的中断响应过程。

9. 在 89C51/S51 Flash ROM 中,应如何安排程序区？

10. 试述中断的作用及中断的全过程。

11. 当正在执行某一中断源的中断服务程序时,如果有新的中断请求出现,试问在什么情况下可响应新的中断请求？在什么情况下不能响应新的中断请求？

12. 89C51/S51 单片机外部中断源有几种触发中断请求的方法？如何实现中断请求？

13. 89C51/S51 单片机有 5 个中断源,但只能设置两个中断优先级,因此,在中断优先级安排上受到一定的限制。试问以下几种中断优先顺序的安排(级别由高到低)是否可能？若可能,则应如何设置中断源的中断级别？否则,请简述不可能的理由。

    (1) 定时器 0,定时器 1,外中断 0,外中断 1,串行口中断。

    (2) 串行口中断,外中断 0,定时器 0 溢出中断,外中断 1,定时器 1 溢出中断。

    (3) 外中断 0,定时器 1 溢出中断,外中断 1,定时器 0 溢出中断,串行口

中断。

(4) 外中断 0,外中断 1,串行口中断,定时器 0 溢出中断,定时器 1 溢出中断。

(5) 串行口中断,定时器 0 溢出中断,外中断 0,外中断 1,定时器 1 溢出中断。

(6) 外中断 0,外中断 1,定时器 0 溢出中断,串行口中断,定时器 1 溢出中断。

(7) 外中断 0,定时器 1 溢出中断,定时器 0 溢出中断,外中断 1,串行口中断。

14. 89C51/S51 各中断源的中断标志是如何产生的? 又是如何清 0 的? CPU 响应中断时,中断入口地址各是多少?

15. 中断响应时间是否为确定不变的? 为什么?

16. 中断响应过程中,为什么通常要保护现场? 如何保护?

17. 请叙述中断响应的 CPU 操作过程,为什么说中断操作是一个 CPU 的微查询过程?

18. 在中断请求有效并开中断的状况下,能否保证立即响应中断? 有什么条件?

19. 在所有涉及中断的控制程序中,其主初始化程序为什么总要对堆栈指针 SP 重新设置?

20. 试比较外部中断的两种中断触发方式,为什么实际应用中大多采用边沿触发方式?

第6章 定时器及应用

6.1 定时器概述

89C51/S51 单片机片内有两个 16 位定时器/计数器,即定时器 0(T0)和定时器 1(T1)。它们都有定时和事件计数的功能,可用于定时控制、延时、对外部事件计数和检测等场合。

6.1.1 什么是计数和定时

1. 计 数

所谓计数是指对外部事件进行计数。外部事件的发生以输入脉冲表示,因此计数功能的实质就是对外来脉冲进行计数。51 单片机有 T0(P3.4)和 T1(P3.5)两个信号引脚,分别是这两个计数器的计数输入端。外部输入的脉冲在负跳变时有效,进行计数器加 1(加法计数)。

2. 定 时

定时是通过计数器的计数来实现的,不过此时的计数脉冲来自单片机的内部,即每个机器周期产生一个计数脉冲,也就是每个机器周期计数器加 1。定时和计数的脉冲来源如图 6 - 1 所示。

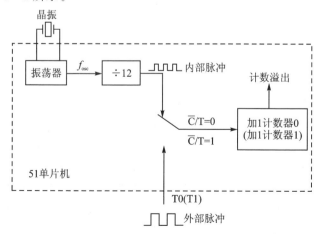

图 6 - 1 定时和计数脉冲的来源

由于一个机器周期等于 12 个振荡脉冲周期,因此计数频率为振荡频率的 1/12。如果单片机采用 12 MHz 晶体,则计数频率为 1 MHz,即每微秒计数器加 1。这样不但可以根据计数值计算出定时时间,也可以反过来按定时时间的要求计算出计数器的预置值。

6.1.2　定时器/计数器的组成

定时器 T0 和 T1 的结构以及与 CPU 的关系如图 6-2 所示。两个 16 位定时器实际上都是 16 位加 1 计数器。其中,T0 由两个 8 位特殊功能寄存器 TH0 和 TL0 构成;T1 由 TH1 和 TL1 构成。每个定时器都可由软件设置为定时工作方式或计数工作方式及其他灵活多样的可控功能方式。这些功能都由特殊功能寄存器 TMOD 和 TCON 所控制。

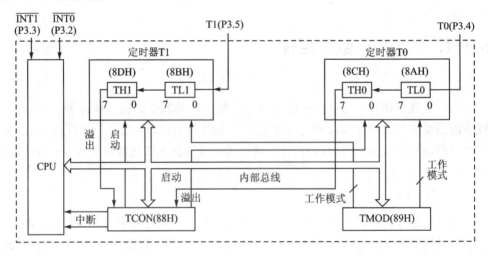

图 6-2　89C51/S51 定时器结构

设置为定时工作方式时,定时器计数 89C51/S51 片内振荡器输出的经 12 分频后的脉冲,即每个机器周期使定时器(T0 或 T1)的数值加 1 直至计满溢出。当 89C51/S51 采用 12 MHz 晶振时,一个机器周期为 1 μs,计数频率为 1 MHz。

设置为计数工作方式时,通过引脚 T0(P3.4)和 T1(P3.5)对外部脉冲信号计数。当输入脉冲信号产生由 1 至 0 的下降沿时,定时器的值加 1。在每个机器周期的 S5P2 期间采样 T0 和 T1 引脚的输入电平,若前一个机器周期采样值为 1,下一个机器周期采样值为 0,则计数器加 1。此后的机器周期 S3P1 期间,新的数值装入计数器。所以,检测一个 1 至 0 的跳变需要两个机器周期,故最高计数频率为振荡频率的 1/24。虽然对输入信号的占空比无特殊要求,但为了确保某个电平在变化之前至少被采样一次,要求电平保持时间至少是一个完整的机器周期。对输入脉冲信号的基本要求如图 6-3 所示,T_{cy} 为机器周期。

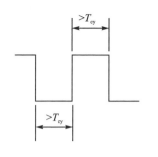

图 6 - 3　对输入脉冲宽度的要求

不管是定时还是计数工作方式,定时器 T0 或 T1 在对内部时钟或对外部事件计数时,不占用 CPU 时间,除非定时器/计数器溢出,才可能中断 CPU 的当前操作。由此可见,定时器是单片机中效率高而且工作灵活的部件。

除了可以选择定时或计数工作方式外,每个定时器/计数器还有 4 种工作模式,也就是每个定时器可构成 4 种电路结构模式。其中,模式 0～2 对 T0 和 T1 都是一样的,模式 3 对两者是不同的。

6.2　定时器的控制

定时器共有两个控制字,由软件写入 TMOD 和 TCON 两个 8 位寄存器,用来设置 T0 或 T1 的操作模式和控制功能。当 89C51/S51 系统复位时,两个寄存器所有位都被清 0。

6.2.1　工作模式寄存器 TMOD

TMOD 用于控制 T0 和 T1 的工作模式,其各位的定义格式如图 6 - 4 所示。

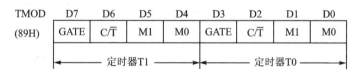

图 6 - 4　工作模式寄存器 TMOD 的位定义

其中,低 4 位用于 T0,高 4 位用于 T1。

以下介绍各位的功能。

● M1 和 M0:操作模式控制位。两位可形成 4 种编码,对应于 4 种操作模式（即 4 种电路结构）,见表 6 - 1。

● $C/\overline{T}$:定时器/计数器方式选择位。

$C/\overline{T}=0$,设置为定时方式。定时器计数 89C51/S51 片内脉冲,亦即对机器周期（振荡周期的 12 倍）计数。

$C/\overline{T}=1$,设置为计数方式,计数器的输入是来自 T0(P3.4)或 T1(P3.5)端的外部脉冲。

表 6 - 1　M1 和 M0 控制的 4 种工作模式

M1	M0	工作模式	功能描述
0	0	模式 0	13 位计数器
0	1	模式 1	16 位计数器
1	0	模式 2	自动再装入 8 位计数器
1	1	模式 3	定时器 0：分成二个 8 位计数器 定时器 1：停止计数

● GATE：门控位。

GATE＝0 时，只要用软件使 TR0(或 TR1)置 1，就可以启动定时器，而不管 $\overline{INT0}$(或$\overline{INT1}$)的电平是高还是低(参见后面的定时器结构图)。

GATE＝1 时，只有 $\overline{INT0}$(或$\overline{INT1}$)引脚为高电平且由软件使 TR0(或 TR1)置 1 时，才能启动定时器工作。

TMOD 不能位寻址，只能用字节设置定时器工作模式，低半字节设定 T0，高半字节设定 T1。归纳结论如图 6 - 5 所示。

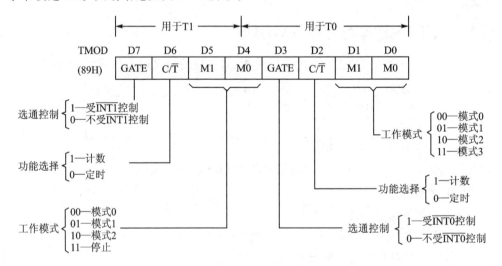

图 6 - 5　TMOD 各位定义及具体的意义

6.2.2　控制寄存器 TCON

定时器控制寄存器 TCON 除可字节寻址外，各位还可位寻址，各位定义及格式如图 6 - 6 所示。

TCON	8FH	8EH	8DH	8CH	8BH	8AH	89H	88H
(88H)	TF1	TR1	TF0	TR0	IE1	IT1	IE0	IT0

图 6-6　控制寄存器 TCON 的位定义

TCON 各位的作用如下。

- TF1(TCON.7)：T1 溢出标志位。当 T1 溢出时,由硬件自动使中断触发器 TF1 置 1,并向 CPU 申请中断。当 CPU 响应中断进入中断服务程序后,TF1 又被硬件自动清 0。TF1 也可以用软件清 0。
- TF0(TCON.5)：T0 溢出标志位。其功能和操作情况同 TF1。
- TR1(TCON.6)：T1 运行控制位。可通过软件置 1 或清 0 来启动或关闭 T1。在程序中用指令"SETB TR1"使 TR1 位置 1,定时器 T1 便开始计数。
- TR0(TCON.4)：T0 运行控制位。其功能及操作情况同 TR1。
- IE1、IT1、IE0 和 IT0(TCON.3～TCON.0)：外部中断 $\overline{\text{INT1}}$ 和 $\overline{\text{INT0}}$ 请求及请求方式控制位。

89C51/S51 复位时,TCON 的所有位被清 0。

归纳结论如图 6-7 所示。

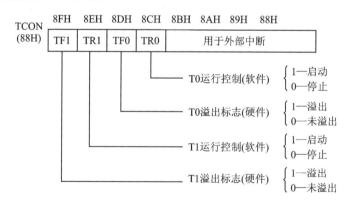

图 6-7　TCON 各位定义及具体的意义

6.3　定时器的 4 种模式及应用

89C51/S51 单片机的定时器/计数器 T0 和 T1 可由软件对特殊功能寄存器 TMOD 中控制位 C/$\overline{\text{T}}$ 进行设置,以选择定时功能或计数功能。对 M1 和 M0 位的设置对应于 4 种工作模式,即模式 0、模式 1、模式 2 和模式 3。在模式 0、模式 1 和模式 2 时,T0 与 T1 的工作模式相同;在模式 3 时,两个定时器的工作模式不同。模式 0 为 TL0(5 位)、TH0(8 位)方式,模式 1 为 TL1(8 位)、TH1(8 位)方式,其余完全相同。通常模式 0 很少用,常以模式 1 替代,本章不再介绍模式 0。

6.3.1 模式 1 及应用

该模式对应的是一个 16 位的定时器/计数器,如图 6-8 所示。其结构与操作几乎与模式 0 完全相同,唯一的差别是:在模式 1 中,寄存器 TH0 和 TL0 是以全部 16 位参与操作。用于定时工作方式时,定时时间为:

$$t = (2^{16} - T0\ 初值) \times 振荡周期 \times 12$$

用于计数工作方式时,计数长度为 $2^{16} = 65\ 536$(个外部脉冲)。

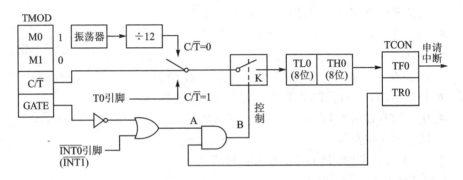

图 6-8　T0(或 T1)模式 1 结构——16 位计数器

【**例 6-1**】　用定时器 T1 产生一个 50 Hz 的方波,由 P1.1 输出。使用程序查询方式和中断方式,$f_{osc} = 12$ MHz。

解:方波周期 $T = 1/(50\ \text{Hz}) = 0.02\ \text{s} = 20\ \text{ms}$,用 T1 定时 10 ms,计数初值 X 为:

$$X = 2^{16} - 12 \times 10 \times 1\ 000/12 = 65\ 536 - 10\ 000 = 55\ 536 = \text{D8F0H}$$

源程序如下:

```
        MOV TMOD,#10H          ;T1 模式 1,定时
        SETB TR1               ;启动 T1
LOOP:   MOV TH1,#0D8H          ;装入 T1 计数初值
        MOV TL1,#0F0H
        JNB TF1,$              ;T1 没有溢出等待
        CLR TF1                ;产生溢出,清标志位
        CPL P1.1               ;P1.1 取反输出
        SJMP LOOP              ;循环
```

采用定时器溢出中断方式,源程序如下:

主程序

```
      ORG    0000H
RESET:AJMP   MAIN                   ;跳过中断服务程序区
```

```
              ORG     001BH
              AJMP    IT1P
              ORG     0030H
     MAIN:    MOV     SP,#60H
              MOV     TMOD,#10H         ;设置 T1 为模式 1
              MOV     TH1,#0D8H         ;送初值
              MOV     TL1,#0F0H
              SETB    ET1               ;T1 中断允许
              SETB    EA                ;CPU 开中断
              SETB    TR1               ;启动定时
     HERE:    SJMP    HERE              ;等待中断,虚拟主程序
              ORG     0120H
     IT1P:    MOV     TH1,#0D8H         ;重新装如初值
              MOV     TL1,#0F0H
              CPL     P1.1              ;P1.1 取反
              RETI
```

6.3.2 模式 2 及应用

模式 2 把 TL0(或 TL1)配置成一个可以自动重装载的 8 位定时器/计数器,如图 6-9 所示。

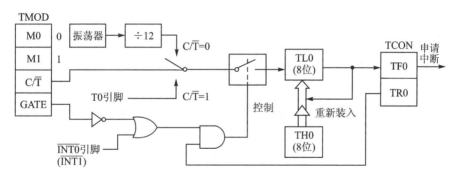

图 6-9 T0(或 T1)模式 2 结构——8 位计数器

TL0 计数溢出时,不仅使溢出中断标志位 TF0 置 1,而且还自动把 TH0 中的内容重新装载到 TL0 中。这里,16 位计数器被拆成两个,TL0 用作 8 位计数器,TH0 用以保存初值。

在程序初始化时,TL0 和 TH0 由软件赋予相同的初值。一旦 TL0 计数溢出,便置位 TF0,并将 TH0 中的初值再自动装入 TL0,继续计数,循环重复。用于定时工作方式时,其定时时间(TF0 溢出周期)为:

$$t = (2^8 - TH0 \text{ 初值}) \times \text{振荡周期} \times 12$$

用于计数工作方式时,最大计数长度(TH0 初值＝0)为 $2^8 = 256$(个外部脉冲)。

这种工作模式可省去用户软件中重装常数的语句,并可产生相当精确的定时时间,特别适于作串行口波特率发生器。

【例6-2】 当 P3.4 引脚上的电平发生负跳变时,从 P1.0 输出一个 500 μs 的同步脉冲。请编程实现该功能。

解:

● 模式选择

首先选 T0 为模式 2,外部事件计数方式。当 P3.4 引脚上的电平发生负跳变时,T0 计数器加 1,溢出标志 TF0 置 1;然后改变 T0 为 500 μs 定时工作方式,并使 P1.0 输出由 1 变为 0。T0 定时到产生溢出,使 P1.0 引脚恢复输出高电平,T0 又恢复外部事件计数方式,如图 6-10 所示。

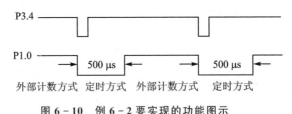

图6-10　例6-2要实现的功能图示

● 计算初值

T0 工作在外部事件计数方式,当计数到 $2^8 - 1$ 时,再加 1 计数器就会溢出。设计数初值为 X,当再出现一次外部事件时,计数器溢出。则

$$X + 1 = 2^8$$
$$X = 2^8 - 1 = 11111111B = 0FFH$$

T0 工作在定时方式时,设晶振频率为 6 MHz,500 μs 相当于 250 个机器周期。因此,初值 X 为:

$$(2^8 - X) \times 2 \mu s = 500 \mu s$$
$$X = 2^8 - 250 = 6 = 06H$$

● 程序清单

```
START: MOV   TMOD, #06H   ;设置 T0 为模式 2,外部计数方式
       MOV   TH0, #0FFH    ;T0 计数器初值
       MOV   TL0, #0FFH
       SETB  TR0           ;启动 T0 计数
LOOP1: JBC   TF0, PTF01    ;查询 T0 溢出标志,TF0 = 1 时转移,且 TF0 = 0(即查 P3.4 负
                           ;跳变↓)
       SJMP  LOOP1
PTF01: CLR   TR0           ;停止计数
```

```
        MOV    TMOD,#02H    ;设置 T0 为模式 2,定时方式
        MOV    TH0,#06H     ;T0 定时 500 μs 初值
        MOV    TL0,#06H
        CLR    P1.0         ;P1.0 清 0
        SETB   TR0          ;启动定时 500 μs
LOOP2:  JBC    TF0,PTFO2    ;查询溢出标志,定时到 TF0 = 1 转移,且 TF0 = 0(第一个 500 μs
                            ;到了吗?)
        SJMP   LOOP2
PTFO2:  SETB   P1.0         ;P1.0 置 1(到了第一个 500 μs)
        CLR    TR0          ;停止计数
        SJMP   START
```

【例 6 - 3】 利用定时器 T1 的模式 2 对外部信号计数。要求每计满 100 次,将 P1.0 端取反。

解:

● 选择模式

外部信号由 T1(P3.5)引脚输入,每发生一次负跳变计数器加 1,每输入 100 个脉冲,计数器发生溢出中断,中断服务程序将 P1.0 取反一次。

T1 计数工作方式模式 2 的模式字为 TMOD=60H。T0 不用时,TMOD 的低 4 位可任取,但不能使 T0 进入模式 3,一般取 0。

● 计算 T1 的计数初值

$$X = 2^8 - 100 = 156D = 9CH$$

因此,TL1 的初值为 9CH,重装初值寄存器 TH1=9CH。

● 程序清单

主程序:

```
        ORG    0000H
        AJMP   MAIN
        ORG    001BH
        ATMP
        ORG    0030H
        MOV    SP,#60H
MAIN:   MOV    TMOD,#60H         ;置 T1 为模式 2 计数工作方式
        MOV    TL1,#9CH          ;赋初值
        MOV    TH1,#9CH
        MOV    IE,#88H           ;定时器 T1 开中断
        SETB   TR1               ;启动计数器
HERE:   SJMP   HERE              ;等待中断
```

中断服务程序:

```
        ORG     0100H                               ;中断服务程序入口
ITIP: CPL     P1.0
        RETI
```

6.3.3　模式 3 及应用

工作模式 3 对 T0 和 T1 大不相同。若将 T0 设置为模式 3,则 TL0 和 TH0 被分成两个相互独立的 8 位计数器,如图 6 - 11 所示。

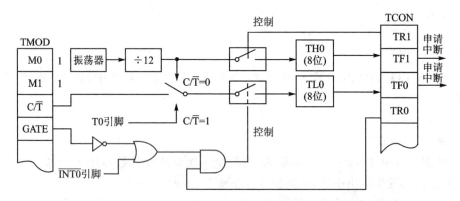

图 6 - 11　T0 模式 3 结构,分成两个 8 位计数器

其中,TL0 用原 T0 的各控制位、引脚和中断源,即 C/$\overline{T}$、GATE、TR0、TF0 和 T0(P3.4)引脚及 $\overline{INT0}$(P3.2)引脚。TL0 除仅用 8 位寄存器外,其功能和操作与模式 0(13 位计数器)和模式 1(16 位计数器)完全相同。TL0 也可工作在定时器方式或计数器方式。

TH0 只可用作简单的内部定时功能(见图 6 - 11 上半部分)。它占用了定时器 T1 的控制位 TR1 和中断标志位 TF1,其启动和关闭仅受 TR1 的控制。

定时器 T1 无工作模式 3 状态。若将 T1 设置为模式 3,就会使 T1 立即停止计数,也就是保持住原有的计数值,作用相当于使 TR1=0,封锁"与"门,断开计数开关 K。

在定时器 T0 用作模式 3 时,T1 仍可设置为模式 0~2,见图 6 - 12(a)和(b)。由于 TR1 和 TF1 被定时器 T0 占用,计数器开关 K 已被接通,此时,仅用 T1 控制位 C/$\overline{T}$切换其定时器或计数器工作方式就可使 T1 运行。寄存器(8 位、13 位或 16 位)溢出时,只能将输出送入串行口或用于不需要中断的场合。一般情况下,当定时器 T1 用作串行口波特率发生器时,定时器 T0 才设置为工作模式 3。此时,常把定时器 T1 设置为模式 2,用作波特率发生器,见图 6 - 12(b)。

【例 6 - 4】　设某用户系统中已使用了两个外部中断源,并置定时器 T1 工作在模式 2,作串行口波特率发生器用。现要求再增加一个外部中断源,并由 P1.0 引脚输出一个 5 kHz 的方波。$f_{OSC}=12$ MHz。

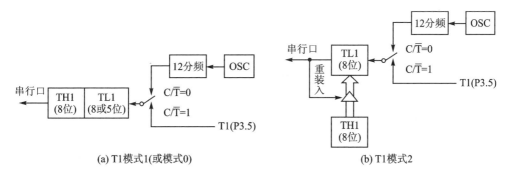

(a) T1模式1(或模式0)　　　　　　　　　　　　　(b) T1模式2

图 6 - 12　T0 模式 3 时 T1 的结构

解：为了不增加其他硬件开销，可设置 T0 工作在模式 3 计数方式，把 T0 的引脚作附加的外部中断输入端，TL0 的计数初值为 FFH，当检测到 T0 引脚电平出现由 1 至 0 的负跳变时，TL0 产生溢出，申请中断。这相当于边沿触发的外部中断源。

T0 在模式 3 下，TL0 作计数用，而 TH0 可用作 8 位的定时器，定时控制 P1.0 引脚输出 5 kHz 的方波信号。

TL0 的计数初值为 FFH，TH0 的计数初值 X 计算如下：

P1.0 的方波频率为 5 kHz，故周期 $T = 1/(5\ kHz) = 0.2\ ms = 200\ \mu s$；

用 TH0 定时 100 μs 时，$X = 256 - 100 \times 12/12 = 156$。

程序如下：

```
MAIN:   MOV TMOD,#27H          ;T0 为模式 3,计数方式;T1 为模式 2,定时方式
        MOV TL0,#0FFH          ;置 TL0 计数初值
        MOV TH0,#156           ;置 TH0 计数初值
        MOV TH1,#data          ;data 是根据波特率要求设置的常数(即初值)
        MOV TL1,#data
        MOV TCON,#55H          ;外中断 0、外中断 1 边沿触发,启动 T0、T1
        MOV IE,#9FH            ;开放全部中断
            ⋮
        TL0 溢出中断服务程序(由 000BH 转来)
TL0INT: MOV TL0,#0FFH          ;TL0 重赋初值
        (中断处理)
        RETI
        TH0 溢出中断服务程序(由 001BH 转来)
TH0INT: MOV TH0,#156           ;TH0 重赋初值
        CPL P1.0               ;P1.0 取反输出
        RETI
```

串行口及外部中断 0、外部中断 1 的服务程序在此不再——列出。

6.3.4　综合应用举例

【例 6 - 5】　设时钟频率为 6 MHz。试编写利用 T0 产生 1 s 定时的程序。在

P1.7 端口产生一个周期为 2 s 方波。

解：

● 定时器 T0 工作模式的确定

因定时时间较长，采用哪一种工作模式合适呢？可以算出：

模式 0 最长可定时 16.384 ms；

模式 1 最长可定时 131.072 ms；

模式 2 最长可定时 512 μs。

题中要求定时 1s,可选模式 1,每隔 100 ms 中断一次,中断 10 次为 1 s。

● 求计数值 X

因为：
$$(2^{16}-X)\times\frac{12}{6\times10^6\ \text{Hz}}=100\times10^{-3}\ \text{s}$$

所以：
$$X=15\ 536=3\text{CB0H}$$

因此,(TL0)＝0B0H,(TH0)＝3CH。

● 实现方法

对于中断 10 次计数,可使 T0 工作在计数方式,也可用循环程序的方法实现。本例采用循环程序法。

● 源程序清单

```
        ORG   0000H
        LJMP  MAIN            ;上电,转向主程序
        ORG   000BH           ;T0 的中断入口地址
        AJMP  SERVE           ;转向中断服务程序
```

主程序：

```
        ORG   0030H           ;主程序
MAIN:   MOV   SP,＃60H         ;设堆栈指针
        MOV   B,＃0AH          ;设循环次数
        MOV   TMOD,＃01H       ;设置 T0 工作于模式 1
        MOV   TL0,＃0B0H       ;装入计数值低 8 位
        MOV   TH0,＃3CH        ;装入计数值高 8 位
        SETB  TR0             ;启动定时器 T0
        SETB  ET0             ;允许 T0 中断
        SETB  EA              ;允许 CPU 中断
        SJMP  $               ;等待中断
```

中断服务程序：

```
        ORG   000BH
SERVE:  MOV   TL0,＃0B0H
        MOV   TH0,＃3CH        ;重新赋计数值
        DJNZ  B,LOOP
```

```
            CPL    P1.7                    ;1 s 定时到,停止 T0 工作
            MOV    B,♯0AH
LOOP:       RETI                           ;中断返回
            END
```

【**例 6 - 6**】 应用门控位 GATE 测照相机快门打开时间。

解：此题实际上就是要求测出$\overline{INT0}$引脚上出现的正脉冲宽度。T0 应工作在定时方式。TMOD 的门控位 GATE 为 1 且运行控制位 TR0(或 TR1)为 1 时,定时器/计数器的启动和关闭受外部中断引脚信号$\overline{INT0}$(INT1)控制。为此在初始化程序中使 T0 工作于模式 1,置 GATE=1,TR1=1;一旦$\overline{INT0}$(P3.2)引脚出现高电平,T1 开始对机器周期 T_m 计数,直到$\overline{INT0}$出现低电平,T0 停止计数;然后读出 T0 的计数值乘以 T_m。测试过程如图 6 - 13 所示。

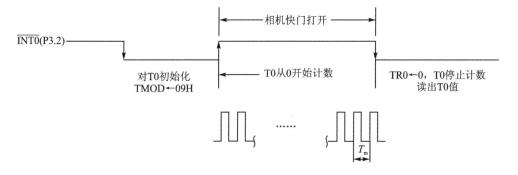

图 6 - 13　测相机快门时间原理

程序如下：

```
BEGIN:      MOV    TMOD,♯09H               ;T0 为定时器模式 1,GATE 置 1
            MOV    TL0,♯00H
            MOV    TH0,♯00H
WAIT1:      JB     P3.2,WAIT1              ;等待INT0变低
            SETB   TR0                     ;为启动 T0 作好准备
WAIT2:      JNB    P3.2, WAIT2             ;等待正脉冲到,并开始计数
WAIT3:      JB     P3.2, WAIT3             ;等待INT0变低
            CLR    TR0                     ;停止 T0 计数
            MOV    R0, ♯70H
            MOV    @R0,TL0                 ;存放 TL0 的计数值
            INC    R0
            MOV    @R0,TH0                 ;存放 TH0 的计数值
            SJMP   $
```

【**例 6 - 7**】 电子琴工作原理——"祝你生日快乐"歌曲程序设计。

利用单片机定时器的定时功能,通过改变定时器计数初值,可以得到各种不同音

频频率,经 I/O 口输出就能产生美妙悦耳的音乐,即电子琴工作原理。

1. 相关知识

要产生音频脉冲,只要算出某一音频的半周期,然后利用定时器计时此半周期的时间,每当定时器计数到位后就将输出音频脉冲的 I/O 口反相,此法不断重复,就可在 I/O 脚产生音频脉冲。

利用单片机 89C51/S51 的内部定时器,让其工作在定时模式下,改变计数初值 TH0、TL0,就可以产生不同的频率。

① 计数值与频率的关系如下:

$$N = f_i/2f_r$$

式中,N 是计数值,f_i 是晶振频率的十二分频值,即 $f_{osc}/12$,如果 $f_{osc} = 12\ \mathrm{MHz}$,则 $f_i = 1\ \mathrm{MHz}$,f_r 是待产生的音频。

计数初值 T 如下所示:

$$T = 65\ 536 - N = 65\ 536 - f_i/2f_r = $$
$$65\ 536 - 500\ 000/f_r$$

例如:中音 1D0,$f_r = 523\ \mathrm{Hz}$,得 $T = 64\ 580$。

② C 调各音符频率与计算初值 T 的对照表如表 6-2 所列。

表 6-2 各音符频率与计算初值(T 值)对照表

音 符	频率/Hz	简码(T 值)	音 符	频率/Hz	简码(T 值)
低 1DO	262	63 628	♯4FA♯	740	64 860
♯1DO♯	277	63 731	中 5SO	784	64 898
低 2RE	294	63 835	♯5SO♯	831	64 934
♯2RE♯	311	63 928	中 6LA	880	64 968
低 3MI	330	64 021	♯6LA♯	932	64 994
低 4FA	349	64 103	中 7SI	988	65 030
♯4FA♯	370	64 185	高 1DO	1 046	65 058
低 5SO	392	64 260	♯1DO♯	1 109	65 085
♯5SO♯	415	64 331	高 2RE	1 175	65 110
低 6LA	440	64 400	♯2RE♯	1 245	65 134
♯6LA♯	466	64 463	高 3MI	1 318	65 157
低 7SI	494	64 524	高 4FA	1 397	65 178
中 1DO	523	64 580	♯4FA♯	1 480	65 198
♯1DO♯	554	64 633	高 5SO	1 569	65 217
中 2RE	578	64 684	♯5SO♯	1 661	65 235
♯2RE♯	622	64 732	高 6LA	1 760	65 252
中 3MI	659	64 777	♯6LA♯	1 865	65 268
中 4FA	698	64 820	高 7SI	1 976	65 283

2. 电路图

由单片机 89C51/S51 组成的音乐电路如图 6-14 所示,音频信号由 P3.7 输出,可直接接蜂鸣器到电源,也可由 LM386 驱动扬声器输出。

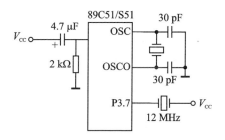

图 6-14　89C51/S51 组成的音乐电路连接图

3. 程序设计

① 首先找出"祝你生日快乐"歌曲的音符,然后根据表 6-2 将这些音符频率所对应的定时器计数初值(T 值)建立 T 值表的顺序,如表 6-3 所列。

② 把 T 值顺序表放在程序中的 TABLE1 处。

③ 节拍码与节拍数的关系如表 6-4 所列。

④ 将简谱码与节拍码的组合称为组合码放在程序的 TABLE 处,简谱码(音符)为高 4 位,节拍码(节拍数)为低 4 位。

⑤ 程序以 1/4 节拍为基本单位延时时间,各调值 1/4 节拍的设定如表 6-5 所列。

程序中 TABLE1 是定时器计数初值表,是由表 6-2 依据"祝你生日快乐"歌曲中的音符频率所殖应的计数初值(T 值)选取组成,与表 6-3 的 T 值顺序表完全对应,也就是将表 6-3 中的 T 值按顺序存入存储器中而形成 TABLE1。TABLE1 为按字(16 位)存储,每个字高字节在前,低字节在后。

程序中 TABLE 的每个字节的高 4 位是表 6-3 中的简谱码,低 4 位是表 6-4 中的节拍码,即 | 简谱码 | 节拍码 |。简谱码中十六进制数 ♯01H~♯0FH 对应简谱低音 5~高音 5,即 ♯01H=低音 5,♯02H=低音 6,♯03H=低音 7……♯0EH=高音 4,♯0FH=高音 5,♯00H 为不发音。节拍码中十六进制数 ♯01H~♯0FH 对应 1/4 节拍~3 又 3/4 节拍,即 ♯01H=1/4 拍,♯02H=2/4 拍……

程序以表 6-5 中 C 调 3/4 的 1/4 节拍时间作为基本单位延时时间,即作为延时子程序 DELAY 的延时时间,DELAY 的延时时间为 187 ms。

程序中:内存单元 30H 是组合码指针;寄存器 R2 用来暂存组合码;寄存器 R5 用来暂存节拍码;内存单元 22H 暂存简谱码减 1 后的值(以形成简谱码所对应计数初值的地址);内存单元 21H 存放 TH0,定时器 T0 计数初值高 8 位;内存单元 20H 存放 TL0,定时器 T0 计数初值低 8 位。

表 6-3　**T 值顺序表**

简　谱	发　音	简谱码	T 值
5	低音 SO	1	64 260
6	低音 LA	2	64 400
7	低音 SI	3	64 524
1	中音 DO	4	64 580
2	中音 RE	5	64 684
3	中音 MI	6	64 777
4	中音 FA	7	64 820
5	中音 SO	8	94 898
6	中音 LA	9	94 968
7	中音 SI	A	65 030
1	高音 DO	B	65 058
2	高音 RE	C	65 110
3	高音 MI	D	65 157
4	高音 FA	E	65 178
5	高音 SO	F	62 217
	不发音	0	

表 6-4　节拍码顺序表

节拍码	节拍数
1	1/4 拍
2	2/4 拍
3	3/4 拍
4	1 拍
5	1 又 1/4 拍
6	1 又 1/2 拍
8	2 拍
A	2 又 1/2 拍
C	3 拍
F	3 又 3/4 拍

表 6-5　节拍时间设定表

曲调值	DELAY
调 4/4	125 ms
调 3/4	187 ms
调 2/4	250 ms

4. 歌谱实例

生 日 快 乐 歌

C3/4

|5·5 6 5|1 7 － |5·5 6 5 |2 1 －|
祝　你 生 日 快 乐　祝　你 生 日 快 乐

|5·5 5 3|1 7 6 |4·4 3 1 |2 1 －|
我　们 高 声 歌 唱　祝　你 生 日 快 乐

5. 程序清单

```
        ORG    0000H
        SJMP   MAIN            ;上电,转向主程序
        ORG    000BH
        AJMP   TIME0           ;转向中断服务子程序
        ORG    0030H
MAIN:   MOV    SP,#60H         ;设堆栈指针
        MOV    TMOD,#01H       ;设置定时器 T0 工作于模式 1
        MOV    IE,#82H         ;CPU 开放中断,允计定时器 T0 中断
START:  MOV    30H,#00H        ;设组合码指针
NEXT:   MOV    A,30H           ;组合码指针送累加器 A
        MOV    DPTR  #TABLE     ;组合码首地址送 DPTR
```

	MOV	A,@A+DPTR	;取出组合码送 A
	MOV	R2,A	;收出的组合码暂存于 R2
	JZ	SEND	;取到的组合码是 0 吗? 是 0 转 SEND 结束
	ANI	A,♯0FH	;组合码不是 0,取出低 4 位(节拍码)
	MOV	R5,A	;将取到的节拍码存入 R5
	MOV	A,R2	;再将组合码送 A
	SWAP	A	;组合码高低 4 位变换
	ANL	A,♯0FH	;取出低 4 位(简谱码)
	JNZ	SING	;取到的简谱码是 0 吗? 不是 0 转 SING
	CLR	TR0	;简谱码是 0,则不发音,关闭定时器 T0
	SJMP	DLY1	;转向 DLY1
SING:	DEC	A	;取到的简谱码减 1
	MOV	22H,A	;将取到的简谱码减 1,存入 22H 单元
	RL	A	;乘以 2,以形成简谱码所对应计数初值高 8 位地址
	MOV	DPTR,♯TABLE1	;T 值顺序表首地址送 DPTR
	MOVC	A,@A+DPTR	;取出简谱码所对应计数初值高 8 位送 A
	MOV	TH0,A	;计数初值高 8 位装入 TH0
	MOV	21H,A	;计数初值高 8 位装入 21H 单元
	MOV	A,22H	;再将简谱码减 1 送 A
	RL	A	;乘以 2
	INC	A	;加 1,以形成简谱码所对应计数值初值低 8 位地址
	MOVC	A,@A+DPTR	;取出简谱码所对应计数初值 8 位送 A
	MOV	TL0,A	;计数初值低 8 位装入 TL0
	MOV	20H,A	;计数初值低 8 位装入 20H 单元
	SETB	TR0	;启动定时器 T0
DLY1:	ACALL	DELAY	;调用基本单位延时 1/4 节拍 187 ms 子程序
	INC	30H	;组合码指针加 1
	SJMP	NEXT	;转 NEXT,取下一个组合码
SEND:	CLR	TR0	;关闭定时器 T0
	AJMP	START	;重复循坏
TIME0:	PUSH	A	;保护 A(中断服务子程序)
	PUSH	PSW	;保护 PSW
	MOV	TL0,20H	;重装计数初值低 8 位
	MOV	TH0,21H	;重装计数初值高 8 位
	CPL	P3.7	;I/O 口 P3.7 取反输出
	POP	PSW	;恢复 PSW
	POP	A	;恢复 A
	RETI		;中断返回
DELAY:	MOV	R7,♯187	;187 ms 延时子程序
DLY2:	MOV	R4,♯02	
DLY3:	MOV	R3,♯248	
	DJNZ	R3,$	

```
        DJNZ    R4,DLY3
        DJNZ    R7,DLY2
        DJNZ    R5,DELAY
        RET
TABLE1： DW 64260,64400,64524,64580,64684
        DW 64777,64820,64898,64968,65030
        DW 65058,65110,65157,65178,65217
DB1：    DB 82H,01H,81H,94H,84H
        DB 0B4H,0A4H,04H
        DB 82H,01H,81H,94H,84H
        DB 0C4H,0B4H,04H
DB2：    DB 82H,01H,81H,0F4H,0D4H
        DB 0B4H,0A4H,94H
        DB 0E2H,01H,0E1H,0D4H,0B4H
        DB 0C4H,0B4H,04H
DB3：    DB 82H,01H,81H,94H,84H
        DB 0B4H,0A4H,04H
        DB 82H,01H,81H,94H,84H
        DB 0C4H,0B4H,04H
DB4：    DB 82H,01H,81H,0F4H,0D4H
        DB 0B4H,0A4H,94H
        DB 0E2H,01H,0E1H,0D4H,0B4H
        DB 0C4H,0B4H,04H
        DB 00H
```

6.4　思考题与习题

1. 定时器模式 2 有什么特点？适用于什么应用场合？

2. 单片机用内部定时方法产生频率为 100 kHz 的等宽矩形波,假定单片机的晶振频率为 12 MHz。请编程实现。

3. 89C51/S51 定时器有哪几种工作模式？它们之间有哪些区别？

4. 89C51/S51 单片机内部设有几个定时器/计数器？它们是由哪些特殊功能寄存器组成的？

5. 定时器/计数器用作定时器时,其定时时间与哪些因素有关？作计数器时,对外界计数频率有何限制？

6. 简述定时器 4 种工作模式的特点,如何选择和设定？

7. 当定时器 T0 用作模式 3 时,由于 TR1 位已被 T0 占用,如何控制定时器 T1 的开启和关闭？

8. 以定时器/计数器 1 进行外部事件计数。每计数 1 000 个脉冲后,定时器/计数器 1 转为定时工作方式。定时 10 ms 后,又转为计数方式,如此循环不止。假定单片机晶振频率为 6 MHz,请使用模式 1 编程实现。

9. 一个定时器的定时时间有限,如何实现两个定时器的串行定时,以满足较长定时时间的要求?

10. 使用一个定时器,如何通过软、硬件结合的方法,实现较长时间的定时?

11. 89C51/S51 定时器作定时和计数时,其计数脉冲分别由谁提供?

12. 89C51/S51 定时器的门控信号 GATE 设置为 1 时,定时器如何启动?

13. 已知 89C51/S51 单片机的 $f_{osc}=6$ MHz,请利用 T0 和 P1.0 输出矩形波。矩形波高电平宽为 50 μs,低电平宽为 300 μs。

14. 已知 89C51/S51 单片机的 $f_{osc}=12$ MHz,用 T1 定时。试编程由 P1.0 和 P1.1 引脚分别输出周期为 2 ms 和 500 μs 的方波。

15. 单片机 89C51/S51 的时钟频率为 6 MHz,若要求定时值分别为 0.1 ms、1 ms 和 10 ms,定时器 0 工作在模式 0、模式 1 和模式 2 时,其定时器初值各应是多少?

16. 89C51/S51 单片机的定时器在何种设置下可提供 3 个 8 位定时器/计数器?这时,定时器 1 可作串口波特率发生器。若波特率按 9 600 b/s、4 800 b/s、2 400 b/s、1 200 b/s、600 b/s 和 100 b/s 来考虑,则此时可选用的波特率是多少(允许存在一定误差)? 设时钟频率为 12 MHz。

17. 试编制一段程序,功能为:当 P1.2 引脚的电平上跳时,对 P1.1 的输入脉冲进行计数;当 P1.2 引脚的电平下跳时,停止计数,并将计数值写入 R6 和 R7。

18. 设 $f_{osc}=12$ MHz。试编写一段程序,功能为:对定时器 T0 初始化,使之工作在模式 2,产生 200 μs 定时,并用查询 T0 溢出标志的方法,控制 P1.0 输出周期为 2 ms 的方波。

19. 以中断方法设计单片机秒、分脉冲发生器。假定 P1.0 每秒产生 1 个机器周期的正脉冲,P1.1 每分产生 1 个机器周期的正脉冲。

20. 实现相同的定时或计数,比较中断方式和查询方式,哪个效率高? 为什么?

第 7 章　89C51/S51 串行口及串行通信技术

本书前几章涉及的数据传送都是采用并行方式,如 89C51/S51 与存储器,存储器与存储器,89C51/S51 与并行打印机之间的通信。89C51/S51 处理 8 位数据,若以并行传送方式一次传送一字节的数据,则至少需要 8 条数据线。当 89C51/S51 与打印机连接时,除 8 条数据线外,还需要状态、应答等控制线。一些微机系统,如 PC 系列机,由于磁盘机、CRT、打印机与主机系统的距离有限,所以,使用多条电缆线以提高数据传送速度还是合算的。但是,计算机之间、计算机与其终端之间的距离有时非常远,此时,电缆线过多是不经济的。

串行通信只用一位数据线传送数据的位信号,即使加上几条通信联络控制线,也用不了很多电缆线。因此,串行通信适合远距离数据传送,如大型主机与其远程终端之间、处于两地的计算机之间采用串行通信就非常经济。当然,串行通信要求有转换数据格式、时间控制等逻辑电路,这些电路目前已被集成在大规模集成电路之中(称为可编程串行通信控制器),使用很方便。

本章将介绍 89C51/S51 串行口的结构及应用,PC 机与 89C51/S51 间的双机通信,一台 PC 机控制多台 89C51/S51 前沿机的分布式系统,以及通信接口电路和软件设计,并给出设计实例,包括接口电路、程序框图、主程序和接收/发送子程序。

7.1　串行通信基本知识

7.1.1　数据通信

在实际工作中,计算机的 CPU 与外部设备之间常常要进行信息交换,一台计算机与其他计算机之间也往往要交换信息,所有这些信息交换均可称为通信。

通信方式有两种:并行通信和串行通信。通常根据信息传送的距离决定采用哪种通信方式。例如,在 PC 机与外部设备(如打印机等)通信时,如果距离小于 30 m,则可采用并行通信方式;当距离大于 30 m 时,则要采用串行通信方式。89C51/S51 单片机具有并行和串行两种基本通信方式。

并行通信是指数据的各位同时进行传送(发送或接收)的通信方式。其优点是传送速度高;缺点是数据有多少位,就需要多少根传送线。例如,89C51/S51 单片机与打印

机之间的数据传送就属于并行通信。图 7-1(a)所示为 89C51/S51 单片机与外设间 8
位数据并行通信的连接方法。并行通信在位数多、传送距离又远时就不太合适了。

　　串行通信指数据是一位一位按顺序传送的通信方式。它的突出优点是只需一对
传输线(利用电话线就可作为传输线),这样就大大降低了传送成本,特别适用于远距
离通信;其缺点是传送速度较低。假设并行传送 N 位数据所需时间为 T,那么串行
传送的时间至少为 NT,实际上总是大于 NT 的。图 7-1(b)所示为串行通信方式的
连接方法。

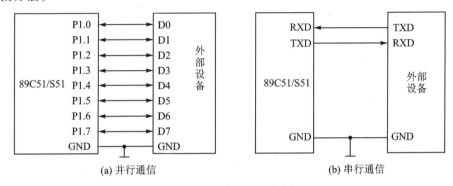

(a) 并行通信　　　　　　　　　　　　(b) 串行通信

图 7-1　两种通信方式连接

7.1.2　串行通信的传输方式

　　串行通信的传送方式通常有 3 种：单向(或单工)配置,只允许数据向一个方向
传送;半双向(或半双工)配置,允许数据向两个方向中的任一方向传送,但每次只能
有一个站点发送;全双向(全双工)配置,允许同时双向传送数据,因此,全双工配置是
一对单向配置,它要求两端的通信设备都具有完整和独立的发送和接收能力。图 7-2
所示为串行通信中的数据传送方式。

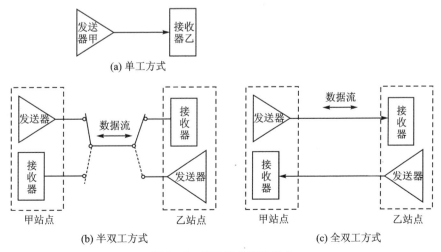

(a) 单工方式

甲站点　　　　　　　乙站点　　　　　　甲站点　　　　　　　乙站点
(b) 半双工方式　　　　　　　　　　　(c) 全双工方式

图 7-2　串行通信传输方式

7.1.3 异步通信和同步通信

串行通信有两种基本的通信方式:异步通信和同步通信。

1. 异步通信

在异步通信中,通信双方的时钟是各自独立的,双方的发送和接收可以不在同一时刻进行,即所谓异步,其系统示意框图如图 7 - 3(a)所示。但双方必须遵守相同的通信协议,包括相同的数据格式和相同的通信速率。

在异步通信中,数据是一帧一帧(包括一个字符代码或一字节数据)传送的,每一帧的数据格式如图 7 - 3(b)、(c)所示。

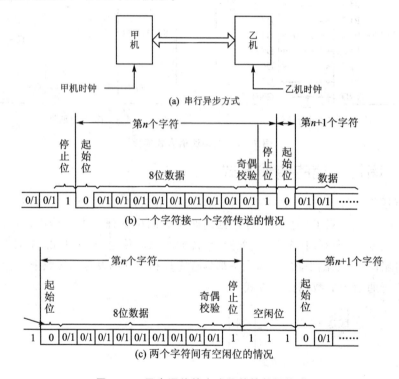

(a) 串行异步方式

(b) 一个字符接一个字符传送的情况

(c) 两个字符间有空闲位的情况

图 7 - 3 异步通信的方式及其帧数据格式

在帧格式中,一个字符由 4 部分组成:起始位、数据位、奇偶校验位和停止位。首先是一个起始位(0),然后是 5~8 位数据位(规定低位在前,高位在后),接下来是奇偶校验位(可省略),最后是停止位(1)。起始位(0)信号只占用一位,用来通知接收设备一个待接收的字符开始到达。线路上在不传送字符时应保持为 1。接收端不断检测线路的状态,若连续为 1 以后又测到一个 0,就知道发来一个新字符,应马上准备接收。字符的起始位还被用作同步接收端的时钟,以保证以后的接收能正确进行。

起始位后面紧接着是数据位,它可以是 5 位(D0~D4)、6 位、7 位或 8 位(D0~D7)。

　　奇偶校验(D8)只占一位,但在字符中也可以规定不用奇偶校验位,则这一位就可省去。也可用这一位(1/0)来确定这一帧中的字符所代表信息的性质(地址/数据等)。

　　停止位用来表征字符的结束,它一定是高电位(逻辑 1)。停止位可以是 1 位、1.5 位或 2 位。接收端收到停止位后,知道上一字符已传送完毕,同时,也为接收下一个字符作好准备——只要再接收到 0,就是新字符的起始位。若停止位以后不是紧接着传送下一个字符,则使线路电平保持为高电平(逻辑 1)。图 7 - 3(a)表示一个字符紧接一个字符传送的情况,上一个字符的停止位和下一个字符的起始位是紧邻的;图 7-3(b)则是两个字符间有空闲位的情况,空闲位为 1,线路处于等待状态。存在空闲位正是异步通信的特征之一。

　　例如,规定用 ASCII 编码,字符为 7 位,加 1 个奇偶校验位、1 个起始位、1 个停止位,则一帧共 10 位。

2. 同步通信

　　在同步通信中,通信双方的物理时钟是相同的,显然,双方的发送和接收是同时进行的,其系统示意框图如图 7 - 4(a)所示。

　　同步通信中,在数据开始传送前用同步字符来指示(常约定 1~2 个),并由时钟来实现发送端和接收端同步,即检测到规定的同步字符后,下面就连续按顺序传送数据,直到通信告一段落。同步传送时,字符与字符之间没有间隙,也不用起始位和停止位,仅在数据块开始时用同步字符 SYNC 来指示,其数据格式如图 7 - 4 所示。

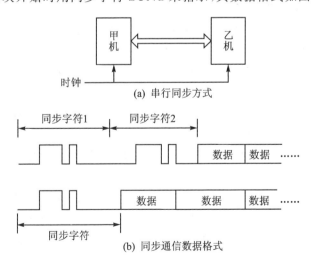

(a) 串行同步方式

(b) 同步通信数据格式

图 7 - 4　同步传送的方式及其数据格式

　　同步字符的插入可以是单同步字符方式或双同步字符方式,如图 7 - 4 所示,然后是连续的数据块。同步字符可以由用户约定,当然也可以采用 ASCII 码中规定的 SYNC 代码,即 16H。按同步方式通信时,先发送同步字符,接收方检测到同步字符后,即准备接收数据。

在同步传送时,要求用时钟来实现发送端与接收端之间的同步。为了保证接收正确无误,发送方除了传送数据外,还要同时传送时钟信号。

同步传送可以提高传输速率(达 56 kb/s 或更高),但硬件比较复杂。

3. 波特率

波特率(Baud rate),即数据传送速率,表示每秒传送二进制代码的位数,它的单位是 b/s。波特率对于 CPU 与外界的通信是很重要的。假设数据传送速率是 120 字符/s,而每个字符格式包含 10 个代码位(1 个起始位、1 个终止位、8 个数据位)。这时,传送的波特率为:

$$10 \text{ b/ 字符} \times 120 \text{ 字符 } /s = 1\,200 \text{ b/s}$$

每一位代码的传送时间 T_d 为波特率的倒数。

$$T_d = \frac{1 \text{ b}}{1\,200 \text{ b} \cdot s^{-1}} = 0.833 \text{ ms}$$

异步通信的传送速率为 $50 \sim 19\,200$ b/s,常用于计算机到终端机和打印机之间的通信、直通电报以及无线电通信的数据发送等。

7.1.4　串行通信的过程及通信协议

1. 串←→并转换与设备同步

两个通信设备在串行线路上成功地实现通信必须解决两个问题:一是串←→并转换,即如何把要发送的并行数据串行化,把接收的串行数据并行化;二是设备同步,即同步发送设备和接收设备的工作节拍,以确保发送数据在接收端被正确读出。

1) 串←→并转换

串行通信是将计算机内部的并行数据转换成串行数据,将其通过一根通信线传送,并将接收的串行数据再转换成并行数据送到计算机中。

在计算机串行发送数据之前,计算机内部的并行数据被送入移位寄存器,并一位一位地移出,将并行数据转换成串行数据,如图 7-5 所示。在接收数据时,来自通信线路的串行数据被送入移位寄存器,满 8 位后并行送到计算机内部,如图 7-6 所示。在串行通信控制电路中,串-并、并-串转换逻辑被集成在串行异步通信控制器芯片中。89C51/S51 单片机的串行口和 IBM-PC 机中的 8250 芯片都可实现这一功能。

2) 设备同步

进行串行通信的两台设备必须同步工作,才能有效地检测通信线路上的信号变化,从而采样传送数据脉冲。设备同步对通信双方有两个共同要求:一是通信双方必须采用统一的编码方法;二是通信双方必须能产生相同的传送速率。

采用统一的编码方法确定了一个字符二进制表示值的位发送顺序和位串长度,当然还包括统一的逻辑电平规定,即电平信号高低与逻辑 1 和逻辑 0 的固定对

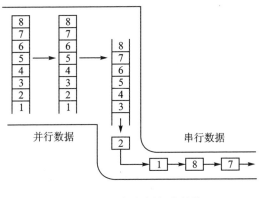

图 7 - 5　发送时的并-串转换

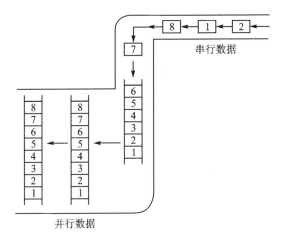

图 7 - 6　接收时的串-并转换

应关系。

通信双方只有产生相同的传送速率,才能确保设备同步,这就要求发送设备和接收设备采用相同频率的时钟。发送设备在统一的时钟脉冲上发出数据,接收设备才能正确检测出与时钟脉冲同步的数据信息。

2．串行通信协议

通信协议是对数据传送方式的规定,包括数据格式定义和数据位定义等。通信双方必须遵守统一的通信协议。串行通信协议包括同步协议和异步协议两种。在此只讨论异步串行通信协议和异步串行协议规定的字符数据的传送格式。

1）起始位

通信线上没有数据被传送时处于逻辑 1 状态。当发送设备要发送一个字符数据时,首先发出一个逻辑 0 信号,这个逻辑低电平就是起始位。起始位通过通信线传向接收设备,接收设备检测到这个逻辑低电平后,就开始准备接收数据位信号。起始位所起的作用就是设备同步,通信双方必须在传送数据位前协调同步。

2）数据位

当接收设备收到起始位后,紧接着就会收到数据位。数据位的个数可以是 5、6、7 或 8。IBM - PC 中经常采用 7 位或 8 位数据传送,89C51/S51 串行口采用 8 位或 9 位数据传送。这些数据位被接收到移位寄存器中,构成传送数据字符。在字符数据传送过程中,数据位从最低有效位开始发送,依次顺序在接收设备中被转换为并行数据。

3）奇偶校验位

数据位发送完之后,可以发送奇偶校验位。奇偶校验用于有限差错检测,通信双方须约定一致的奇偶校验方式。如果选择偶校验,那么组成数据位和奇偶位的逻辑 1 的个数必须是偶数;如果选择奇校检,那么逻辑 1 的个数必须是奇数。

4）停止位

在奇偶位或数据位(当无奇偶校验时)之后发送的是停止位。停止位是一个字符数据的结束标志,可以是 1 位、1.5 位或 2 位的高电平。接收设备收到停止位之后,通信线路上便又恢复逻辑 1 状态,直至下一个字符数据的起始位到来。

5）波特率设置

通信线上传送的所有位信号都保持一致的信号持续时间,每一位的信号持续时间都由数据传送速度确定,而传送速度是以每秒多少个二进制位来衡量的,这个速度叫波特率。如果数据以每秒 300 个二进制位在通信线上传送,那么传送速度为 300 波特,通常记为 300 b/s。

6）挂钩(握手)信号约定

见 7.4 节实例。

7.2　串行口及应用

89C51/S51 单片机除具有 4 个 8 位并行口外,还具有串行接口。此串行接口是一个全双工串行通信接口,即能同时进行串行发送和接收数据。它可以作 UART（通用异步接收和发送器)用,也可以作同步移位寄存器用。使用串行接口可以实现 89C51/S51 单片机系统之间点对点的单机通信和 89C51/S51 与系统机(如 PC 机等)的单机或多机通信。

7.2.1　89C51/S51 串行口

89C51/S51 有一个可编程的全双工串行通信接口,它可用作 UART,也可用作同步移位寄存器。其帧格式可以有 8 位、10 位或 11 位,并能设置各种波特率,给使用带来了很大的灵活性。

1. 结　构

89C51/S51 通过引脚 RXD(P3.0,串行数据接收端)和引脚 TXD(P3.1,串行数据发送端)与外界进行通信。其内部结构简化示意图如图 7-7 所示。图中有两个物理上独立的接收、发送缓冲器 SBUF,它们占用同一地址 99H,可同时发送、接收数据。发送缓冲器只能写入,不能读出;接收缓冲器只能读出,不能写入。

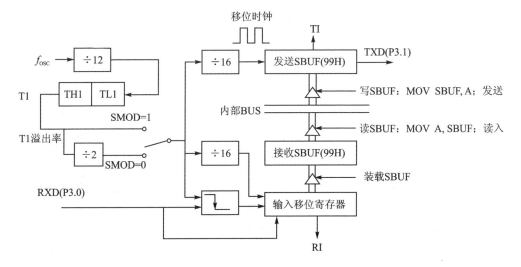

图 7-7　串行口内部结构示意简图

串行发送与接收的速率与移位时钟同步。89C51/S51 用定时器 T1 作为串行通信的波特率发生器,T1 溢出率经 2 分频(或不分频)后又经 16 分频作为串行发送或接收的移位脉冲。移位脉冲的速率即是波特率。

从图中可看出,接收器是双缓冲结构,在前一个字节被从接收缓冲器 SBUF 读出之前,第二个字节即开始被接收(串行输入至移位寄存器),但是,在第二个字节接收完毕而前一个字节 CPU 未读取时,会丢失前一个字节。

串行口的发送和接收都是以特殊功能寄存器 SBUF 的名义进行读/写的。当向 SBUF 发"写"命令时(执行"MOV SBUF,A"指令),即是向发送缓冲器 SBUF 装载并开始由 TXD 引脚向外发送一帧数据,发送完便使发送中断标志位 TI=1。

在满足串行口接收中断标志位 RI(SCON.0)=0 的条件下,置允许接收位 REN(SCON.4)=1 就会接收一帧数据进入移位寄存器,并装载到接收 SBUF 中,同时使 RI=1。当发读 SBUF 命令时(执行"MOV A,SBUF"指令),便由接收缓冲器(SBUF)取出信息通过 89C51/S51 内部总线送 CPU。

对于发送缓冲器,因为发送时 CPU 是主动的,不会产生重叠错误,一般不需要用双缓冲器结构来保持最大传送速率。

2. 串行口控制字及控制寄存器

89C51/S51 串行口是可编程接口,对它初始化编程只用两个控制字分别写入特殊功能寄存器 SCON(98H)和电源控制寄存器 PCON(87H)中即可。

1) SCON(98H)

89C51/S51 串行通信的方式选择、接收和发送控制以及串行口的状态标志等均由特殊功能寄存器 SCON 控制和指示,其控制字格式如图 7 - 8 所示。

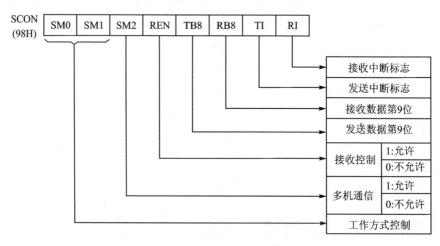

图 7 - 8　串行口控制寄存器 SCON

① SM0 和 SM1(SCON.7,SCON.6):串行口工作方式选择位。两个选择位对应 4 种通信方式,如表 7 - 1 所列。其中,f_{osc} 是振荡频率。

表 7 - 1　串行口的工作方式

SM0	SM1	工作方式	说　明	波特率
0	0	方式 0	同步移位寄存器	$f_{osc}/12$
0	1	方式 1	10 位异步收发	由定时器控制
1	0	方式 2	11 位异步收发	$f_{osc}/32$ 或 $f_{osc}/64$
1	1	方式 3	11 位异步收发	由定时器控制

② SM2(SCON.5):多机通信控制位,主要用于方式 2 和方式 3。

若置 SM2＝1,则允许多机通信。多机通信协议规定,第 9 位数据(D8)为 1,说明本帧数据为地址帧;若第 9 位为 0,则本帧为数据帧。当一片 89C51/S51(主机)与多片 89C51/S51(从机)通信时,所有从机的 SM2 位都置 1。主机首先发送的一帧数据为地址,即某从机机号,其中第 9 位为 1,所有的从机接收到数据后,将其中第 9 位装入 RB8 中。各个从机根据收到的第 9 位数据(RB8 中)的值来决定从机可否再接收主机的信息。若(RB8)＝0,说明是数据帧,则使接收中断标志位 RI＝0,信息丢失;若(RB8)＝1,说明是地址帧,数据装入 SBUF 并置 RI＝1,中断所有从机,被寻址的目标从机清除 SM2,以接收主机发来的一帧数据。其他从机仍然保持SM2＝1。

若 SM2＝0,即不属于多机通信情况,则接收一帧数据后,不管第 9 位数据是 0

还是 1,都置 RI＝1,接收到的数据装入 SBUF 中。

根据 SM2 这个功能,可实现多个 89C51/S51 应用系统的串行通信。

在方式 1 时,若 SM2＝1,则只有接收到有效停止位时,RI 才置 1,以便接收下一帧数据。在方式 0 时,SM2 必须是 0。

③ REN(SCON.4):允许接收控制位,由软件置 1 或清 0。

当 REN＝1 时,允许接收,相当于串行接收的开关;

当 REN＝0 时,禁止接收。

在串行通信接收控制过程中,如果满足 RI＝0 和 REN＝1(允许接收)的条件,就允许接收,一帧数据就装载入接收 SBUF 中。

④ TB8(SCON.3):发送数据的第 9 位(D8)装入 TB8 中。在方式 2 或方式 3 中,根据发送数据的需要由软件置位或复位。在许多通信协议中可用作奇偶校验位,也可在多机通信中作为发送地址帧或数据帧的标志位。对于后者,TB8＝1,说明该帧数据为地址字节;TB8＝0,说明该帧数据为数据字节。在方式 0 或方式 1 中,该位未用。

⑤ RB8(SCON.2):接收数据的第 9 位。在方式 2 或方式 3 中,接收到的第 9 位数据放在 RB8 位。它或是约定的奇/偶校验位,或是约定的地址/数据标识位。在方式 2 和方式 3 多机通信中,若 SM2＝1,如果 RB8＝1,则说明收到的数据为地址帧。

在方式 1 中,若 SM2＝0(即不是多机通信情况),则 RB8 中存放的是已接收到的停止位。在方式 0 中,该位未用。

⑥ TI(SCON.1):发送中断标志,在一帧数据发送完时被置位。在方式 0 串行发送第 8 位结束或其他方式串行发送到停止位的开始时由硬件置位,可用软件查询。它同时也申请中断。TI 置位意味着向 CPU 提供"发送缓冲器 SBUF 已空"的信息,CPU 可以准备发送下一帧数据。串行口发送中断被响应后,TI 不会自动清 0,必须由软件清 0。

⑦ RI(SCON.0):接收中断标志,在接收到一帧有效数据后由硬件置位。在方式 0 中,第 8 位数据发送结束时,由硬件置位;在其他 3 种方式中,当接收到停止位中间时由硬件置位。RI＝1,申请中断,表示一帧数据接收结束,并已装入接收 SBUF 中,要求 CPU 取走数据。CPU 响应中断,取走数据。RI 也必须由软件清 0,清除中断申请,并准备接收下一帧数据。

串行发送中断标志 TI 和接收中断标志 RI 是同一个中断源,CPU 事先不知道是发送中断 TI 还是接收中断 RI 产生的中断请求,所以,在全双工通信时,必须由软件来判别。

复位时,SCON 所有位均清 0。

2) PCON(87H)

电源控制寄存器 PCON 中只有 SMOD 位与串行口工作有关,如图 7 - 9 所示。

SMOD(PCON.7):波特率倍增位。在串行口方式 1、方式 2 和方式 3 时,波特

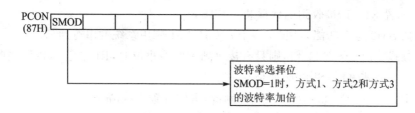

图 7 – 9　电源控制寄存器 PCON

率和 2^{SMOD} 成正比,亦即当 SMOD=1 时,波特率提高一倍。复位时,SMOD=0。

3. 串行通信工作方式

　　根据实际需要,89C51 串行口可以设置 4 种工作方式,可有 8 位、10 位或 11 位帧格式。

　　方式 0 以 8 位数据为一帧,不设起始位和停止位,先发送或接收最低位。其帧格式如下:

　　方式 1 以 10 位为一帧传输,设有 1 个起始位(0)、8 个数据位和 1 个停止位(1)。其帧格式为:

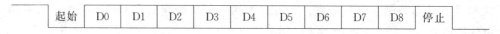

　　方式 2 和方式 3 以 11 位为 1 帧传输,设有 1 个起始位(0)、8 个数据位、1 个附加第 9 位和 1 个停止位(1)。其帧格式为:

| 起始 | D0 | D1 | D2 | D3 | D4 | D5 | D6 | D7 | D8 | 停止 |

　　附加第 9 位(D8)由软件置 1 或清 0。发送时在 TB8 中,接收时送 RB8 中。

1) 串行口方式 0

　　方式 0 为同步移位寄存器输入/输出方式,常用于扩展并行 I/O 口。串行数据通过 RXD 输入或输出,而 TXD 用于输出移位时钟,作为外接部件的同步信号。图 7 – 10(a)为发送电路,图 7 – 11(a)为接收电路。这种方式不适用于两个 89C51 之间的直接数据通信,但可以通过外接移位寄存器来实现单片机的接口扩展。例如,74HC164 可用于扩展并行输出口,74HC165 可用于扩展输入口。在这种方式下,收/发的数据为 8 位,低位在前,无起始、奇偶校验位及停止位,波特率是固定的。

　　在发送过程中,当执行一条将数据写入发送缓冲器 SBUF(99H)的指令时,串行口把 SBUF 中 8 位数据以 $f_{osc}/12$ 的波特率从 RXD(P3.0)端输出,发送完毕置中断标志 TI=1。方式 0 发送时序如图 7 – 10(b)所示。写 SBUF 指令在 S6P1 处产生一个正脉冲,在下一个机器周期的 S6P2 处,数据的最低位输出到 RXD(P3.0)脚上;再

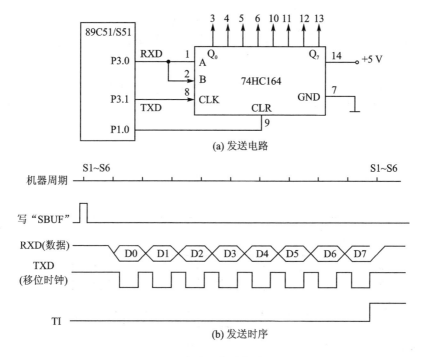

图 7 - 10　方式 0 发送电路及时序

在下一个机器周期的 S3、S4 和 S5 输出移位时钟为低电平时,在 S6 及下一个机器周期的 S1 和 S2 为高电平,就这样将 8 位数据由低位至高位一位一位顺序通过 RXD 线输出,并在 TXD 脚上输出 $f_{osc}/12$ 的移位时钟。在"写 SBUF"有效后的第 10 个机器周期的 S1P1 将发送中断标志 TI 置位。图中 74LS164 是 TTL"串入并出"移位寄存器。

接收时,用软件置 REN=1(同时,RI=0),开始接收。接收时序如图 7 - 11(b)所示。当使 SCON 中的 REN=1(RI=0)时,产生一个正的脉冲,在下一个机器周期的 S3P1～S5P2,从 TXD(P3.1)脚上输出低电平的移位时钟,在此机器周期的 S5P2对 P3.0 脚采样,并在本机器周期的 S6P2 通过串行口内的输入移位寄存器将采样值移位接收。在同一个机器周期的 S6P1 到下一个机器周期的 S2P2,输出移位时钟为高电平。于是,将数据字节从低位至高位一位一位地接收下来并装入 SBUF 中。在启动接收过程(写 SCON,清 RI 位),将 SCON 中的 RI 清 0 之后的第 10 个机器周期的 S1P1 和 RI 置位。这一帧数据接收完毕,可进行下一帧接收。图 7 - 11(a)中,74HC165 是 TTL"并入串出"移位寄存器,Q_H 端为 74HC165 的串行输出端,经 P3.0输入至 89C51/S51。

2) 串行口方式 1

方式 1 真正用于串行发送或接收,为 10 位通用异步接口。TXD 与 RXD 分别用于发送与接收数据。收发一帧数据的格式为 1 位起始位、8 位数据位(低位在前)、1

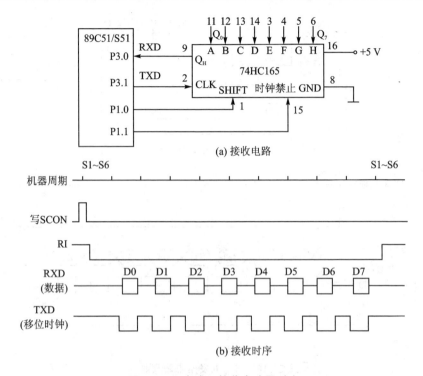

(a) 接收电路

(b) 接收时序

图 7 - 11　方式 0 接收电路及时序

位停止位,共 10 位。在接收时,停止位进入 SCON 的 RB8,此方式的传送波特率可调。

串行口方式 1 的发送与接收时序如图 7 - 12(a)和(b)所示。

方式 1 发送时,数据从引脚 TXD(P3.1)端输出。当执行数据写入发送缓冲器 SBUF 的命令时,就启动了发送器开始发送。发送时的定时信号,也就是发送移位时钟(TX 时钟),是由定时器 T1(见图 7 - 7)送来的溢出信号经过 16 分频或 32 分频(取决于 SMOD 的值)而得到的,TX 时钟就是发送波特率。可见,方式 1 的波特率是可变的。发送开始的同时,$\overline{SEND}$ 变为有效,将起始位向 TXD 输出;此后每经过一个 TX 时钟周期(16 分频计数器溢出一次为一个时钟周期,因此,TX 时钟频率由波特率决定。)产生一个移位脉冲,并由 TXD 输出一个数据位;8 位数据位全部发送完后,置位 TI,并申请中断置 TXD 为 1 作为停止位,再经一个时钟周期,$\overline{SEND}$ 失效。

方式 1 接收时,数据从引脚 RXD(P3.0)端输入。接收是在 SCON 寄存器中 REN 位置 1 的前提下,并检测到起始位(RXD 上检测到 1→0 的跳变,即起始位)而开始的。接收时,定时信号有两种(见图 7 - 12(b)):一种是接收移位时钟(RX 时钟),它的频率和传送波特率相同,也是由定时器 T1 的溢出信号经过 16 或 32 分频而得到的;另一种是位检测器采样脉冲,它的频率是 RX 时钟的 16 倍,亦即在一位数据期间有 16 位检测器采样脉冲,为完成检测,以 16 倍波特率的速率对 RXD 进行采

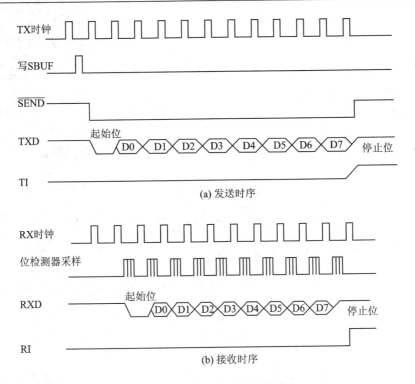

图 7 - 12　方式 1 发送和接收时序

样。为了接收准确无误,在正式接收数据之前,还必须判定这个 1→0 跳变是否是由干扰引起的。为此,在该位中间(即一位时间分成 16 等份,在第 7、第 8 及第 9 等份)连续对 RXD 采样 3 次,取其中两次相同的值进行判断。这样能较好地消除干扰的影响。当确认是真正的起始位(0)后,就开始接收一帧数据。当一帧数据接收完毕后,必须同时满足以下两个条件,这次接收才真正有效。

● RI=0,即上一帧数据接收完成时,RI=1 发出的中断请求已被响应,SBUF 中数据已被取走。由软件使 RI=0,以便提供"接收 SBUF 已空"的信息。

● SM2=0 或收到的停止位为 1(方式 1 时,停止位进入 RB8),则将接收到的数据装入串行口的 SBUF 和 RB8(RB8 装入停止位),并置位 RI;如果不满足,接收到的数据不能装入 SBUF,这意味着该帧信息将会丢失。

值得注意的是,在整个接收过程中,保证 REN=1 是一个先决条件。只有当 REN=1 时,才能对 RXD 进行检测。

3) 串行口方式 2 和方式 3

串行口工作在方式 2 和方式 3 均为每帧 11 位异步通信格式,由 TXD 和 RXD 发送与接收(两种方式操作是完全一样的,不同的只是特波率)。每帧 11 位,即 1 位起始位、8 位数据位(低位在前)、1 位可编程的第 9 数据位和 1 位停止位。发送时,第 9 数据位(TB8)可以设置为 1 或 0,也可将奇偶位装入 TB8,从而进行奇偶校验;接收时,第9数据位进入SCON的RB8。

方式2和方式3的发送、接收时序如图7-13所示。其操作与方式1类似。

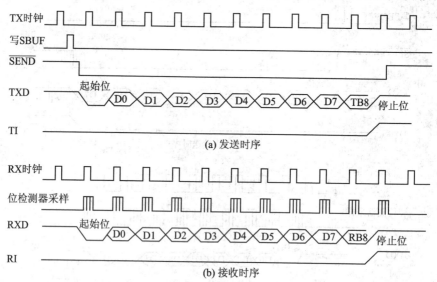

图 7 - 13　方式2、方式3发送和接收时序

发送前,先根据通信协议由软件设置TB8(如作奇偶校验位或地址/数据标志位),然后将要发送的数据写入SBUF,即可启动发送过程。串行口能自动把TB8取出,并装入到第9位数据位的位置,再逐一发送出去。发送完毕,使TI=1。

接收时,使SCON中的REN=1,允许接收。当检测到RXD(P3.0)端有1→0的跳变(起始位)时,开始接收9位数据,送入移位寄存器(9位)。当满足RI=0且SM2=0,或接收到的第9位数据为1时,前8位数据送入SBUF,附加的第9位数据送入SCON中的RB8,置RI为1;否则,此次接收无效,也不置位RI。

4. 波特率设计

在串行通信中,收发双方对发送或接收的数据速率有一定的约定,通过软件对89C51/S51串行口编程可约定4种工作方式。其中,方式0和方式2的波特率是固定的;而方式1和方式3的波特率是可变的,由定时器T1的溢出率来决定。

串行口的4种工作方式对应着3种波特率。由于输入的移位时钟来源不同,因此,各种方式的波特率计算公式也不同。

1) 方式0的波特率

方式0为同步移位寄存器输入/输出方式。此时,串行数据通过RXD输入或输出,而TXD用于输出移位时钟,作为外接部件的同步信号。如图7-14所示。

由图7-14可见,方式0时,发送或接收一位数据的移位时钟脉冲由S6(即第6个状态周期,第12个节拍)给出,即每个机器周期产生一个移位时钟,发送或接收一位数据。因此,波特率固定为振荡频率的1/12,并不受PCON寄存器中SMOD位的

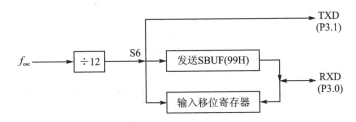

图 7 - 14　串行口方式 0 波特率的产生

影响。

$$方式\ 0\ 波特率 \cong f_{osc}/12$$

注意：符号"$\cong$"表示左面的表达式只是引用右面表达式的数值，即右面的表达式提供了一种计算的方法。

2) 方式 2 的波特率

串行口方式 2 波特率的产生与方式 0 不同，即输入的时钟源不同，其时钟输入部分如图 7 - 15 所示。控制接收与发送的移位时钟由振荡频率 f_{osc} 的第二节拍 P2 时钟（即 $f_{osc}/2$）给出，所以，方式 2 波特率取决于 PCON 中 SMOD 位的值：当 SMOD＝0 时，波特率为 f_{osc} 的 1/64；若 SMOD＝1，则波特率为 f_{osc} 的 1/32。即

$$方式\ 2\ 波特率 \cong \frac{2^{\text{SMOD}}}{64} \times f_{osc}$$

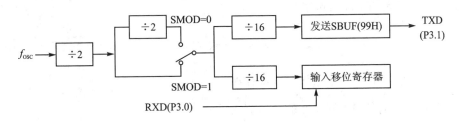

图 7 - 15　串行口方式 2 波特率的产生

3) 方式 1 和方式 3 的波特率

方式 1 和方式 3 的移位时钟脉冲由定时器 T1 的溢出率决定，如图 7 - 16 所示。因此，89C51/S51 串行口方式 1 和方式 3 的波特率由定时器 T1 的溢出率与 SMOD 值同时决定。即

$$方式\ 1、方式\ 3\ 波特率 \cong T1\ 溢出率 / n$$

当 SMOD＝0 时，$n=32$；当 SMOD＝1 时，$n=16$。所以，可用下式确定方式 1 和方式 3 的波特率：

$$方式\ 1、方式\ 3\ 波特率 \cong \frac{2^{\text{SMOD}}}{32} \times (T1\ 溢出速率)$$

式中：T1 溢出速率取决于 T1 的计数速率（计数速率 $\cong f_{osc}/12$）和 T1 预置的初值。

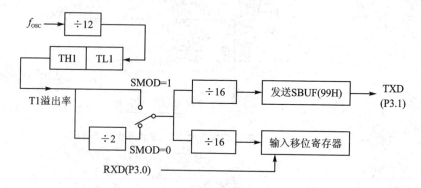

图 7 - 16　串行口方式 1 和方式 3 波特率的产生

若定时器 T1 采用模式 1,则波特率公式如下:

$$串行方式 1、方式 3 波特率 \cong \frac{2^{SMOD}}{32} \times \frac{f_{OSC}}{12}/(2^{16} - 初值)$$

表 7 - 2 列出了串行口方式 1、方式 3 的常用波特率及其初值。

定时器 T1 用作波特率发生器时,通常选用定时器模式 2(自动重装初值定时器)比较实用。应设置定时器 T1 为定时方式(使 $C/\overline{T}=0$),让 T1 计数内部振荡脉冲,即计数速率为 $f_{OSC}/12$(注意应禁止 T1 中断,以免溢出而产生不必要的中断)。先设定 TH1 和 TL1 定时计数初值为 X,那么每过 (2^8-X) 个机器周期,定时器 T1 就会产生一次溢出。因此,T1 溢出速率为:

$$T1 溢出速率 \cong \frac{f_{OSC}}{12}/(2^8 - X)$$

$$串行口方式 1、方式 3 波特率 \cong \frac{2^{SMOD}}{32} \times \frac{f_{OSC}}{12 \times (256 - X)}$$

于是,可得出定时器 T1 模式 2 的初始值 X:

$$X \cong 256 - \frac{f_{OSC} \times (SMOD + 1)}{384 \times 波特率}$$

表 7 - 2　常用波特率与其他参数选取关系

串行口工作方式	波特率/(kb/s)	f_{OSC}/MHz	定时器 T1			
			SMOD	$C/\overline{T}$	模　式	定时器初值
方式 0	1 000	12	×	×	×	×
方式 2	375	12	1	×	×	×
	187.5	12	0	×	×	×

续表 7 - 2

串行口工作方式	波特率/(kb/s)	f_{osc}/MHz	定时器 T1			
			SMOD	C/$\overline{T}$	模　式	定时器初值
方式 1 和方式 3	62.5	12	1	0	2	FFH
	19.2	11.059	1	0	2	FDH
	9.6	11.059	0	0	2	FDH
	4.8	11.059	0	0	2	FAH
	2.4	11.059	0	0	2	F4H
	1.2	11.059	0	0	2	E8H
	0.137 5	11.059	0	0	2	1DH
	0.11	12	0	0	1	FEEBH
方式 0	500	6	×	×	×	×
方式 2	187.5	6	1	×	×	×
方式 1 和方式 3	19.2	6	1	0	2	FEH
	9.6	6	1	0	2	FDH
	4.8	6	0	0	2	FDH
	2.4	6	0	0	2	FAH
	1.2	6	0	0	2	F3H
	0.6	6	0	0	2	E6H
	0.11	6	0	0	2	72H
	0.055	6	0	0	1	FEEBH

【例 7 - 1】　89C51/S51 单片机时钟振荡频率为 11.059 2 MHz,选用定时器 T1 工作模式 2 作为波特率发生器,波特率为 2 400 b/s,求初值。

　　解:设置波特率控制位(SMOD)=0,则:

$$X \cong 256 - \frac{11.059\ 2 \times 10^6 \times (0+1)}{384 \times 2\ 400} = 244 = \text{F4H}$$

所以,(TH1)=(TL1)=F4H。

　　系统晶体振荡频率选为 11.059 2 MHz 就是为了使初值为整数,从而产生精确的特波率。

　　如果串行通信选用很低的波特率,则可将定时器 T1 置于模式 0 或模式 1,即 13 位或 16 位定时方式;但在这种情况下,T1 溢出时,须用中断服务程序重装初值。中断响应时间和执行指令时间会使波特率产生一定的误差,可用改变初值的办法加以调整。

7.2.2　89C51/S51 串行口的应用

如前所述,89C51/S51 串行口的工作主要受串行口控制寄存器 SCON 的控制,另外,也和电源控制寄存器 PCON 有关系。SCON 寄存器用来控制串行口的工作方式,还有一些其他的控制作用。

89C51/S51 单片机串行口的 4 种工作方式传送的数据位数叙述如下:

- 方式 0:移位寄存器输入/输出方式。串行数据通过 RXD 线输入或输出,而 TXD 线专用于输出时钟脉冲给外部移位寄存器。方式 0 可用来同步输出或接收 8 位数据(最低位首先输出),波特率固定为 $f_{osc}/12$。其中,f_{osc} 为单片机的振荡器频率。
- 方式 1:10 位异步接收/发送方式。一帧数据包括 1 位起始位(0)、8 位数据位和 1 位停止位(1)。串行接口电路在发送时能自动插入起始位和停止位;在接收时,停止位进入特殊功能寄存器 SCON 的 RB8 位。方式 1 的传送波特率是可变的,可通过改变内部定时器的定时值来改变波特率。
- 方式 2:11 位异步接收/发送方式。除了 1 位起始位、8 位数据位和 1 位停止位之外,还可以插入第 9 位数据位。
- 方式 3:同方式 2,只是波特率可变。

1. 串行口方式 0 的应用

89C51/S51 单片机串行口基本上是异步通信接口,但在方式 0 时是同步操作。外接串入-并出或并入-串出器件,可实现 I/O 的扩展。

串行口方式 0 的数据传送可以采用中断方式,也可以采用查询方式。无论哪种方式,都要借助于 TI 或 RI 标志。在串行口发送时,或者靠 TI 置位后引起中断申请,在中断服务程序中发送下一组数据;或者通过查询 TI 的值,只要 TI 为 0 就继续查询,直到 TI 为 1 后结束查询,进入下一个字符的发送。在串行口接收时,由 RI 引起中断或对 RI 查询来决定何时接收下一个字符。无论采用什么方式,在开始串行通信前,都要先对 SCON 寄存器初始化,进行工作方式的设置。在方式 0 中,SCON 寄存器的初始化只是简单地把 00H 送入 SCON 就可以了。

2. 串行口方式 1 的发送和接收

【例 7 - 2】　89C51/S51 串行口按双工方式收发 ASCII 字符,最高位用来作奇偶校验位,采用奇校验方式,要求传送的波特率为 1 200 b/s。编写有关的通信程序。

解:7 位 ASCII 码加 1 位奇校验共 8 位数据,故可采用串行口方式 1。

89C51/S51 单片机的奇偶校验位 P 是当累加器 A 中 1 的数目为奇数时,P=1。如果直接把 P 的值放入 ASCII 码的最高位,恰好成了偶校验,与要求不符。因此,要把 P 的值取反以后放入 ASCII 码最高位,才是要求的奇校验。

双工通信要求收、发能同时进行。实际上,收、发操作主要是在串行接口进行,

CPU 只是把数据从接收缓冲器读出和把数据写入发送缓冲器。数据传送用中断方式进行,响应中断以后,通过检测是 RI 置位还是 TI 置位来决定 CPU 是进行发送操作还是接收操作,发送和接收都通过调用子程序来完成。设发送数据区的首地址为20H,接收数据区的首地址为 40H,f_{osc} 为 6 MHz,通过查波特率初值(表 7 - 2)可知定时器的初装值为 F3H。定时器 T1 采用工作模式 2,可以避免计数溢出后用软件重装定时初值的工作。

主程序:

```
        MOV     TMOD,#20H       ;定时器1设为模式2
        MOV     TL1,#0F3H       ;定时器初值
        MOV     TH1,#0F3H       ;8 位重装值
        SETB    TR1             ;启动定时器1
        MOV     SCON,#50H       ;将串行口设置为方式1,REN = 1
        MOV     R0,#20H         ;发送数据区首址
        MOV     R1,#40H         ;接收数据区首址
        ACALL   SOUT            ;先输出一个字符
        SETB    ES
        SETB    EA
LOOP:   SJMP    $               ;等待中断
```

中断服务程序:

```
        ORG     0023H           ;串行口中断入口
        AJMP    SBR1            ;转至中断服务程序
        ORG     0100H
SBR1:   JNB     RI,SEND         ;TI = 1,为发送中断
        ACALL   SIN             ;RI = 1,为接收中断
        SJMP    NEXT            ;转至统一的出口
SEND:   ACALL   SOUT            ;调用发送子程序
NEXT:   RETI                    ;中断返回
```

发送子程序:

```
SOUT:   CLR     TI
        MOV     A,@R0           ;取发送数据到 A
        MOV     C,P             ;奇偶标志赋予 C
        CPL     C               ;奇校验
        MOV     ACC.7,C         ;加到 ASCII 码高位
        INC     R0              ;修改发送数据指针
        MOV     SBUF,A          ;发送 ASCII 码
        RET                     ;返回
```

接收子程序:

```
SIN:    CLR     RI
        MOV     A,SBUF          ;读出接收缓冲区内容
        MOV     C,P             ;取出校验位
        CPL     C               ;奇校验
        JC      ERROR
        ANL     A,#7FH          ;删去校验位
        MOV     @R1,A           ;读入接收缓冲区
        INC     R1              ;修改接收数据指针
        RET                     ;返回
ERROR:(略)
```

若在主程序中已初始化 REN＝1,则允许接收。以上程序基本上具备了全双工通信的能力,但不能说很完善。例如,在接收子程序中,虽然检验了奇偶校验位,但没有进行出错处理;另外,发送和接收数据区的范围都很有限,也不能满足实际需要。但有了一个基本的框架之后,逐渐完善还是可以做到的。

【例 7 - 3】　由串行口接收带奇偶校验位的数据块。

解:采用查询方式,本例与上例相呼应,接收器把接收到的 32 字节数据存放在 20H～3FH 单元内,波特率同上。若奇校验出错,则置进位位为 1。

主程序:

```
        MOV     SCON,#01010000B     ;设串口方式 1,允许接收
        MOV     TMOD,#20H           ;设置定时器 T1 为模式 2
        MOV     TL1,#0E8H           ;初值,波特率为 1 200 b/s
        MOV     TH1,#0E8H
        SETB    TR1                 ;启动 T1 运行
        MOV     R0,#20H
        MOV     R7,#32              ;数据块长度
LOOP:   ACALL   SP-IN               ;调接收一帧子程序
        JC      ERROR               ;由 SP-IN 中"CPL  C"结果决定
        MOV     @R0,A               ;存放接收的数据
        INC     R0
        DJNZ    R7,LOOP
        ⋮
```

接收一帧子程序:

```
SP-IN:  JNB     RI,$                ;RI 由硬件置位
        CLR     RI                  ;软件清除 RI
        MOV     A,SBUF
        MOV     C,P                 ;检查奇校验位
        CPL     C                   ;置 C 为主程序"JC ERROR"用
        ANL     A,#7FH              ;去掉奇校验位
        RET
```

ERROR：（略）

【例 7-4】 利用串行口和堆栈技术发送字符串常量。

解：上面两个例子中，发送和接收的都是一些变量数据，且存放在内部 RAM 单元中。现说明如何利用堆栈技术发送存放在程序存储器内的字符串常量。本例中，这些字符串是发送给 CRT 终端的，以回车符（CR）和换行符（LF）开始，以换码符（ESC）为结尾。下面是程序片断：

```
        CR  EQU    0DH              ;ASCII 回车符
        LF  EQU    0AH              ;ASCII 换行符
        ESC EQU    1BH              ;ASCII 换码符
            ⋮
            MOV    TMOD,#20H        ;设置定时器 T1 为模式 2
            MOV    TL1,#0FDH        ;设波特率为 9 600 b/s(f_osc = 11.059 MHz)
            MOV    TH1,#0FDH
            SETB   TR1              ;启动 T1 运行
            MOV    SCON,#01000000B  ;设置串行口方式 1
            ACALL  XSTRING
            DB     CR,LF
            DB     'NU &BIAA'       ;字符串常量
            DB     ESC
            ⋮
XSTRING:    POP    DPH              ;把第 1 个字符的地址装入 DPTR
            POP    DPL
XSTR-1:     CLR    A                ;设偏移量为 0
            MOVC   A,@A+DPTR        ;取第 1 个字符
XSTR-2:     MOV    SBUF,A           ;启动一帧发送过程
            JNB    TI,$             ;等待发送一帧完
            CLR    TI
            INC    DPTR             ;指向下一字符
            CLR    A                ;偏移量为 0
            MOVC   A,@A+DPTR        ;取下一字符
            CJNE   A,#ESC,XSTR-2    ;读到 ESC 符时,停止发送
            MOV    A,#1
            JMP    @A+DPTR          ;返回执行 ESC 符后的一条指令,即接着执行背景程序
```

说明：程序中采用了"ACALL XSTRING"指令，而实际上由 XSTRING 开始的程序段形式上并不构成一个子程序，因为子程序应由 RET 作为结尾。采用 ACALL 指令的目的在于利用子程序调用协议，即执行调用指令后，把一个单元(存放常量 CR)的地址压入了堆栈。这样，XSTRING 段的第 1、2 条指令执行后，就把放置字符常量 CR 的单元地址置入 DPTR 了。ESC 后一个单元应是背景程序中送完字符串后要执行的那条指令，故执行完 XSTRING 程序段的最后 2 条指令，将继续执行背景

程序。

3. 串行口方式 2、方式 3 的发送和接收

串行口方式 2 与方式 3 基本一样（只是波特率设置不同），接收/发送 11 位信息：开始为 1 位起始位（0），中间 8 位数据位，数据位之后为 1 位程控位（由用户置 SCON 的 TB8 决定），最后是 1 位停止位（1）。只比方式 1 多了一位程控位。

【例 7 - 5】 用第 9 个数据位作奇偶校验位，编制串行口方式 2 的发送程序。

解：设计一个发送程序，将片内 RAM 50H～5FH 中的数据串行发送；串行口设定为方式 2 状态，TB8 作奇偶校验位。在数据写入发送缓冲器之前，先将数据的奇偶位 P 写入 TB8，这时，第 9 位数据作奇偶校验用。

方式 2 发送程序流程图如图 7 - 17 所示。

程序清单如下：

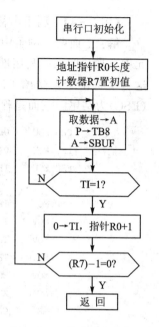

图 7 - 17　程序流程图

```
TRT:    MOV   SCON,#80H    ;方式 2 设定
        MOV   PCON,#80H    ;取波特率为 f_osc/32
        MOV   R0,#50H      ;首地址 50H→R0
        MOV   R7,#10H      ;数据长度 10H→R7
LOOP:   MOV   A,@R0        ;取数据→A
        MOV   C,PSW.0      ;P→TB8
        MOV   TB8,C
        MOV   SBUF,A       ;数据→SBUF,启动发送
WAIT:   JBC   TI,CONT      ;判断发送中断标志
        SJMP  WAIT
CONT:   INC   R0
        DJNZ  R7,LOOP
        RET
```

【例 7 - 6】 编制一个串行口方式 2 接收程序，并核对奇偶校验位。

解：根据上面介绍的特点，在方式 2、方式 3 的发送过程中，将数据和附加在 TB8 中的奇偶位一起发向对方。因此，作为接收的一方应设法取出该奇偶位进行核对，相应的接收程序段为：

```
RRR:      MOV   SCON,#90H    ;选方式 2,并允许接收(REN = 1)
LOOP:     JBC   RI,RECEIV    ;等待接收数据并清 RI
          SJMP  LOOP
RECEIV:   MOV   A,SBUF       ;将接收到的字符取出后,送到 ACC。注意,传送指令
                            ;影响 PSW,产生接收端的奇偶值
```

```
        JB    PSW.0,ONE         ;判断接收端的奇偶值
        JB    RB8,ERR           ;判断发送端的奇偶值
        SJMP  RIGHT
ONE:    JNB   RB8 ,ERR
RIGHT:  …                       ;接收正确
        ⋮
ERR:    …                       ;接收有错
```

当接收到一个字符时,从 SBUF 转移到 ACC 中时会产生接收端的奇偶值,而保存在 RB8 中的值为发送端的奇偶值,两个奇偶值应相等,否则接收字符有错。发现错误要及时通知对方重发。

7.3　89C51/S51 与 89C51/S51 点对点异步通信

利用 89C51/S51 的串行口可以实现两个 89C51/S51 单片机间的串行异步通信。

7.3.1　通信协议

要想保证通信成功,通信双方必须有一系列的约定。比如,作为发送方,必须知道什么时候发送信息,发什么;对方是否收到,收到的内容有没有错,要不要重发;怎样通知对方结束等等。作为接收方,必须知道对方是否发送了信息,发的是什么;收到的信息是否有错,如果有错怎样通知对方重发;怎样判断结束等。这种约定就叫做通信规程或协议,必须在编程之前确定下来。要想使通信双方能够正确交换信息和数据,在协议中对什么时候开始通信,什么时候结束通信,何时交换信息等等都必须作出明确的规定。只有双方遵守这些规定,才能顺利地进行通信。

7.3.2　波特率设置

在串行通信中,一个重要的指标是波特率,它反映了串行通信的速率,也反映了对传输通道的要求。波特率越高,要求传输通道的频带越宽。一般异步通信的波特率为 50~9 600 b/s。

由于异步通信双方各用自己的时钟源,要保证捕捉到的信号正确,最好采用较高频率的时钟。一般选择时钟频率比波特率高 16 倍或 64 倍。若时钟频率等于波特率,则频率稍有偏差便会产生接收错误。

在异步通信中,收、发双方必须事先规定两件事:一是字符格式,即规定字符各部分所占的位数是否采用奇偶校验以及校验的方式(是偶校验还是奇校验)等通信协议;二是采用的波特率以及时钟频率和波特率的比例关系。

89C51/S51 串行通信的波特率(由图 7-16 可知)由定时器 T1 的溢出率获得(仅指串行口方式 1、方式 3 时)。当串行口工作于方式 1 或方式 3 时,波特率为:

$$波特率 \cong \frac{2^{\text{SMOD}}}{32} \times \frac{f_{\text{OSC}}}{12}\left(\frac{1}{2^k - 初值}\right)$$

式中:k 为定时器 1 的位数。在定时器模式 0 时,$k = 13$;在定时器模式 1 时,$k = 16$;在定时器模式 2 和模式 3 时,$k = 8$。

若定时器 T1 工作于模式 1,采用 11.059 MHz 的晶振,要求利用定时器 1 产生 1 200 b/s 的波特率,则

$$波特率 \cong \frac{2^{\text{SMOD}}}{32} \times \frac{f_{\text{OSC}}}{12}\left(\frac{1}{2^{16} - 初值}\right)$$

令 SMOD = 0,可算得初值为:

$$初值 \cong 2^{16} - \frac{11.059 \times 10^6}{32 \times 12 \times 1\ 200} \approx 65\ 512 = \text{FFE8H}$$

那么,TH1 的初值为 0FFH,TL1 的初值为 0E8H。

有关程序如下:

```
MAIN:   SETB    PT1             ;设定 T1 为高中断优先级
        SETB    EA              ;开放 CPU 中断
        SETB    ET1             ;开放定时器 T1 中断
        MOV     TMOD,#01H       ;置定时器 T1 为模式 1
        MOV     TL1,#0E8H       ;装入初值
        MOV     TH1,#0FFH
        MOV     PCON,#00H       ;SMOD = 0
        SETB    TR1             ;启动 T1 运行
        ⋮
```

如果串行口工作于方式 1,T1 作为波特率发生器,需在 T1 溢出中断服务程序中重装初值。

T1 溢出中断服务程序为:

```
        MOV     TL1,#0E8H       ;重新装入初值
        MOV     TH1,#0FFH
        RETI                    ;中断返回
```

由于 T1 模式 2 是定时器自动重装载的操作模式,当定时器 T1 工作于模式 2 时,可直接用作串行口的波特率发生器。

与上例相同,算得重装载值为:

$$(\text{TH1}) \cong 2^8 - \frac{11.950 \times 10^6}{32 \times 12 \times 1\ 200} \approx 232 = \text{0E8H}$$

有关程序为:

```
        MOV     TMOD,#20H       ;置 T1 为模式 2
```

```
MOV     TL1，♯0E8H                 ;装入初值
MOV     TH1，♯0E8H
MOV     PCON，♯00H                 ;SMOD = 0
SETB    TR1                       ;启动 T1 运行
MOV     SCON，♯01000000B          ;设置串行口为方式 1
  ⋮
```

　　除非波特率很低,一般都采用 T1 模式 2。因为当 T1 溢出后,参数自动装入,可避免不必要的中断请求。

　　在 7.2 节中,表 7-2 给出了晶振 $f_{osc} = 6$ MHz 或 12 MHz 时,常用波特率和定时器的初装值。但要注意,表中的初装值和波特率之间是有一定误差的。

　　若晶振 $f_{osc} = 11.095$ MHz,设置波特率为 9 600 b/s,则定时器 T1 的初装值为 0FDH。设定时器操作于模式 2,SMOD = 0。

$$波特率 \cong \frac{2^{SMOD}}{32} \times \frac{f_{osc}}{12}\left(\frac{1}{2^8 - 初值}\right) \cong \frac{11.095 \times 10^6}{32 \times 12 \times (256 - 253)} = 9\ 599.83 \text{ b/s}$$

$$波特率误差 = \frac{9\ 600 \text{b/s} - 9\ 599.83 \text{ b/s}}{9\ 600 \text{ b/s}} = 0.001\ 8\%$$

　　若要求比较准确的波特率,可以通过调整单片机的时钟频率 f_{osc} 来得到,或者通过改变 SMOD 值来减少误差。

7.3.3　通信程序举例

　　【例 7-7】　设甲机发送,乙机接收。串行接口工作于方式 3(每帧数据为 11 位,第 9 位用于奇偶校验),两机均选用 6.000 0 MHz 的振荡频率,波特率为 2 400 b/s。通信的功能如下:

　　甲机:将片外数据存储器 4000H～407FH 单元的内容向乙机发送,每发送一帧信息,乙机对接收的信息进行奇偶校验。此例对发送的数据作偶校验,将 P 位值放在 TB8 中。若校验正确,则乙机向甲机回发"数据发送正确"的信号(例中以 00H 作为应答信号)。甲机收到乙机"正确"的应答信号后,再发送下一个字节。若奇偶校验有错,则乙机发出"数据发送不正确"的信号(例中以 FFH 作为应答信号)。甲机接收到"不正确"应答信号后,重新发送原数据,直至发送正确。甲机将该数据块发送完毕后停止发送。

　　乙机:接收甲机发送的数据,并写入以 4000H 为首址的片外数据存储器中。每接收一帧数据,乙机对所接收的数据进行奇、偶校验,并发出相应的应答信号,直至接收完所有数据。

　　解:
　　● 计算定时器计数初值 X

$$X \cong 256 - \frac{f_{\text{OSC}}}{波特率 \times 12 \times (32/2^{\text{SMOD}})}$$

将已知数据 $f_{\text{OSC}} = 6 \times 10^6$ Hz,波特率 = 2 400 b/s 代入,得:

$$X \cong 256 - \frac{6 \times 10^6}{2\ 400 \times 12 \times (32/2^{\text{SMOD}})}$$

取 SMOD = 0 时,$X = 249.49$。因取整数误差过大,故设 SMOD = 1,则 $X = 242.98 \approx$ 243 = F3H。因此,实际波特率 = 2 403.85 b/s。

- 流程图

能实现上述通信要求的甲、乙机流程图如图 7-18 和图 7-19 所示。

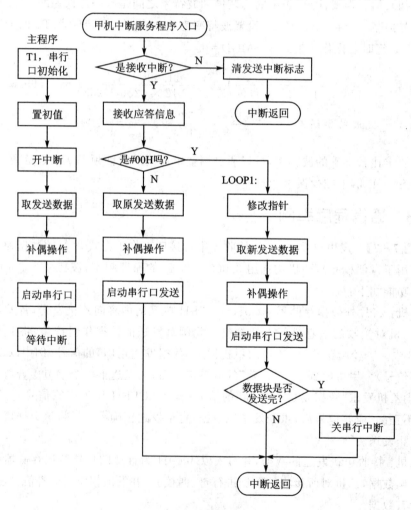

图 7-18　甲机发送流程

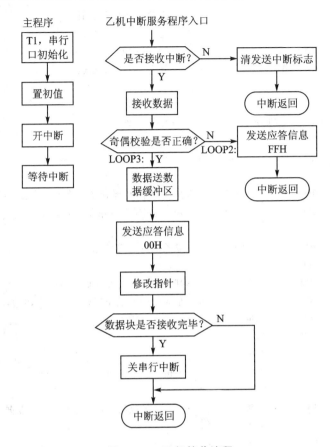

图 7 - 19　乙机接收流程

● 源程序

① 甲　机

主程序：

```
        ORG    0000H
        LJMP   MAIN              ;上电,转向主程序
        ORG    0023H             ;串行口的中断入口地址
        LJMP   SERVE1            ;转向甲机中断服务程序
        ORG    2000H             ;主程序
MAIN:   MOV    TMOD,#20H         ;设 T1 工作于模式 2
        MOV    TH1,#0F3H         ;赋计数初值
        MOV    TL1,#0F3H         ;赋计数值
        SETB   TR1               ;启动定时器 T1
        MOV    PCON,#80H         ;设 SMOD = 1
        MOV    SCON,#0D0H        ;置串行口方式 3,允许接收
        MOV    DPTR,#4000H       ;置数据块首址
```

```
        MOV     R0,#7FH             ;置发送字节数初值
        SETB    ES                  ;允许串行口中断
        SETB    EA                  ;CPU 开中断
        MOVX    A,@DPTR             ;取第一个数据发送
        MOV     C,P
        MOV     TB8,C               ;奇偶标志送 TB8
        MOV     SBUF,A              ;发送数据
        SJMP    $                   ;等待中断
```

中断服务程序:

```
SERVE1: JBC     RI,LOOP             ;是接收中断,清除 RI,转入接收乙机的应答信息
        CLR     TI                  ;是发送中断,清除此中断标志
        SJMP    ENDT
LOOP:   MOV     A,SBUF              ;取乙机的应答信息
        CLR     C
        SUBB    A,#01H              ;判断应答信号是#00H 吗?
        JC      LOOP1               ;是#00H,发送正确(#00H-#01H),C=1,转 LOOP1
        MOVX    A,@DPTR             ;否则甲机重发
        MOV     C,P
        MOV     TB8,C
        MOV     SBUF,A              ;甲机重发原数据
        SJMP    ENDT
LOOP1:  INC     DPTR                ;修改地址指针,准备发送下一个数据
        MOVX    A,@DPTR
        MOV     C,P
        MOV     TB8,C
        MOV     SBUF,A              ;发送
        DJNZ    R0,ENDT             ;数据块未发送完,返回继续发送
        CLR     ES                  ;全部发送完,禁止串行口中断
ENDT:   RETI                        ;中断返回
        END
```

② 乙 机
主程序:

```
        ORG     0000H
        LJMP    MAIN                ;上电,转向主程序
        ORG     0023H               ;串行口的中断入口地址
        LJMP    SERVE2              ;转向乙机中断服务程序
        ORG     2000H               ;主程序
MAIN:   MOV     TMOD,#20H           ;设 T1 工作于模式 2
        MOV     TH1,#0F3H           ;赋计数初值
        MOV     TL1,#0F3H           ;赋计数值
```

```
            SETB    TR1                         ;启动定时器 T1
            MOV     PCON,#80H                   ;设 SMOD=1
            MOV     SCON,#0D0H                  ;置串行口方式 3,允许接收
            MOV     DPTR,#4000H                 ;置数据区首址
            MOV     R0,#80H                     ;置接收字节数初值
            SETB    ES                          ;允许串行口中断
            SETB    EA                          ;CPU 开中断
            SJMP    $                           ;等待中断
```

中断服务程序:

```
    SERVE2: JBC     RI,LOOP                     ;是接收中断,清除此中断标志,转 LOOP(接收)
            CLR     TI                          ;是发送中断,清除此中断标志,中断返回
            SJMP    ENDT
    LOOP:   MOV     A,SBUF                      ;接收(读入)数据
            MOV     C,P                         ;奇偶标志送 C
            JC      LOOP1                       ;为奇数,转 LOOP1
            ORL     C,RB8                       ;为偶数,检测 RB8
            JC      LOOP2                       ;奇偶校验错,转 LOOP2
            SJMP    LOOP3
    LOOP1:  ANL     C,RB8                       ;检测 RB8
            JC      LOOP3                       ;奇偶校验正确,转 LOOP3
    LOOP2:  MOV     A,#0FFH
            MOV     SBUF,A                      ;发送"不正确"应答信号
            SJMP    ENDT
    LOOP3:  MOVX    @DPTR,A                     ;存放接收数据
            MOV     A,#00H
            MOV     SBUF,A                      ;发送"正确"应答信号
            INC     DPTR                        ;修改数据区指针
            DJNZ    R0,ENDT                     ;数据块尚未接收完,返回
            CLR     ES                          ;所有数据接收完毕,禁止串行口中断
    ENDT:   RETI                                ;中断返回
            END
```

7.4　89C51/S51 与 PC 机间通信

7.4.1　单片机与 PC 机通信的接口电路

利用 PC 机配置的异步通信适配器,可以很方便地完成 PC 机与 89C51/S51 单片机的数据通信。

PC 机与 89C51/S51 单片机最简单的连接是零调制 3 线经济型,这是进行全双

工通信所必须的最少数目的线路。

由于89C51/S51单片机输入、输出电平为 TTL 电平,而 PC 机配置的是 RS-232C 标准串行接口,二者的电气规范不一致,因此,要完成 PC 机与单片机的数据通信,必须进行电平转换。

现在采用 MAX232 单芯片实现89C51/S51 单片机与 PC 机的 RS-232C 标准接口通信电路。

现从 MAX232 芯片中两路发送接收中任选一路作为接口。应注意其发送、接收的引脚要对应。如果使 $T1_{IN}$ 接单片机的发送端 TXD,则 PC 机的 RS-232 的接收端 RXD 一定要对应接 $T1_{OUT}$ 引脚。同时,$R1_{OUT}$ 接单片机的 RXD 引脚,PC 机的 RS-232 的发送端 TXD 对应接 $R1_{IN}$ 引脚。其接口电路如图7-20所示。

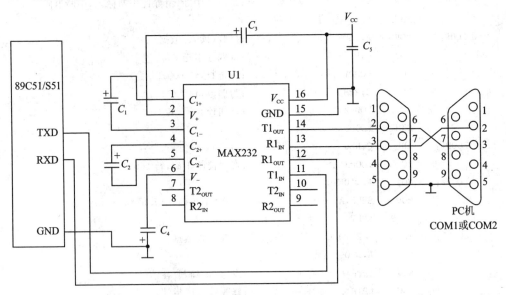

注:$C_1 \sim C_4 = 1\ \mu F$,要用钽电容(独石电容效果不好),电容要尽量靠近 MAX232

图7-20　采用 MAX232 接口的串行通信电路图

7.4.2　PC 机通信软件

1. 通信协议

- 波特率:1 200 b/s;
- 信息格式:8 位数据位,1 位停止位,无奇偶检验;
- 传送方式:PC 机采用查询方式收发数据,89C51/S51 采用中断方式接收,查询方式发送;
- 校验方式:累加和校验;
- 握手信号:采用软件握手。发送方在发送之前先发一联络信号(用"?"号的 ASCII 码,接收方接到"?"号后回送一个"."号作为应答信号),随后依次发

送数据块长度(字节数),发送数据,最后发送校验和。收方在收到发送方发
过来的校验和后与自己所累加的校验和相比较。若相同,则回送一个"0",表
示正确传送并结束本次的通信过程;若不相同,则回送一个"F",并使发送方
重新发送数据,直到接收正确为止。

2. PC 机发送文件子程序

首先介绍通过串口发送一个文件的函数 sendf( )。规定欲发送的这个文件存在
当前盘上,并且为了便于说明问题,只传送总字节小于 256 个字符的文件。

sendf( )函数程序流程图如图 7 - 21 所示。

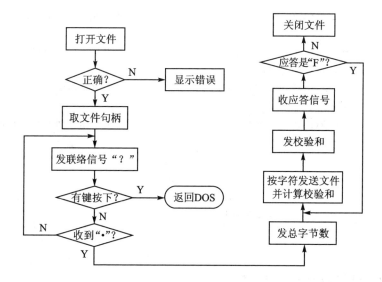

图 7 - 21　PC 机发送文件子函数 sendf( )流程图

PC 机发送文件子函数 sendf( )的程序清单如下:

```
void sendf(char * fname)
    {FILE * fp;
    char ch;
    int handle, count, sum = 0;
    if ((fp = fopen(fname,"r")) = = NULL)
        {printf("不能打开输入文件! \n");
          exit(1);
        }
    handle = fileno(fp);                        / * 取得文件句柄 * /
    count = filelength(handle);                 / * 取得文件总字节数 * /
    printf("准备发送文件...\n");
    do
        {ch = '?';                              / * 发送联络信号"?" * /
          sport(ch);
```

```
        }while(rport()! = '·');            /* 直到接到应答信号为止 */
    sport(count);                          /* 发送总字节数 */
    rep:
    for(;count;count − − )
      {ch = getc(fp);                      /* 从文件中取一个字符 */
       sum = sum + ch;                     /* 累加校验和 */
       if (ferror(fp))
         {printf("读文件有错误\n");
          break;
         }
         sport(ch);                        /* 从串口发一个字符 */
      }
      sport(sum);                          /* 发送累加校验和 */
      if (rport() = = 'F')
        {count = filelength(handle);       /* 发送错误则重发 */
         sum = 0;
         fseek(fp, − count,1);             /* 文件指针回退 COUNT 字节 */
         goto rep;
        }
      else
          {fclose(fp);
           printf("发送文件结束\n");
          }
  }
```

3. PC 机接收文件子程序

接收函数 receivef( )采用查询方式从串口接收一个总字节数小于 256 个字符的文件,接收的文件也存于当前盘上。

接收文件子函数 receivef( )的程序流程图如图 7 − 22 所示。

```
void receivef(char  * fname)
    {FILE  * fp;
    char ch;
    int count, temp, sum = 0;
    remove(fname);                         /* 盘上有同名文件将被删掉 */
    if ((fp = fopen(fname,"w")) = = NULL)
      {printf("不能打开输出文件\n");
       exit(1);
      }
    printf("接收文件名: % s\n",fname);
    while(rport( )! = '?');                /* 收到联络信号"?" */
    ch = '·';
```

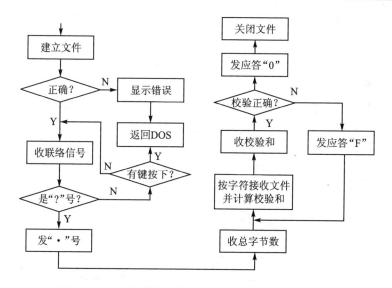

图 7 - 22　PC 机接收文件子函数 receivef( )程序流程图

```
sport(ch);                              /* 发应答信号"·" */
temp = rport( );                        /* 收总字节数 */
count = temp;
rep:
for (;count;count - -)
    {ch = rport( );                     /* 从串口接收一个字符 */
    putc(ch,fp);                        /* 将一个字符写入文件 */
    sum = sum + ch;                     /* 累加校验和 */
    if (ferror(fp))
        {printf("写文件有错误\n");
         exit(1);
        }
    }
    if (rport( )! = sum)
        {ch = 'F';
         sport(ch);                     /* 校验和有错误,发"F" */
         count = temp;
         sum = 0;
         fseek(fp, - count,1);          /* 文件指针回退 COUNT 个字节 */
         goto rep;
        }
    else
        {ch = '0';
         sport(ch);                     /* 校验和正确,发"0" */
         fclose(fp);
```

```
        printf("接收文件结束\n");
    }
}
```

4. PC 机主程序(函数)

在有了上述发送和接收文件两个子函数之后,主函数的编写就非常简单了。主函数的工作只是在完成串口初始化后,根据键入的命令来决定是发送文件还是接收文件。

主函数流程图如图 7-23 所示。

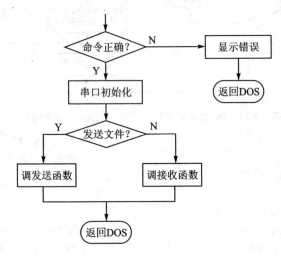

图 7-23　PC 机主函数流程图

PC 机主函数如下:

```
main(int argc, char * argv[])
{   while(argc! = 3)
    {printf("命令行命令不正确,请重新键入命令! \n");
     exit(1);
    }
bioscom(0,0x83,0);                        /*串口初始化*/
if(tolower( * argv[1]) = = 's')
    sendf(argv[2]);
else if(tolower( * argv[1]) = = 'r')
        receivef(argv[2]);
}
```

这里采用的是带参主函数 main(int argc,char * argv[])。其中,argc 是一个整型变量,argv[]是一个字符型指针数组。利用 main()函数的参数可以使主程序从系统得到所需数据(也就是说带参函数可直接从 DOS 命令行中得到参数值,当然,这些值是字符串)。当程序运行时(在 DOS 下执行.EXE文件),可以根据输入的命令行参数进行相应的处理。

例如,执行程序 mypro 时,若要从当前盘上将名为 f1.c 的文件从串口发送出去,则须键入下述命令:

```
mypro └s └f1.c    ↙
```

其中,mypro 是源文件 mypro.c 经编译连接后生成的可执行文件 mypro.exe。
键入命令:

```
mypro └r └f2.c    ↙
```

可以从串口接收若干字符,并写入当前盘上名为 f2.c 的文件中。

7.4.3　89C51 通信软件设计

1. 单片机查询发送子程序

本程序将片外 RAM 从 1000H 开始的小于 256 字节的数据从串行口发送出去,发送的数据字节数在 R7 中,用 R6 作累加和寄存器。程序流程图如图 7-24 所示。
单片机查询发送子程序如下:

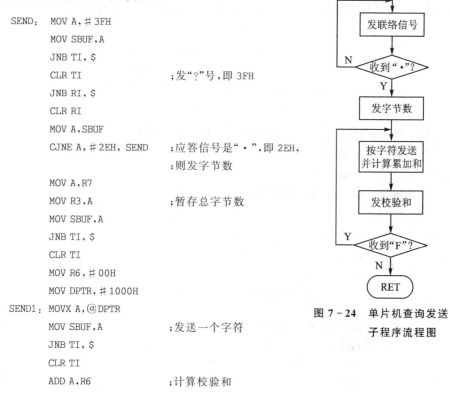

```
SEND:   MOV A,#3FH
        MOV SBUF,A
        JNB TI,$
        CLR TI              ;发"?"号,即 3FH
        JNB RI,$
        CLR RI
        MOV A,SBUF
        CJNE A,#2EH,SEND    ;应答信号是"·",即 2EH,
                            ;则发字节数
        MOV A,R7
        MOV R3,A            ;暂存总字节数
        MOV SBUF,A
        JNB TI,$
        CLR TI
        MOV R6,#00H
        MOV DPTR,#1000H
SEND1:  MOVX A,@DPTR
        MOV SBUF,A         ;发送一个字符
        JNB TI,$
        CLR TI
        ADD A,R6           ;计算校验和
        MOV R6,A
```

图 7-24　单片机查询发送
子程序流程图

```
        INC DPTR
        DJNZ R7,SEND1         ;计数器(R7)不为 0 则转 SEND1
        MOV A,R6
        MOV SBUF,A
        JNB TI,$
        CLR TI                ;发送校验和
        JNB RI,$
        CLR RI
        MOV A,SBUF
        CJNE A,#4FH,SEND2     ;如收到应答是"F",即 46H,则重发数据
        RET
SEND2:  MOV DPTR,#1000H
        MOV R6,#00H
        MOV A,R3
        MOV R7,A
        AJMP SEND1
```

2. 单片机接收中断服务子程序

在中断服务子程序中,为了区别所接收的信号是联络信号还是字节数,是数据还是校验和,需要设立不同的标志位,为此在可位寻址的 RAM 中设定:

位地址	
00H	接收联络信号标志位
01H	接收字节数标志位
02H	接收数据标志位
03H	接收文件结束标志位

在初始化时,这些位均为 0。程序流程图如图 7 - 25 所示。

在中断服务子程序中,将接收到的字节数存入 R7 中,接收的数据存入片外 RAM 从 1000H 开始的单元中。

单片机接收中断服务子程序如下:

```
RECE:   CLR ES
        CLR RI
        JB 00H,RECE1
        MOV A,SBUF
        CJNE A,#3FH,RECE2     ;收到的不是"?"号则退出
        MOV A,#2EH
        MOV SBUF,A
        JNB TI,$
        CLR TI               ;发送应答信号"·",即 2EH
        SETB 00H
        SETB ES
```

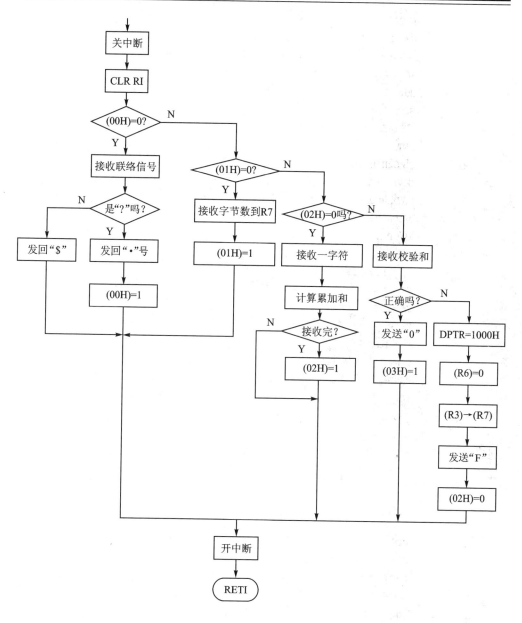

图 7-25　单片机接收中断服务子程序流程图

```
        RETI
RECE2:  MOV A,#24H
        MOV SBUF,A
        JNB TI,$
        CLR TI              ;发送应答信号"$",即 24H
        SETB ES
```

```
            RETI
RECE1：     JB 01H,RECE4
            MOV A,SBUF              ;接收字节数
            MOV R7,A
            MOV R3,A               ;暂存总字节数
            SETB 01H
            SETB ES
            RETI
RECE4：     JB 02H,RECE5
            MOV A,SBUF             ;接收一字符
            MOVX @DPTR,A           ;存入片外 RAM 中
            ADD A,R6
            MOV R6,A
            INC DPTR
            DJNZ R7,RECE7
            SETB 02H
RECE7：     SETB ES
            RETI
RECE5：     MOV A,SBUF
            CJNE A,06H,RECE8       ;06H 为 R6 的字节地址
            MOV A,#4FH             ;校验和不正确,重发数据
            MOV SBUF,A
            JNB TI,$
            CLR TI                 ;校验正确发"0",即 4FH
            SETB 03H
            SETB ES
            RETI
RECE8：     MOV DPTR,#1000H
            MOV R6,#00H
            MOV A,R3
            MOV R7,A
            MOV A,#46H
            MOV SBUF,A
            JNB TI,$
            CLR TI                 ;校验不正确发"F",即 46H
            CLR 02H
            SETB ES
            RETI
```

3. 单片机主程序

主程序流程图如图 7-26 所示。

单片机主程序如下：

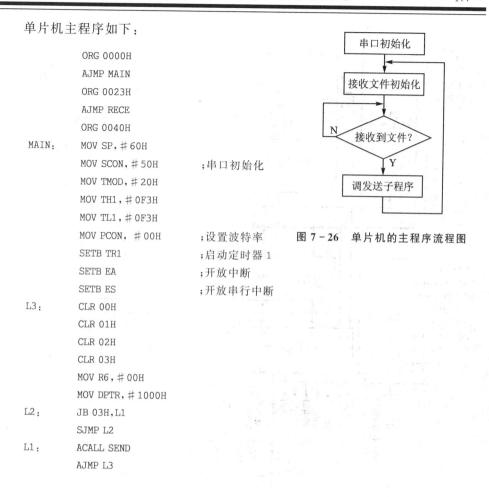

```
        ORG 0000H
        AJMP MAIN
        ORG 0023H
        AJMP RECE
        ORG 0040H
MAIN:   MOV SP,＃60H
        MOV SCON,＃50H        ;串口初始化
        MOV TMOD,＃20H
        MOV TH1,＃0F3H
        MOV TL1,＃0F3H
        MOV PCON,＃00H        ;设置波特率
        SETB TR1             ;启动定时器1
        SETB EA              ;开放中断
        SETB ES              ;开放串行中断
L3:     CLR 00H
        CLR 01H
        CLR 02H
        CLR 03H
        MOV R6,＃00H
        MOV DPTR,＃1000H
L2:     JB 03H,L1
        SJMP L2
L1:     ACALL SEND
        AJMP L3
```

图 7 - 26　单片机的主程序流程图

7.5　无线单片机及其点到多点无线通信

7.5.1　无线单片机

无线单片机 NRF9E5 如图 7 - 27 所示，其内置无线收发器芯片 NRF905 的 433 MHz/868 MHz/915 MHz 收发器、8051 兼容单片机和 4 路输入 10 位 80 kb/s A/D 转换器，是真正的系统级芯片。

内置的 NRF905 的无线收发器，与专用的收发器一样，可以工作于 ShockBurst（自动处理前缀、地址和 CRC）方式。

NRF9E5 单片机全速运行耗电 1 mA，1.9～3.6 V 低电压工作，待机耗电 2 μA。它内置完整的通信协议和 CRC，只须通过 SPI 即可完成所有的无线收发传输，无线通信如同 SPI 通信一样方便。它的所有功能均在一个 5 mm×5 mm 芯片上实现，是真正的片上系统（SoC）。

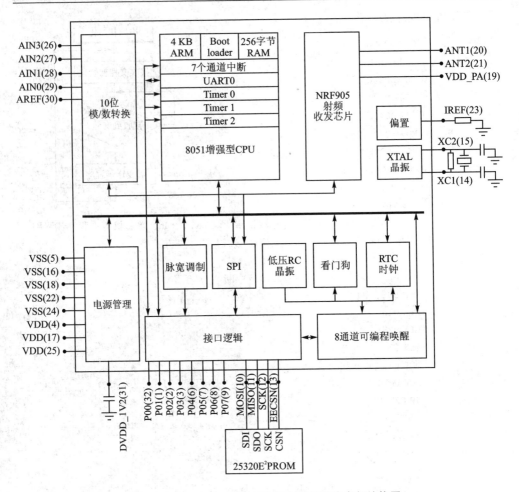

图 7 - 27　Nordic NRF9E5 无线单片机芯片内部结构图

从图 7 - 27 可以看到,NRF9E5 由一个 8051 的内核和一个 NRF905 的无线收发芯片组成。

NRF9E5 无线单片机通过内部并行口或内部 SPI 口与其他模块进行通信,具有同射频收发器 NRF905 相同的功能。无线单片机通过片内 MCU 的并行口或 SPI 口与其他单片机通信。如果数据准备好,则载波检测和地址匹配信号能够使单片机产生中断。

7.5.2　无线单片机实现点到多点的无线通信

以 NRF9E5 为例来实现点到多点 FDMA 无线通信,如图 7 - 28 所示。实验使用 3 个 NRF9E5 无线通信机、2 个发送机 Tx1 和 Tx2、1 个接收机 Rx。当发送机有按键按下时,发送机就会向接收机发送数据,直到收到应答为止。

无线单片机 Tx1 和 Tx2 在编程时,被强制固定在不同的子频道上,Tx1 和 Tx2

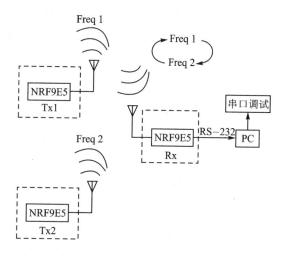

图 7-28　无线通信 FDMA 演示系统结构图

同时向 Rx 发送数据包(因为在不同的子频道上发射,所以在大气中,这些数据包不会发生碰撞,不会出现数据包的传输错误)。而 Rx 时时刻刻地扫描、监视大气中的不同子频道,发现有合格的数据包就会自动进行接收。这就实现了点(Rx)到多点(Tx1 和 Tx2)的可靠无线数据通信。

我们日常生活中使用的手机、工业控制的无线系统、无线传感器系统,都采用 FDMA 无线通信传输方式。

如果在 Tx1、Tx2 端接上温度传感器 LM61,即可实现远距离多点温度检测。

7.5.3　多点无线测温系统

目前很多地方使用的还是老式的有线温度传感器,而无线温度传感器不但能消除有线带来的麻烦,同时还能降低成本,如大气质量检测、湿度传感、开关量传送、高电压监控等。同样,无线单片机采用的是 NRF9E5,图 7-29 所示是多点无线测温系统框图。

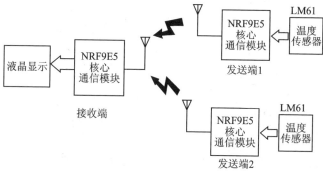

图 7-29　多点无线测温系统框图

无线温度传感器可以采用 FDMA 方式实现各个温度传感器之间的双向无线数据传输,这样,可以将全部传感器组成一个无线网络。温度传感器节点电路框图如图 7-30 所示。

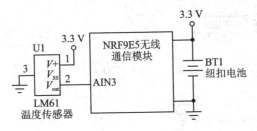

图 7-30　温度传感器节点电路框图

LM61 是美国国家半导体公司出品的一款模拟电压输出的温度传感器,测量温度范围为 $-30 \sim 100$ ℃,每上升或下降 1 ℃,输出电压增加或减少 10 mV,工作电压为 $2.7 \sim 10$ V。它的电路简单,不需要外围器件,直接将模拟电压输出端接到单片机 A/D 输入端即可对电压采样,并计算出温度。

这里使用了 NRF9E5 的片上 A/D 转换器,并且使用内部 1.22 V 基准电压,这样测量的温度上限不能达到 100 ℃,只能为 62 ℃左右。

这里只给出接收和发送的主程序,如图 7-31 和图 7-32 所示。

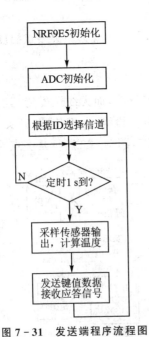

图 7-31　发送端程序流程图

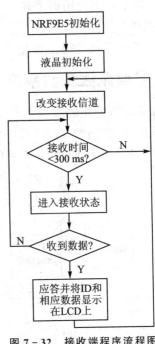

图 7-32　接收端程序流程图

7.6　RFID 技术与物联网的应用

7.6.1　物联网定义

　　物联网是新一代信息技术的重要组成部分。其英文名称是"The Internet of Things"。由此,顾名思义,"物联网就是物物相连的互联网"。这有两层意思:第一,物联网的核心和基础仍然是互联网,是在互联网基础上的延伸和扩展的网络;第二,其用户端延伸和扩展到了任何物品与物品之间,进行信息交换和通信。物联网就是"物物相连的互联网"。物联网通过智能感知、识别技术与普适计算、泛在网络的融合应用,被称为继计算机、互联网之后世界信息产业发展的第三次浪潮。物联网是互联网的应用拓展,指的是将各种信息传感设备,如射频识别(RFID)、二维码、GPS 等与互联网结合起来而形成一个巨大的网络,方便识别和管理,而 RFID 电子标签是核心技术。

　　例如,"农业无线传感网络系统"的应用,在办公室打开计算机就可对种植园内的各项参数,如土壤温湿度、日照、pH 值等一目了然,也可进行控制。

　　物联网架构可分为三层:感知层、网络层和应用层。感知层由各种传感器构成,包括温湿度传感器、二维码标签、RFID 标签和读/写器、摄像头、GPS 等感知终端。感知层是物联网识别物体、采集信息的来源;网络层由各种网络,包括互联网、广电网、网络管理系统和云计算平台等组成,是整个物联网的中枢,负责传递和处理感知层获取的信息;应用层是物联网和用户的接口,它与行业需求结合,实现物联网的智能应用。

7.6.2　RFID 技术

　　RFID 是 Radio Frequency Identification 的缩写,即射频识别,俗称电子标签。

　　RFID 射频识别是一种非接触式的自动识别技术,它通过射频信号自动识别目标对象并获取相关数据。识别工作无须人工干预,可工作于各种恶劣环境。RFID 是一种突破性的技术:第一,可以识别单个的非常具体的物体,而不是像条形码那样只能识别一类物体;第二,它采用无线电射频,可以透过外部材料读取数据,而条形码必须靠激光来读取信息;第三,可以同时对多个物体进行识读,而条形码只能一个一个地读;此外,储存的信息量也非常大。

　　最基本的 RFID 系统由两部分组成:一是标签(卡片),由高频电子线路加天线组成,每个标签具有唯一的电子编码;二是阅读器(读卡器),由高频电子线路、天线、微处理器等组成,可以读取(有时还可以写入)信息到标签。阅读器可设计为手持式或固定式。

　　RFID 技术的标签(卡片)根据不同的设计,分为 PassiveTag(无源标签或被动标签)和 ActiveTag(有源标签或主动标签)两种,主要区别在于是否自带电池等能源。

PassiveTag(无源标签或被动标签)本身没有电池,需要从读卡器获得能量才能工作。当标签进入磁场后,接收解读器发出的射频信号和能量,凭借感应电流所获得的能量发送出存储在芯片中的产品信息。这类标签体积可以很小、很薄,但通信距离较短,只有几厘米到几米。

ActiveTag(有源标签或主动标签)是一种新的技术,由于内含小型电池,所以通信距离可以达到几十米到几百米。无线单片机非常适合用来开发各种有源标签或主动标签。

这里我们讨论的是一个采用无线单片机技术开发的长距离 RFID 系统。系统由读卡器(包含天线)和卡片组成。目前有多种国际标准,卡片非常小,可以贴在包装箱上,采用读卡器可以在几十米、上百米外读到卡片中存储的信息。为了在同一频率范围内读/写很多标签(卡片),所以采用时分多址(TDMA)的方式对卡片进行读出和写入。该系统采用 3 V 电池和电路板天线等组成,电池的寿命可以很长。

系统构成如图 7 - 33 所示,长距离 RFID 系统由读卡器和有源卡片组成。读卡器周期性地发送同步信号,并接收由卡片返回的 ID 号,经串口送到 PC 机,在 PC 上显示每次接收到的 ID 号。卡片接收由读卡器发送的同步信号,如收到同步信号,则根据自身 ID 号延时一定时间后返回 ID。

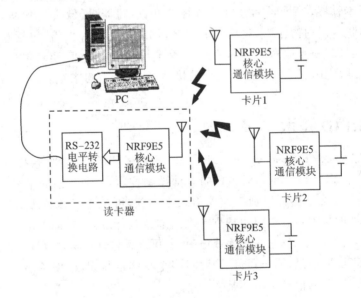

图 7 - 33 RFID 系统框图

有源卡片(图 7 - 34)由 NRF9E5 无线单片机加 PCB 天线组成,改用纽扣电池供电,以减小体积。读卡器(图 7 - 35)由 NRF9E5 无线单片机和 RS - 232 电平转换电路构成。

卡片程序流程如图 7 - 36 所示。

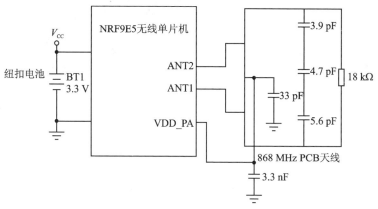

图 7 - 34　有源卡片电路

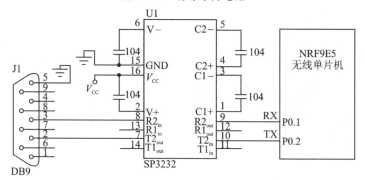

图 7 - 35　读卡器电路

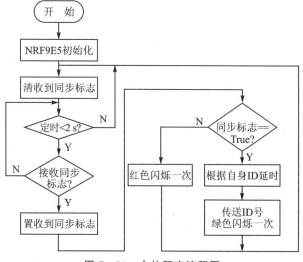

图 7 - 36　卡片程序流程图

7.7　思考题与习题

1. 什么是串行异步通信,它有哪些作用? 给出其系统示意框图。

2. 89C51/S51 单片机的串行口由哪些功能部件组成? 各有什么作用?

3. 简述串行口接收和发送数据的过程。

4. 89C51/S51 串行口有几种工作方式? 有几种帧格式? 各工作方式的波特率如何确定?

5. 若异步通信接口按方式 3 传送,已知其每分钟传送 3 600 个字符,其波特率是多少?

6. 89C51/S51 中 SCON 的 SM2、TB8 和 RB8 有何作用?

7. 设 f_{OSC} = 11.059 2 MHz,试编写一段程序,其功能为对串行口初始化,使之工作于方式 1,波特率为 1 200 b/s;并用查询串行口状态的方法,读出接收缓冲器的数据并回送到发送缓冲器。

8. 若晶振为 11.059 2 MHz,串行口工作于方式 1,波特率为 4 800 b/s。写出用 T1 作为波特率发生器的方式字和计数初值。

9. 为什么定时器 T1 用作串行口波特率发生器时,常选用工作模式 2? 若已知系统时钟频率和通信用的波特率,如何计算其初值?

10. 若定时器 T1 设置成模式 2 作波特率发生器,已知 f_{OSC} = 6 MHz,求可能产生的最高和最低的波特率。

11. 串行通信的总线标准是什么? 有哪些内容?

12. 简述单片机多机通信的原理。

13. 当 89C51/S51 串行口按工作方式 1 进行串行数据通信时,假定波特率为 1 200 b/s,以中断方式传送数据,请编写全双工通信程序。

14. 当以 89C51/S51 串行口按工作方式 3 进行串行数据通信时,假定波特率为 1 200 b/s,第 9 数据位作奇偶校验位,以中断方式传送数据,请编写通信程序。

15. 某异步通信接口,其帧格式由 1 个起始位(0)、7 个数据位、1 个偶校验和 1 个停止位(1)组成。当该接口每分钟传送 1 800 个字符时,试计算出传送波特率。

16. 串行口工作在方式 1 和方式 3 时,其波特率与 f_{OSC}、定时器 T1 工作模式 2 的初值及 SMOD 位的关系如何? 设 f_{OSC} = 6 MHz,现利用定时器 T1 模式 2 产生的波特率为 110 b/s,试计算定时器初值。

17. 设计一个单片机的双机通信系统,并编写通信程序。将甲机内部 RAM 30H~3FH 存储区的数据块通过串行口传送到乙机内部 RAM 40H~4FH 存储区中去。

18. 串行同步通信的特点是什么? 给出其系统示意框图。

第8章 单片机小系统及片外扩展

89C51/S51 单片机芯片内集成了计算机的基本功能部件,已具备了很强的功能。一块芯片就是一个完整的最小微机系统,但片内存储器的容量、并行 I/O 端口、定时器等内部资源都还是有限的。根据实际需要,89C51/S51 单片机可以很方便地进行功能扩展。

扩展应尽量采用串行扩展方案。通过 SPI 或 I²C 总线扩展 E²PROM、A/D、D/A、显示器、看门狗、时钟等芯片,占用 MCU 的 I/O 口线少,编程也方便。

8.1 串行扩展总线接口技术

89C51/S51 除芯片自身具有 UART 可用于串行扩展 I/O 口线以外,还可利用89C51/S51 的 3～4 根I/O 口线进行 SPI 或 I²C 的外设芯片扩展,以及单总线(1－wire)的扩展。

8.1.1 SPI 串行外设接口总线

SPI(Serial Peripheral Interface,串行外设接口)总线是 Freescale(原 Motorola)公司推出的一种同步串行外设接口,它用于 MCU 与各种外围设备以串行方式进行通信(8 位数据同时同步地被发送和接收),系统可配置为主或从操作模式。外围设备包括简单的 TTL 移位寄存器(用作并行输入或输出口)至复杂的 LCD 显示驱动器或 A/D 转换器等。SPI 系统可直接与各个厂家生产的多种标准外围器件直接接口,它只需 4 条线:串行时钟线(SCK)、主机输入/从机输出数据线 MISO、主机输出/从机输入数据线 MOSI 和低电平有效的从机选择线$\overline{CS}$($\overline{SS}$)。在 SPI 接口中,数据的传输只需要 1 个时钟信号和 2 条数据线。

由于 SPI 系统总线只需 3～4 位数据线和控制线即可扩展具有 SPI 的各种 I/O器件,而并行总线扩展方法需 8 根数据线、8～16 位地址线、2～3 位控制线,因而 SPI总线的使用可以简化电路设计,省掉了很多常规电路中的接口器件,提高了设计的可靠性。

1. SPI 总线系统的组成

图 8－1 是 SPI 总线系统典型结构示意图。

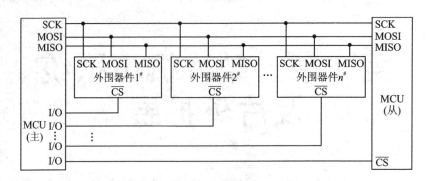

图 8-1　SPI 外围扩展示意图

　　单片机与外围扩展器件在时钟线 SCK、数据线 MOSI 和 MISO 上都是同名端相连。带 SPI 接口的外围器件都有片选端$\overline{\text{CS}}$。在扩展多个 SPI 外围器件(图 8-1)时，单片机应分别通过 I/O 口线来分时选通外围器件。当 SPI 接口上有多个 SPI 接口的单片机时，应区别其主从地位，在某一时刻只能由一个单片机为主器件。图 8-1 中 MCU(主)为主器件，MCU(从)为从器件。

　　SPI 有较高的数据传送速度，主机方式最高速率可达 1.05 Mb/s，目前不少外围器件都带有 SPI 接口。在大多数应用场合中，使用 1 个 MCU 作为主机，控制数据向 1 个或多个从外围器件的传送。从器件只能在主机发命令时，才能接收或向主机传送数据。其数据的传输格式是高位(MSB)在前，低位(LSB)在后。

　　当 SPI 工作时，在移位寄存器中的数据逐位从输出引脚(MOSI)输出(高位在前)，同时从输入引脚(MISO)接收的数据逐位移到移位寄存器(高位在前)。发送一字节后，从另一个外围器件接收的字节数据进入移位寄存器中。主 SPI 的时钟信号(SCK)使传输同步。

　　SPI 总线有以下主要特性：全双工、3 线同步传输；主机或从机工作；提供频率可编程时钟。

　　实际的 SPI 器件种类繁多，时序也可能不同，但通常配有 4 个 SPI 引脚：

● SCK，时钟端。

● SI(或 MOSI)，从器件串行数据输入端。

● SO(或 MISO)，从器件串行数据输出端。

● $\overline{\text{CS}}$(或 SS)，从器件片选端。

2. SPI 串行总线数据传输时序

　　SPI 传输的数据为 8 位。单片机发出从器件片选信号，并产生移位脉冲。传输时高位在前，低位在后，SPI 串行总线数据传输时序如图 8-2 所示。

　　单片机读(从器件输出)操作时，在$\overline{\text{CS}}$有效的情况下，SCK 的下降沿时从器件将数据放在 MISO 线上，单片机经过延时采样 MISO 线，并将相应数据位读入，然后将 SCK 置为高电平形成上升沿，数据被锁存。

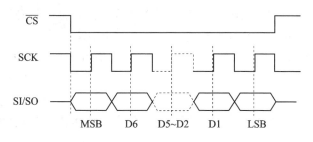

图 8-2　SPI 串行总线数据传输时序

单片机写(从器件输入)操作时,在 $\overline{CS}$ 有效的情况下,SCK 的下降沿时单片机将数据放在 MOSI 线上,从器件经过延时后采样 MOSI 线,并将相应的数据位移入,在 SCK 的上升沿数据被锁存。

3. 89C51/S51 单片机串行扩展 SPI 外设接口的方法

1) 用一般 I/O 口线模拟 SPI 操作

对于没有 SPI 接口的 89C51/S51 来说,可使用软件来模拟 SPI 的操作,包括串行时钟、数据输入和输出。对于不同的串行接口外围芯片,它们的时钟时序是不同的。对于在 SCK 的上升沿输入(接收)数据和在下降沿输出(发送)数据的器件,一般应取图 8-3 中的串行时钟输出 P1.1 的初始状态为 1;在允许接口芯片后,置 P1.1 为 0。因此,MCU 输出 1 位 SCK 时钟,同时,使接口芯片串行左移,从而输出 1 位数据至 89C51/S51 的 P1.3(模拟 MCU 的 MISO 线);再置 P1.1 为 1,使 89C51/S51 从 P1.0 输出 1 位数据(先为高位)至串行接口芯片。至此,模拟 1 位数据输入/输出完成。以后再置 P1.1 为 0,模拟下一位的输入/输出……依次循环 8 次,可完成 1 次通过 SPI 传输 1 字节的操作。对于在 SCK 的下降沿输入数据和上升沿输出数据的器件,则应取串行时钟输出的初始状态为 0,在接口芯片允许时,先置 P1.1 为 1,此时,外围接口芯片输出 1 位数据(MCU 接收 1 位数据);再置时钟为 0,外围接口芯片接收 1 位数据(MCU 发送 1 位数据),可完成 1 位数据的传送。

图 8-3 为 89C51/S51(MCU)与 MCM2814(E^2PROM)的硬件连接图。图 8-3 中,P1.0 模拟 MCU 的数据输出端(MOSI),P1.1 模拟 SPI 的 SCK 输出端,P1.2 模拟 SPI 的从机选择端,P1.3 模拟 SPI 的数据输入端(MISO)。下面介绍用 89C51/S51 汇编语言模拟 SPI 串行输入、串行输出和串行输入/输出 3 个子程序。这些子程

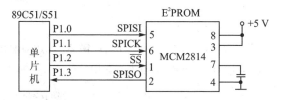

图 8-3　SPI 总线接口原理图

序也适用于在串行时钟的上升沿输入和下降沿输出的各种串行外围接口芯片,如 8 位或 10 位 A/D 芯片,74LS 系列输出芯片等。对于下降沿输入、上升沿输出的各种串行外围接口芯片,只须改变 P1.1 的输出顺序,即输出 0,再输入 1;再输出 0……则这些子程序也同样适用。

(1) MCU 串行输入子程序 SPIIN

从 MCM2814 的 SPISO 线上接收 1 字节数据并放入寄存器 R0 中。

```
SPIIN:    SETB   P1.1              ;使 P1.1(时钟)输出为 1
          CLR    P1.2              ;选择从机
          MOV    R1,#08H           ;置循环次数
SPIN1:    CLR    P1.1              ;使 P1.1(时钟)输出为 0
          NOP                      ;延时
          NOP
          MOV    C,P1.3            ;从机输出 SPISO 送进位 C
          RLC    A                 ;左移至累加器 ACC
          SETB   P1.0              ;使 P1.0(时钟)输出为 1
          DJNZ   R1,SPIN1          ;判断是否循环 8 次(1 字节数据)
          MOV    R0,A              ;1 字节数据送 R0
          RET                      ;返回
```

(2) MCU 串行输出子程序 SPIOUT

将 89C51/S51 中 R0 寄存器的内容传送到 MCM2814 的 SPISI 线上。

```
SPIOUN:   SETB   P1.1              ;使 P1.1(时钟)输出为 1
          CLR    P1.2              ;选择从机
          MOV    R1,#08H           ;置循环次数
          MOV    A,R0              ;1 字节数据送累加器 ACC
SPIOT1:   CLR    P1.1              ;使 P1.1(时钟)输出为 0
          NOP                      ;延时
          NOP
          RLC    A                 ;左移至累加器 ACC 最高位至 C
          MOV    P1.0,C            ;进位 C 送从机输入 SPISI 线上
          SETB   P1.1              ;使 P1.1(时钟)输出为 1
          DJNZ   R1,SPIOT1         ;判断是否循环 8 次(1 字节数据)
          RET                      ;返回
```

(3) MCU 串行输入/输出子程序 SPIIO

将 89C51/S51 中 R0 寄存器的内容传送到 MCM2814 的 SPISI 中,同时从 MCM2814 的 SPISO 接收 1 字节数据存入 R0 中。

```
SPIIO:    SETB   P1.1              ;使 P1.1(时钟)输出为 1
          CLR    P1.2              ;选择从机
          MOV    R1,#08H           ;置循环次数
```

```
            MOV      A,R0             ;1 字节数据送累加器 ACC
SPIO1：     CLR      P1.1            ;使 P1.1(时钟)输出为 0
            NOP                      ;延时
            NOP
            MOV      C,P1.3          ;从机输出 SPISO 送进位 C
            RLC      A               ;左移至累加器 ACC 最高位至 C
            MOV      P1.0,C          ;进位 C 送从机输入
            SETB     P1.1            ;使 P1.1(时钟)输出为 1
            DJNZ     R1,SPIO1        ;判断是否循环 8 次(1 字节数据)
            MOV      R0,A
            RET                      ;返回
```

2) 利用 89C51/S51 串行口实现 SPI 操作

单片机应用系统中,最常用的功能无非是开关量 I/O、A/D、D/A、时钟、显示及打印功能等等。下面分析利用单片机串口与多个串行 I/O 接口芯片进行接口的可行性。

(1) 串行时钟芯片

在有些需要绝对时间的场合,例如打印记录、电话计费、监控系统中的运行及故障时间统计等,都需要以年、月、日、时、分、秒等表示的绝对时间。虽然单片机内部的定时器可以通过软件进位计数产生绝对时钟,但由于掉电之后数据丢失,修改麻烦等原因,这样产生的绝对时钟总使设计者感到不满意。因此我们提倡对绝对时钟要求较高的场合使用外部时钟芯片,串行时钟芯片 HT1380 就是一个典型的器件。

HT1380 是一个 8 脚的日历时钟芯片,它可以通过串行口与单片机交换信息,如图 8-4 所示。在该芯片中,X1、X2 接晶振,SCLK 作为时钟输入端,I/O 端为串行数据输入、输出端口,$\overline{RST}$ 是复位引脚。由于该芯片只有当 $\overline{RST}$ 为高时才能对时钟芯片进行读/写操作,因此可以利用单片机的 I/O 口线对它进行控制(类似于芯片选择信号)。当 $\overline{RST}$ 为低时,I/O 引脚对外是高阻状态,因此它允许多个串行芯片同时挂靠在串行端口上。CPU 对它的输入/输出操作可以按串行的方式 0(即扩展 I/O 方式)进行。

(2) 串行 LED 显示接口 MAX7219

该芯片可驱动 8 个 LED 显示器,这在智能仪表中已经足够了。89C51/S51 单片机与它的接口如图 8-5 所示。同样,单片机可以通过串行口以方式 0 与 MAX7219 交换信息,TXD 作为移位时钟、RXD 作为串行数据 I/O 端、Load 为芯片选择端。当 Load 位于低电平时,对它进行读/写操作;当 Load 为高电平时,DIN 处于高阻状态。它同样允许多个串行接口芯片共同使用 89C51/S51 的串行口。

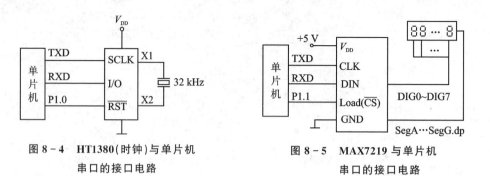

图 8 - 4　HT1380(时钟)与单片机　　　　　图 8 - 5　MAX7219 与单片机
　　　　　串口的接口电路　　　　　　　　　　　　串口的接口电路

(3) 串行模拟量输入芯片 MAX1458(12 位 A/D)

MAX1458 是一个可对差分输入信号(如电桥)进行程控放大(放大倍数可以由软件设定),并进行 12 位 A/D 转换的芯片。它将放大与转换电路集成在一个芯片上,图 8 - 6 给出了它与单片机的串行接口电路。它既可把转换好的数据通过串口送到 CPU,同时也可将转换前的模拟信号输出到显示仪表。当 CS 为高电平时,可对 MAX1458 进行读/写,单片机对它的读/写也是以串口方式 0 进行的;当 CS 为低电平时,DIO 对外处于高阻状态。

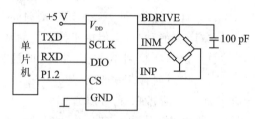

图 8 - 6　串行 A/D 芯片与单片机串口的接口电路

(4) 串行接口芯片的一般接口规律

除上面 3 种芯片之外,单片机还可以通过串行接口与 E^2PROM、D/A 转换芯片等连接。它们与 CPU 的串行接口方式与以上几种芯片类似,即:

- 都需要通过单片机的开关量 I/O 口线进行芯片选择;
- 当芯片未选中时,数据端口均处于高阻状态;
- 与单片机交换信息时均要求单片机串行口以方式 0 进行;
- 传输数据时的帧格式均要求先传送命令/地址,再传送数据;
- 大都具有图 8 - 7 所示的时序波形。

(5) 扩展多个串行接口芯片的典型控制器的结构

在图 8 - 8 所示的控制器电路中,数据采集均由串行接口芯片完成。由于无总线扩展,单片机节余出来的其他资源可以作为打印机输出控制、功能键、中断逻辑等电路。在扩展了系统功能的同时,极大地利用了系统资源,且使接口简单,控制器体积减小,可靠性提高。系统的软件设计与常规的单片机扩展系统类似,只是在芯片选择方面不是通过地址线完成,而是通过 I/O 口线来实现。

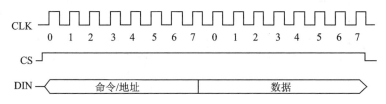

图 8 - 7　串行接口信号的一般时序图

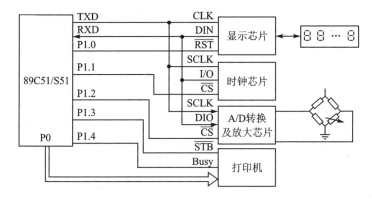

图 8 - 8　基于串行接口控制器的电路结构图

8.1.2　I²C 总线

I²C 总线是 NXP 公司推出的串行总线。I²C 总线的应用非常广泛,在很多器件上都配备有 I²C 总线接口,使用这些器件时一般都需要通过 I²C 总线进行控制。I²C 总线的工作原理,如何用 51 单片机进行控制以及相应的汇编语言控制程序的编写等,请参阅参考文献[1]第 8 章或其他图书相关内容。

8.1.3　单总线

单总线(1 - wire)是 Dallas 公司推出的外围串行扩展总线。单总线只有一根数据输入/输出线,可由单片机或 PC 机的 1 根 I/O 口线作为数据输入/输出线,所有的器件都挂在这根线上。例如,图 8 - 9 表示一个由单总线构成的分布式温度监测系统。许多带有单总线接口的数字温度计集成电路 DS18B20 都挂接在 1 根 I/O 口线上,单片机对每个 DS18B20 通过总线 DQ 寻址。DQ 为漏极开路,须加上拉电阻 R_P。

此外还有 1 线热电偶测温系统及其他单总线系统。

Dallas 公司为单总线的寻址及数据传送提供了严格的时序规范。

1. DS18B20 单总线测温系统

DS18B20 是美国 Dallas 公司生产的单总线数字温度传感器。它可以把温度信号直接转换成串行数字信号供单片机处理,特别适合构成多点温度巡回检测系统。

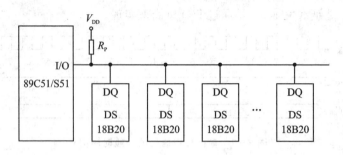

图 8 - 9　单总线构成的分布式温度监测系统

由于每片 DS18B20 都含有唯一的产品号,所以从理论上来说,在一条总线上可以挂接任意多个 DS18B20 芯片。从 DS18B20 读出或写入信息仅需一根口线(单线接口)。读/写及温度变换功率来源于数据总线,总线本身也可以向所挂接的 DS18B20 供电,而无需额外电源。DS18B20 提供 9 位温度读数,构成多点温度检测系统而无需任何外围硬件。

1) DS18B20 的特性及引脚

单线接口,仅需一根口线与 MCU 相连,无需外围元件;由数据线提供电源;测温范围为 $-55 \sim 125$ ℃,精度为 0.5 ℃($-10 \sim 85$ ℃范围内);9 位温度读数;温度转换时间最长为 750 ms;用户可自设定温度报警上下限,其值是非易失性的;报警搜索命令可识别哪片 DS18S20 超温度界限。

DS18B20 采用 3 脚 PR - 35 封装(或 8 脚 SOIC 封装),引脚排列如图 8 - 10 所示。图中 GND 为地,DQ 为数据输入/输出脚(单线接口,可作寄生供电),V_{DD} 为电源电压。

2) DS18S20 的内部结构

DS18B20 的内部结构如图 8 - 11 所示。DS18B20 主要包括寄生电源、温度传感器、64 位激光 ROM 单线接口、存放中间数据的高速暂存器(内含便笺式 RAM)、用于存储用户设定的温度上下限值 T_H 和 T_L 的触发器、存储与控制逻辑、8 位循环冗余校验码(CRC)发生器 8 部分。

图 8 - 10　DS18B20 的引脚排列

DS18B20 既可以采用寄生供电,也可以采用外部 5 V 电源供电。寄生供电时,当总线上是高电平时,DS18B20 从总线上获得能量并储存在内部电容上。当总线上是低电平时,由电容向 DS18B20 供电。

DS18B20 的测温原理是:内部计数器对一个受温度影响的振荡器计数。温度表示值应为 9 位,高位为符号位,但因符号位扩展成高 8 位,故以 16 位补码形式读出,温度与数字量的关系如表 8 - 1 所列。

3) 温度巡回检测系统电路

系统如图 8 - 12 所示,采用寄生电源供电方式。

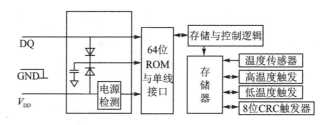

图 8 - 11　DS18B20 内部结构图

表 8 - 1　DS18B20 温度数字对应关系表

温度/℃	输出的二进制码
+125	000000011111010
+25	0000000000110010
+0.5	0000000000000001
0	0000000000000000
−0.5	1111111111111111
−25	1111111111001110
−55	1111111110010010

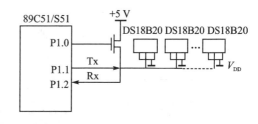

图 8 - 12　DS18B20 温度巡回检测系统

为保证在有效的 DS18B20 周期内提供足够的电流,用一个 MOSFET 管和 89C51/S51 的一个 I/O 口线(P1.0)来完成对 DS18B20 总线的上拉。采用寄生电源供电时,V_{DD} 必须接地。在此系统中采用 89C51/S51 的 P1.1 口作发送口 Tx,P1.2 口作接收口 Rx。实验发现这种方法可接数十片 DS18B20,距离可达 50 m;而用 1 根口线(如图 8 - 12 所示)时,仅能挂接 10 片 DS18B20,距离仅为 20 m 以内,同时由于读/写在操作上是分开的,故不存在信号竞争问题。

4)　工作过程

89C51/S51 首先发复位 DS18B20 的负脉冲,接着收 DS18B20 的回应脉冲,这时 89C51/S51 再发 ROM 命令(33H),最后发存储和控制命令。

(1) DS18B20 ROM 命令

主机操作 ROM 的命令有 5 种,如表 8 - 2 所列。

64 位激光 ROM 的结构如下:

8 位检验 CRC		48 位序列号		8 位工厂代码(10H)	
MSB	LSB	MSB	LSB	MSB	LSB

开始 8 位是产品类型编号(DS18B20 为 10H);接着是每个器件的唯一序号,共有 48 位;最后 8 位是前 56 位的 CRC 校验码,这也是多个 DS18B20 可以采用一线的原因。

表 8 - 2　　DS18B20 的 ROM 命令

指　令	说　明
读 ROM(33H)	读 DS18B20 的序列号
匹配 ROM(55H)	读完 64 位序列号的一个命令,用于多个 DS18B20 时定位
跳过 ROM(CCH)	此命令执行后的存储器操作将针对在线的所有 DS18B20
搜索 ROM(F0H)	识别总线上各器件的编码,为操作各器件作好准备
报警搜索(ECH)	用于搜索哪一器件报警

(2) DS18B20 存储控制命令

DS18B20 存储控制命令共有 6 种,如表 8 - 3 所列。

表 8 - 3　　DS18B20 的存储控制命令

指　令	说　明
温度转换(44H)	启动在线 DS18B20 做温度 A/D 转换
读数据(BEH)	从高速暂存器读 9 位温度值和 CRC 值
写数据(4EH)	将数据写入高速暂存器的第 2 和第 3 字节中
复制(48H)	将高速暂存器中第 2 和第 3 字节复制到 EERAM
读 EERAM(B8H)	将 EERAM 内容写入高速暂存器中第 2 和第 3 字节
读电源供电方式(B4H)	了解 DS18B20 的供电方式

DS18B20 的存储器由便笺式 RAM 和非易失性电擦写 EERAM 组成,后者用于存储 T_H 和 T_L 值。数据先写入 RAM,经校验后再传给 EERAM。便笺式 RAM 占 9 字节,包括温度信息(第 1、2 字节)、T_H、T_L 值(第 3、4 字节)、计数寄存器(第 7、8 字节)、CRC(第 9 字节)等,第 5、6 字节不用。

(3) DS18B20 的执行序列

① 初始化(发一个不少于 480 μs 的低脉冲);

② 执行 ROM 命令,主要用于定位;

③ 执行 DS18B20 的存储控制命令,用于转换和读数据;

④ DS18B20 的 I/O 信号有复位脉冲、回应脉冲、写 0、读 0、写 1 和读 1 等几种。除回应脉冲由 DS18B20 发出外,其余都由主机发出。

程序框图如图 8 - 13 所示。

2. 1 线(1 - wire)热电偶测高温

1 线热电偶测量温度是将传统的热电偶与一款新推出的多功能芯片 DS2760 结合起来,组成一种可直接将冷结温度信号数字化的变送器。该变送器可以通过单条双绞线与 PC 机(或微控制器)主机通信。其显著的优势之一是,每一个变送器都可

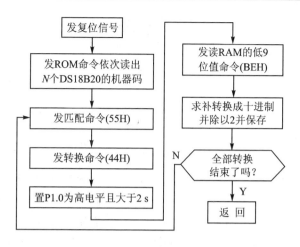

图 8 - 13　程序框图

赋予单独的 64 位地址,这大大方便了总线主机的识别和选通。采用这种独特的地址识别之后,多个传感器可以形成一个网络,由软件自动识别和处理来自特定传感器的数据。与热电偶有关的信息可以由多功能芯片本身存储,不过这种独特的识别方法还可以让参考数据储存在总线主机中。

1）热电偶技术

目前列为工业标准的热电偶金属组合不多,较普遍的是 K 型和 E 型两种。E 型热电偶组合是 Ni/Cr 合金与康铜(Cu/Ni 合金),可以获得最高的电压系数(62 μV/℃ @20 ℃),在900 ℃时输出几乎可以达到 80 mV。K 型热电偶 Seebeck 电压系数较低(51 μV/℃ @20 ℃),但在 0～1 000 ℃范围内的线性度明显要好得多。

热电偶的引出端构成了第二个热电偶。例如,使用铜制引线时,会形成与测量所用的结(或者叫"热"结)串连的镍-铬/铜结。以往为了修正这些"冷"结带来的影响,人们总是把它们放入处于三相点(0.01 ℃)的冰水中。大多数现代仪器则通过电路方法修正——先测量出冷结处的温度,再将处于这一温度下的电偶产生的电压偏差从实际读数中减去。

典型的现代电子式热电偶由若干基本单元构成,包括:一个热电偶、一个用于测量热电偶和引线接头处温度的传感器、信号调理单元和 A/D 转换器(图 8 - 14)。热电偶一般要接到一个精密低噪声或仪表放大器上,该放大器提供所需的放大增益、偏置和阻抗匹配。热电偶输出信号放大后送到 ADC 中,变换为数字信号,再送到微处理器或 PC 中。微处理器或 PC 利用来自 ADC 和冷结处的温度传感器的数据计算出热电偶"热结"处的实际温度。

2）DS2760 芯片

DS2760 最初是为了监测锂电池组而推出的,但它却可以用来把一个简单的热电偶变成智能传感器。该芯片可以直接把冷结和热结间 mV 级的输出差异直接数字

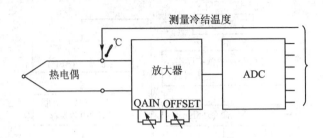

图 8 - 14　典型的电路补偿式热电偶的组成框图

化,片上的温度传感器则连续地监测冷结处的温度。独特的 ID 地址可以标明用单条双绞线电缆连接的多个不同敏感单元。该芯片还有用户可访问的存储器,用于存储与传感器有关的技术数据,如热电偶的类型、位置、启用的日期等。这样,由于管理总线的主机可以利用所存储的热电偶类型数据以及来自片上温度传感器的冷结温度信号来决定所需的修正计算,因此它能与任何类型的热电偶一起使用。

　　DS2760 包括一个 10 位电压 ADC 输入、13 位温度 ADC 和一个 12 位号电流型ADC,为热电偶应用提供了完整的信号调理和数字化手段。片上的 13 位温度传感器用于冷结补偿。CR1 给传感器供电。R_1 用于 V_{DD} 的读出,但如果不需要这项功能,也可以忽略。即使采用低输出的 K 型热电偶,转换器可提供的分辨率仍优于 1 ℃。

　　3) 通过单条线测量热电偶

　　从图 8 - 15 中可以看出,用 DS2760 可以简单和方便地把一个典型的热电偶转化成具备多点测量功能的智能传感器。电路中,C_1 和一只肖特基二极管 CR1 构成一个半波整流器,在总线(电压为 5 V)空闲时为 DS2760 供电。这实际上是 1 线式器件内部所采用的寄生式供电方法,只是用分立方式来实现而已。余下的肖特基二极管接在 DATA 和 GND 两脚之间,将负向信号偏移限制在 −4.0 V 以内,以实现电路保护。

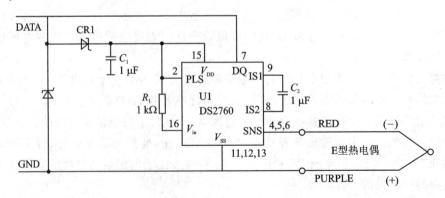

图 8 - 15　单线热电偶的输出

　　如果没有这个二极管,总线上大于 0.6 V 的负向信号漂移可以使 DS2760 芯片衬底上的寄生二极管正向偏置,从而干扰其正常功能。在总线主机控制下,DS2760既监测热电偶热结和冷结间的电压,又用其内部的温度传感器测量冷结温度。主机利用这一信息计算出热结处实际的温度。如果添加电阻 R_1,就可以测量 V_{DD}。对故障查找来说,这可以用于验证 1 线网络(1 - Wire net)的电压是否在可接受的范围之内。

把热电偶安装到电路板上时,必须注意使之尽可能接近 DS2760,以减小这些连接和 DS2760 封装中的芯片的温度差。

8.2　并行扩展三总线的产生

通常情况下,微机的 CPU 外部都有单独的并行地址总线、数据总线和控制总线,而 89C51/S51 单片机由于受引脚的限制,数据线和地址线是复用的,而且由 I/O 口线兼用。为了将它们分离出来,以便同单片机片外的芯片正确地连接,需要在单片机外部增加地址锁存器,从而构成与一般 CPU 相类似的片外三总线,如图 8 - 16所示。

采用 74HC373 作锁存器的地址总线扩展电路如图 8 - 17 所示。由 89C51/S51P0 口送出的低 8 位有效地址信号是在 ALE(地址锁存允许)信号变高的同时出现的,并在 ALE 由高变低时,将出现在 P0 口的地址信号锁存到外部地址锁存器74HC373 中,直到下一次 ALE 变高时,地址才发生变化。

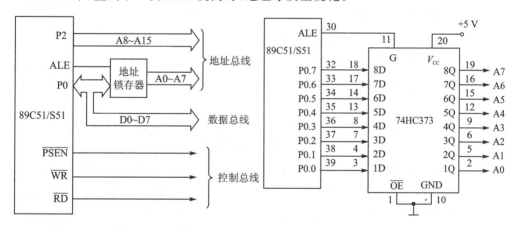

图 8 - 16　89C51/S51 扩展的并行三总线　　　图 8 - 17　89C51/S51 地址总线扩展电路

8.2.1　片外三总线结构

所谓总线,就是连接系统中各扩展部件的一组公共信号线。按照功能,通常把系统总线分为 3 组,即地址总线、数据总线和控制总线。

89C51/S51 单片机的片外引脚可构成如图 8 - 16 所示的并行三总线结构,所有的外围芯片都将通过这三种总线进行扩展。

1. 地址总线

地址总线(Address Bus,AB)用于传送单片机送出的地址信号,以便进行存储单元和I/O端口的选择。地址总线是单向的,只能由单片机向外发送信息。地址总线的数目决定了可直接访问的存储单元的数目。例如,n 位地址可以产生 2^n 个连续地址编码,因此,可访问 2^n 个存储单元,即通常所说的寻址范围为 2^n 个地址单元。89C51/S51 单片机存储器扩展最多可达 64 KB,即 2^{16} 个地址单元,因此,最多需16位地址。

2. 数据总线

数据总线(Data Bus,DB)用于单片机与存储器之间或单片机与I/O端口之间传送数据。数据总线的位数与单片机处理数据的字长一致。例如,89C51/S51 单片机是 8 位字长,所以,数据总线的位数也是 8 位。数据总线是双向的,可以进行两个方向的数据传送。

3. 控制总线

控制总线(Control Bus,CB)是单片机发出的以控制片外 ROM、RAM 和 I/O 口读/写操作的一组控制线。

8.2.2　系统扩展的实现

1. 以 P0 口作地址/数据总线

此处的地址总线是指系统的低 8 位地址线。因为 P0 口线既用作地址线,又用作数据线(分时使用),因此,需要加一个 8 位锁存器。在实际应用时,先把低 8 位地址送锁存器暂存,然后再由地址锁存器给系统提供低 8 位地址,而把 P0 口线作为数据线使用。

实际上,单片机 P0 口的电路设计已考虑了这种应用需要,P0 口线电路中的多路转接电路 MUX 以及地址/数据控制即是为此目的而设计的。

2. 以 P2 口的口线作高位地址线

如果使用 P2 口的全部 8 位口线,再加上 P0 口提供的低 8 位地址,便可形成完整的 16 位地址总线,使单片机系统的寻址范围达到 64 KB。

但实际应用系统中,高位地址线并不固定为 8 位,需要用几位就从 P2 口中引出几条口线。

3. 控制信号线

除了地址线和数据线之外,在扩展系统中还需要一些控制信号线,以构成扩展系统的控制总线。这些信号有的是单片机引脚的第一功能信号,有的则是第二功能信号。其中包括:

- 使用 ALE 作为地址锁存的选通信号,以实现低 8 位地址的锁存;
- 以 $\overline{PSEN}$ 信号作为扩展程序存储器的读选通信号;
- 以 $\overline{EA}$ 信号作为内、外程序存储器的选择信号;
- 以 $\overline{RD}$ 和 $\overline{WR}$ 作为扩展数据存储器和 I/O 端口的读/写选通信号。执行 MOVX 指令时,这两个信号分别自动有效。

可以看出,尽管 89C51/S51 单片机号称有 4 个 I/O 口,共 32 条口线,但由于系统扩展的需要,真正能作为数据 I/O 使用的,就只剩下 P1 口和 P3 口的部分口线了。

特别需要强调的是,程序存储器不应再采用外扩的方案。因为 89 系列单片机内 Flash ROM 有 4~32 KB 的不同型号产品可供选择。如果课题需要功能更强的 MCU,则可选择 ADμC8××、C8051F××× 和 MAX7651 等 SoC 芯片。关于程序存储器的扩展,本教程不作介绍。

8.3 扩展数据存储器

由于 89C51/S51 单片机片内 RAM 仅有 128 字节,当系统需要较大容量 RAM 时,就需要片外扩展数据存储器 RAM,最大可扩展 64 KB。由于单片机是面向控制的,实际需要扩展容量不大,因此,一般采用静态 RAM 较方便,如 6116(2K×8 位),6264(8K×8 位)。如有特殊需要,可采用 62256(32K×8 位),628128(128K×8 位) 等。与动态 RAM 相比,静态 RAM 无须考虑保持数据而设置的刷新电路,故扩展电路较简单;但由于静态 RAM 是通过有源电路来保持存储器中的数据,因此要消耗较多的功率,价格也较高。

扩展数据存储器空间地址,由 P2 口提供高 8 位地址,P0 口分时提供低 8 位地址和用作 8 位双向数据总线。片外 RAM 的读/写由 89C51 的 $\overline{RD}$(P3.7)和 $\overline{WR}$(P3.6) 信号控制。

由于目前新型 51 系列单片机内已有不同大小容量的 RAM,可据用户名取所需选择不同型号的单片机,因此扩展片外 RAM 的内容就省略了。

8.4 简单并行 I/O 口的扩展

对于 89C51/S51 的某些场合,可扩展简单的并行 I/O 口芯片,以满足较小系统的需要。

8.4.1 I/O 口的直接输入/输出

由于 89C51/S51 的 P0~P3 口输入数据时可以缓冲,输出时能够锁存,并且有一定的带负载能力,所以,在有些场合 I/O 口可以直接接外部设备,如开关、LED 发光二极管、BCD 码拨盘和打印机等。

图 8 - 18 所示为 89C51/S51 单片机与开关、LED 发光二极管的接口电路。

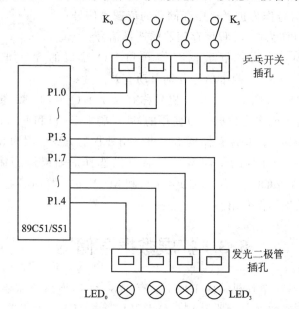

图 8 - 18　89C51/S51 与开关(键)和 LED 接口示意图

用 89C51/S51 单片机 P1 口的 P1.3~P1.0 作为数据输入口,连接到实验装置逻辑开关 K_3~K_0 的插孔内;P1.7~P1.4 作为输出口,连接到实验装置发光二极管(逻辑电平指示灯)LED_3~LED_0 的插孔内。编写一个程序,使开关 K_3~K_0 表示 0 或 1 开关量,由 P1.3~P1.0 输入,再由 P1.7~P1.4 输出开关量到发光二极管(逻辑电平指示灯)上显示出来。在执行程序时,不断改变开关 K_3~K_0 的状态,可观察到发光二极管(逻辑电平指示灯)的变化。

开关状态输入显示实验参考程序如下:

```
LOOP:MOV    A,#0FH              ;P1 口为输入,先送 1
     MOV    P1,A
     MOV    A,P1                ;P1 口状态输入
     SWAP   A                   ;开关状态到高 4 位
     MOV    P1,A                ;开关状态输出
     AJMP   LOOP                ;循环
```

8.4.2　简单 I/O 接口的扩展方法

在很多应用系统中,采用 74 系列 TTL 电路或 4000 系列 CMOS 电路芯片,将并行数据输入或输出。在图 8 - 19 中,采用 74HC244 作扩展输入。244 是一个三态输出八缓冲器及总线驱动器,带负载能力强。74HC273(8 - D 锁存器)作扩展输出。它们直接挂在 P0 口线上。

值得注意的是,89C51/S51 单片机把外扩 I/O 口和片外 RAM 统一编址,每个扩展的接口相当于一个扩展的外部 RAM 单元,访问外部接口就像访问外部 RAM 一样,用的都是 MOVX 指令,并产生 $\overline{RD}$(或 $\overline{WR}$)信号。用 RD/WR 作为输入/输出控制信号。

图 8 - 19 中,P0 口为双向数据线,既能从 74HC244 输入数据,又能将数据传送给 74HC273 输出。输出控制信号由 P2.0 和 $\overline{WR}$ 合成。当二者同时为 0 电平时,"或"门输出 0,将 P0 口数据锁存到 74HC273,其输出控制着发光二极管 LED,当某线输出 0 电平时,该线上的 LED 发光。

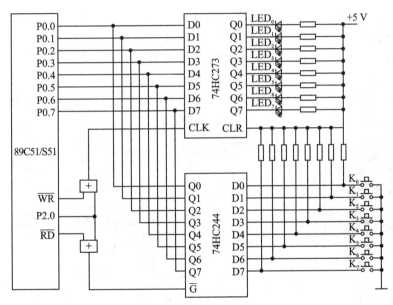

图 8 - 19 74 系列芯片扩展

输入控制信号由 P2.0 和 $\overline{RD}$ 合成。当二者同时为 0 电平时,"或"门输出 0,选通 74HC244,将外部信号输入到总线。无键按下时,输入为全 1;若按下某键,则所在线输入为 0。

可见,输入和输出都是在 P2.0 为 0 时有效,244 和 273 的地址都为 FEFFH(实际只要保证 P2.0=0,其他地址位无关),但由于分别是由 $\overline{RD}$ 和 $\overline{WR}$ 信号控制,因此,不会发生冲突。

系统中若有其他扩展 RAM 或其他输入/输出接口,则必须将地址空间区分开。这时,可用线选法;而当扩展较多的 I/O 接口时,应采用译码器法。

图 8 - 19 电路可实现的功能是:按下任意键,对应的 LED 发光。其程序如下:

```
LOOP:MOV      DPTR,#0FEFFH        ;数据指针指向扩展 I/O 口地址
     MOVX     A,@DPTR             ;向 244 读入数据,检测按钮
     MOVX     @DPTR,A             ;向 273 输出数据,驱动 LED
```

```
SJMP    LOOP                ;循环
```

从这个程序中可以看出,对于接口的输入/输出就像从外部 RAM 读/写数据一样方便。图 8 - 19 仅仅扩展了两片,如果仍不够用,还可扩展多片 244 和 273 之类的芯片。如果不需要 8 位,也可选择 2 位、4 位或 6 位的芯片扩展。但作为输入口时,一定要求有三态功能,否则将影响总线的正常工作。

8.5　思考题与习题

1. 简述单片机系统扩展的基本原则和实现方法。

2. 存储器可分为哪几类?各有哪些特点和用途?

3. 假定一个存储器有 4 096 个存储单元,其首地址为 0,则末地址为多少?

4. 除地线共用外,6 根地址线和 11 根地址线各可选多少个地址?

5. 用到 3 片 74HC373 的某 89C51/S51 应用系统的电路如图 8 - 20 所示。现要求通过 74HC373(2)输出 80H,请编写相应的程序。

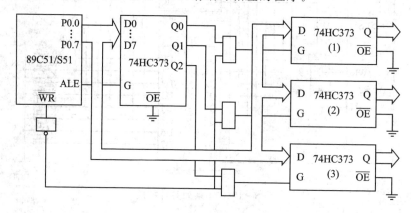

图 8 - 20　89C51/S51 扩展 3 片 74HC373 的电路

6. 试设计符合下列要求的 89C51/S51 微机系统:有两个 8 位扩展输出口(用两片 74HC377),要选通、点亮 6 个数码管。

7. 设单片机采用 89C51/S51,未扩展片外 ROM,片外 RAM 采用一片 6116。请编程将其片内 ROM 从 100H 单元开始的 10 字节的内容依次外移到片外 RAM 从 100H 单元开始的 10 字节中。

8. 图 8 - 21 是 4 片 8K×8 位存储器芯片的连接图。请确定每片存储器芯片的地址范围。

9. 根据图 8 - 19 线路设计程序,其功能是:按下 $K_0 \sim K_3$ 键后,对应 $LED_4 \sim LED_7$ 发光;按下 $K_4 \sim K_7$ 键时,对应 $LED_0 \sim LED_3$ 发光。

10. 说明 I^2C 和 SPI 两种串行总线接口的传输方法。它们与并行总线相比各有什么优缺点?

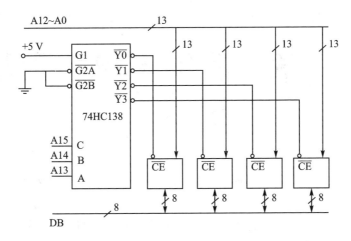

图 8 - 21　89C51/S51 扩展 4 片存储器芯片连接图

11. 设以 89C51/S51 为主机的系统,模拟扩展 8 KB 的片外数据存储器,请以并行方式和串行方式选择合适的芯片,并分别绘出电路原理图。请指出这两种电路各有什么特点,各适用于什么情况,并给出串行方式时读取一字节数据的程序。

12. 什么是单片机的最小系统、最小应用系统和应用系统? 其与单片机、单片机系统、单片机应用系统层次有何关系?

13. 什么是单片机的扩展总线? 并行扩展总线与串行扩展总线各有哪些特点? 目前单片机应用系统中较为流行的扩展总线有哪些? 为什么?

14. 为什么目前单片机应用系统中已很少使用片外程序存储器扩展?

15. 随着单片机技术的发展,为什么并行总线外围扩展方式日渐衰落? 目前外围设备(器件)的主要扩展方式是什么?

16. SPI 总线属于串行通信,其通信方式是串行同步方式还是串行异步方式? 一是全双工还是半双工?

17. I^2C 总线是全双工还是半双工? 其通信方式是异步还是同步? 为什么?

第9章　应用系统配置及接口技术

对于单片机的实时控制和智能仪表等应用系统,被测对象的有关参量往往是一些连续变化的模拟量,如温度、压力、流量、速度等物理量,这些模拟量必须转换成数字量后才能输入到计算机进行处理。这就是单片机与被测对象联系的所谓前向通道。计算机处理的结果,常常需要转换为模拟信号,驱动相应的执行机构,实现对被控对象的控制;或者是进行数字量、开关量的直接控制。这是与被控制对象(如电机)相联系的后向通道。若输入是非电的模拟信号,还需要通过传感器转换成电信号并加以放大,把模拟量转换成数字量。该过程称为"量化",也称为模/数转换。实现模/数转换的设备称为模/数转换器(A/D),将数字量转换成模拟量的设备称为数/模转换器(D/A)。图 9-1 所示为具有模拟量输入、模拟量输出以及键盘、显示器、打印机等配置的 89C51/S51 应用系统框图。为节省 I/O 口线,89C51/S51 片外扩展应尽量采用串行外设接口芯片。

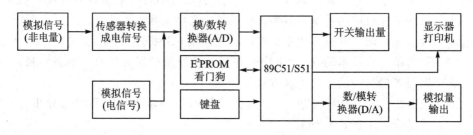

图 9-1　系统前向、后向人-机通道配置框图

9.1　人-机通道配置与接口技术

单片机应用系统通常都需要进行人-机对话。这包括人对应用系统的状态干预与数据输入,还有应用系统向人显示运行状态与运行结果等。如键盘、显示器就是用来完成人-机对话活动的人-机通道。

9.1.1　键盘接口及处理程序

键盘是一组按键的集合,它是最常用的单片机输入设备。操作人员可以通过键盘输入数据或命令,实现简单的人-机通信。按键是一种常开型按钮开关。平时(常态时),按键的二个触点处于断开状态,按下键时它们才闭合(短路)。键盘分编码键盘和非编码键盘。键盘上闭合键的识别由专用的硬件译码器实现,并产生键编号或键值的称为编码键盘,如 BCD 码键盘、ASCII 码键盘等;靠软件识别的称为非编码键盘。

在单片机组成的测控系统及智能化仪器中,用得最多的是非编码键盘。本节着重讨论非编码键盘的原理、接口技术和程序设计。

键盘中每个按键都是一个常开开关电路,如图 9-2 所示。

当按键 K 未被按下时,P1.0 输入为高电平;当 K 闭合时,P1.0 输入为低电平。通常按键所用的开关为机械弹性开关,当机械触点断开、闭合时,电压信号波形如图 9-3 所示。由于机械触点的弹性作用,一个按键开关在闭合时不会马上稳定地接通,在断开时也不会一下子断开。因而在闭合及断开的瞬间均伴随有一连串的抖动,如图 9-3 所示。抖动时间的长短由按键的机械特性决定,一般为 5~10 ms。这是一个很重要的时间参数,在很多场合都要用到。

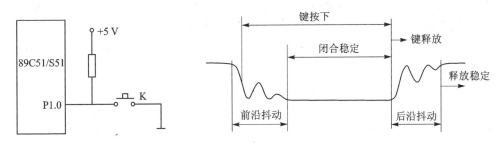

图 9-2 按键电路　　　　　　　图 9-3 按键时的抖动

按键稳定闭合时间的长短则是由操作人员的按键动作决定的,一般为零点几秒。

键抖动会引起一次按键被误读多次。为了确保 CPU 对键的一次闭合仅做一次处理,必须去除键抖动。在键闭合稳定时,读取键的状态,并且必须判别;在键释放稳定后,再作处理。按键的抖动,可用硬件或软件两种方法消除。

如果按键较多,常用软件方法去抖动,即检测出键闭合后执行一个延时程序,产生 5~10 ms 的延时;让前沿抖动消失后,再一次检测键的状态,如果仍保持闭合状态电平,则确认为真正有键按下。当检测到按键释放后,也要给 5~10 ms 的延时,待后沿抖动消失后,才能转入该键的处理程序。

1. 键盘结构

键盘可以分为独立连接式和行列式(矩阵式)两类,每一类按其译码方法又都可分为编码及非编码两种类型。这里只介绍非编码键盘。

为了减少键盘与单片机接口时所占用 I/O 线的数目,在键数较多时,通常都将键盘排列成行列矩阵形式,如图 9-4 所示。

每一水平线（行线）与垂直线（列线）的交叉处不相通，而是通过一个按键来连通。利用这种行列矩阵结构只需 N 条行线和 M 条列线，即可组成具有 $N×M$ 个按键的键盘。

在这种行列矩阵式非编码键盘的单片机系统中，键盘处理程序首先执行有无键按下的程序段，当确认有按键按下后，下一步就要识别哪一个按键被按下。对键的识别常用逐行（或列）扫描查询法。

以图 9-4 所示的 4×4 键盘为例，说明行扫描法识别哪一个按键被按下的工作原理。

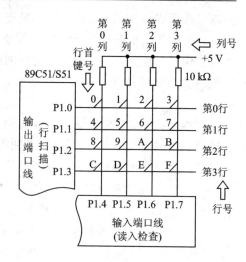

图 9-4 4×4 矩阵键盘接口图

首先判别键盘中有无键按下，由单片机 I/O 口向键盘送（输出）全扫描字，然后读入（输入）列线状态来判断。方法是：向行线（图中水平线）输出全扫描字 00H，把全部行线置为低电平，然后将列线的电平状态读入累加器 A 中。如果有按键按下，总会有一根列线电平被拉至低电平，从而使列输入不全为 1。

判断键盘中哪一个键被按下是通过将行线逐行置低电平后，检查列输入状态实现的。方法是：依次给行线送低电平，然后查所有列线状态，称行扫描。如果全为 1，则所按下的键不在此行；如果不全为 1，则所按下的键必在此行，而且是在与零电平列线相交的交点上的那个键。

（1）行扫描法识别键号（值）的原理

行扫描法识别键号的工作原理如下：

● 将第 0 行变为低电平，其余行为高电平时，输出编码为 1110。然后读取列的电平，判别第 0 行是否有键按下。在第 0 行上若有某一按键按下，则相应的列被拉到低电平，则表示第 0 行和此列相交的位置上有按键按下。若没有任一条列线为低电平，则说明 0 行上无键按下。

● 将第 1 行变为低电平，其余行为高电平时，输出编码为 1101。然后通过输入口读取各列的电平。检测其中是否有变为低电平的列线。若有键按下，则进而判别哪一列有键按下，确定按键位置。

● 将第 2 行变为低电平，其余行为高电平时，输出编码为 1011。判别是否有哪一列键按下的方法同上。

● 将第 3 行变为低电平，其余行为高电平时，输出编码为 0111。判别是否有哪一列键按下的方法同上。

在扫描过程中,当发现某行有键按下,也就是输入的列线中有一位为 0 时,便可判别闭合按键所在列的位置,根据行线位置和列线位置就能判断按键在矩阵中的位置,知道是哪一个键按下。

在此指出,按键的位置码并不等于按键的实际定义键值(或键号),因此还须进行转换。这可以借助查表或其他方法完成。这一过程称为键值译码,得到的是按键的顺序编号,然后再根据按键的编号(即 0 号键、1 号键、2 号键……F 号键)来执行相应的功能子程序,完成按键键帽上所定义的实际按键功能。

(2) 键盘扫描工作过程

按键扫描的工作过程如下:

① 判断键盘中是否有键按下;

② 进行行扫描,判断是哪一个键按下,若有键按下,则调用延时子程序去抖动;

③ 读取按键的位置码;

④ 将按键的位置码转换为键值(键的顺序号)0、1、2…、F。

图 9-5 所示为 4×4 键盘扫描流程图。从该流程图中可见:程序流程的前一部分为判别是否有键按下,后一部分为有按键按下时行扫描读取键的位置码。

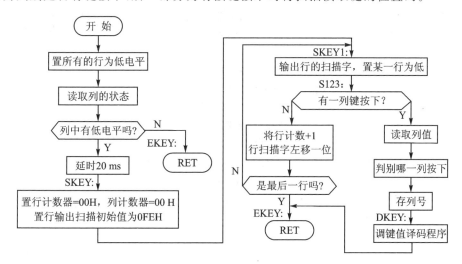

图 9-5　4×4 键盘行扫描流程图

程序在行扫描时,先将行计数器、列计数器设置为 0,然后再设置行扫描初值FEH。程序流程图中 FEH 的低 4 位 EH 是行扫描码,高 4 位 FH 是将 P1.4～P1.7高 4 位置 1 为输入方式,在输出扫描字后,立即读出列值,检测是否有列值为低电平。若无键按下,则将行计数器加 1,并将行扫描字左移一位,变为 FDH。这样使第一行为低电平,其他为高电平;然后依次逐行扫描,直到行计数器的值大于或等于 4 时,表明一次行扫描结束。

在此过程中若检测到某一列为低电平,则将列值保存;然后再进行列值判别,得到列的位置,存入列计数器转入键位置码的译码程序。

　　下面讨论键的位置码及键值的译码过程。

　　上述行扫描过程结束后得到的行号存放在 R0 中,列号存放在 R2 中。

　　键值(号)的获得(译码)通常采用计数译码法。键盘原理图如图 9-4 所示。这种方法根据矩阵键盘的结构特点,每个按键的值=行号×每行的按键个数+列号,即

$$键号(值)=行首键号+列号$$

　　第 0 行的键值为:0 行×4+列号(0～3)为 0、1、2、3;

　　第 1 行的键值为:1 行×4+列号(0～3)为 4、5、6、7;

　　第 2 行的键值为:2 行×4+列号(0～3)为 8、9、A、B;

　　第 3 行的键值为:3 行×4+列号(0～3)为 C、D、E、F。

　　4×4 键盘行首键号为 0、4、8、C,列号为 0、1、2、3。

　　所以键值译码子程序为 DECODE,该子程序出口:键值在 A 中。

　　(3) 键盘扫描子程序(参见图 9-5)

　　出口:键值(键号)在 A 中

```
KEY:     MOV    P1,#0FOH      ;令所有行为低电平,全扫描字→P1.0～P1.3,列为输入方式
         MOV    R7,#0FFH      ;设置计数常数
KEY1:    DJNZ   R7,KEY1       ;延时            }延时
         LCALL  DEL20 ms      ;延时 20 ms 去抖动
         MOV    A,P1          ;读取 P1 口的列值
         CPL    A             ;求反后,有高电平就有键按下
         ANL    A,#0FOH       ;判别有键值按下吗?
         JZ     EKEY          ;无键按下时退出
SKEY:    MOV    A,#00         ;下面进行行扫描,1 行 1 行扫
         MOV    R0,A          ;R0 作为行计数器,开始为 0
         MOV    R1,A          ;R1 作为列计数器,开始为 0
         MOV    R3 #0FEH      ;R3 为行扫描字暂存,低 4 位为行扫描字
SKEY1:   MOV    A,R3
         MOV    P1,A          ;输出行扫描字,高 4 位全 1
         NOP
         NOP
         NOP                  ;3 个 NOP 操作使 P1 口输出稳定
         MOV    A,P1          ;读列值
         MOV    R1,A          ;暂存列值
         CPL    A             ;高电平则有键闭合
         ANL    A,#0FOH       ;取列值
S123:    JNZ    SKEY3         ;有键按下转 SKEY3,无键按下时进行下一行扫描
         INC    R0            ;行计数器加 1
         SETB   C             ;准备将行扫描左移 1 位,形成下一行扫描字
```

```
                                ;C＝1 保证输出行扫描字中高 4 位全为 1,为列输入作准备,
                                ;低 4 位中只有 1 位为 0
          MOV    A,R3          ;R3 带进位 C 左移 1 位
          RLC    A
          MOV    R3,A          ;形成下一行扫描字→R3
          MOV    A,R0
          CJNE   A,♯04H,SKEY1  ;最后一行扫(4 次)完了吗?
EKEY：    RET
;列号译码
SKEY3：   MOV    A,R1
          JNB    ACC.4,SKEY5
          JNB    ACC.5,SKEY6
          JNB    ACC.6,SKEY7
          JNB    ACC.7,SKEY8
          AJMP   EKEY
SKEY5：   MOV    A,♯00H
          MOV    R2,A          ;存 0 列号
          AJMP   DKEY
SKEY6：   MOV    A,♯01H
          MOV    R2,A          ;存 1 列号
          AJMP   DKEY
SKEY7：   MOV    A,♯02H
          MOV    R2,A          ;存 2 列号
          AJMP   DKEY
SKEY8：   MOV    A,♯03H
          MOV    R2,A          ;存 3 列号
          AJMP   DKEY
;键位置译码
DKEY：    MOV    A,R0          ;取行号
          ACALL  DECODE
          AJMP   EKEY
;键值(键号)译码
DECODE：  MOV    A,R0          ;取行号送 A
          MOV    B,♯04H        ;每一行按键个数
          MUL    AB            ;行号×按键数
          ADD    A,R2          ;行号×按键数＋列号＝键值(号),在 A 中
          RET
```

【例 9－1】　设计一个 2×2 行列式键盘,并编写键盘扫描子程序。

解：原理如图 9-6 所示。

① 判断是否有键按下

将列线 P1.0、P1.1 送全 0，查 P0.0、P0.1 是否

为 0。

② 判断哪一个键按下

逐列送 0 电平信号，再逐行扫描是否为 0。

③ 键号＝行首键号＋列号

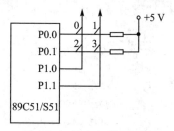

图 9-6　键盘扫描原理图

KEY:	LCALL	KS	;调用判断有无键按下子程序
	JZ	KEY	;无键按下，重新扫描键盘
	LCALL	T10 ms	;有键按下，延时去抖动
	LCALL	KS	
	JZ	KEY	
	MOV	R2,#0FEH	;首列扫描字送 R2
	MOV	R4,#00H	;首列号#00H 送入 R4
	MOV	P0,#0FFH	
LK1:	MOV	P1,R2	;列扫描字送 P1 口
	MOV	A,P0	
	JB	ACC.0,ONE	;0 行无键按下，转 1 行
	MOV	A,#00H	;0 行有键按下，该行首号#00H 送 A
	LJMP	KP	;转求键号
ONE:	JB	ACC.1,NEXT	;1 行无键按下，转下列
	MOV	A,#02H	;1 行有键按下，该行首号#02H 送 A
KP:	ADD	A,R4	;求键号，键号＝行首键号＋列号
	PUSH	ACC	;键号进栈保护
LK:	LCALL	KS	;等待键释放
	JNZ	LK	;未释放，等待
	POP	ACC	;键释放，键号送 A
	RET		;键扫描结束，出口状态：(A)＝键号
NEXT:	INC	R4	;列号加 1
	MOV	A,R2	;判断两列扫描完了吗
	JNB	ACC.1,KND	;两列扫描完，返回
	RL	A	;未扫描完，扫描字左移一位
	MOV	R2,A	;扫描字入 R2
	AJMP	LK1	;转扫下一列
KND:	AJMP	KEY	
KS:	MOV	P1,#0FCH	;全扫描字送 P1 口(即 P1 低 2 位送全 0)
	MOV	P0,#0FFH	
	MOV	A,P0	;读入 P0 口行状态
	CPL	A	;取正逻辑，高电平表示有键按下
	ANL	A,#03H	;保留 P0 口低 2 位(屏蔽高 6 位)

```
          RET                        ;出口状态：(A)≠0 时有键按下
T10 ms：  MOV      R7,♯10H          ;延时 10 ms 子程序
TS1：     MOV      R6,♯0FFH
TS2：     DJNZ     R6,TS2
          DJNZ     R7,TS1
          RET
```

2. 键中断扫描方式

为了提高 CPU 的效率,可以采用中断扫描工作方式,即只有在键盘有键按下时才产生中断申请;CPU 响应中断,进入中断服务程序进行键盘扫描,并做相应处理。中断扫描工作方式的键盘接口如图 9 - 7 所示。该键盘直接由 89C51/S51 P1 口的高、低字节构成 4×4 行列式键盘。键盘的行线与 P1 口的低 4 位相接,键盘的列线通过二极管接到 P1 口的高 4 位。因此,P1.4～P1.7 作键输出线,P1.0～P1.3 作扫描输入线。扫描时,使 P1.4～P1.7 位清 0。当有键按下时,$\overline{INT1}$端为低电平,向 CPU 发出中断申请。若 CPU 开放外部中断,则响应中断请求,进入中断服务程序。中断服务程序除完成键识别、键功能处理外,还须有消除键抖动等功能。

3. 键操作及功能处理程序

在键盘扫描程序中,求得键值只是手段,最终目的是使程序转移到相应的地址去完成该键所代表的操作程序。对数字键一般是直接将该键值送到显示缓冲区进行显示;对功能键则须找到该功能键处理程序的入口地址,并转去执行该键的功能。因此,当求得键值后,还必须找到功能键处理程序入口。下面介绍一种求地址转移的程序。

若图 9 - 4 中为 4×8 的 32 键,设 0、1、2、…、E、F 共 16 个键为数字键;其他 16 个键为功能键,键值为 16～31,即 10H～1FH,各功能键入口程序地址标号分别为 AAA、BBB、…、PPP。当对键盘进行扫描并求得键值后,还必须做进一步处理。方法是首先判别其是功能键还是数字键。若为数字键,则送显示缓冲区进行显示;若为功能键,则由散转指令"JMP @A+DPTR"转到相应的功能键处理程序,完成相应的操作。完成上述任务的子程序流程图如图 9 - 8 所示。

由图 9 - 8 可写出功能键地址转移程序如下:

```
BUFF      EQU      30H
KEYADR：  MOV      A,BUFF           ;键值→A
          CJNE     A,♯0FH,KYARD1
          AJMP     DIGPRO           ;等于 F,转数字键处理程序
KYARD1：  JC       DIGPRO           ;小于 F,转数字键处理程序
KEYTBL：  MOV      DPTR,♯JMPTBL     ;送功能键地址表指针
          CLR      C                ;清进位位
          SUBB     A,♯10H           ;功能键值(10H～1FH)减 16
```

```
                RL       A              ;(A)×2,使(A)为偶数：0、2、4、…
                JMP      @A+DPTR        ;转相应的功能键处理程序
    JMPTBL:     AJMP     AAA            ;
                AJMP     BBB            ;
                AJMP     CCC            ;
                AJMP     DDD            ;
                AJMP     EEE            ;
                AJMP     FFF            ;  均为2字节,转到16个功能键的相
                AJMP     GGG            ;  应入口地址。
                AJMP     HHH            ;  (A)=0、2、4、6…散转到
                AJMP     III            ;  AAA、BBB、CCC、DDD、…、PPP 功能
                AJMP     JJJ            ;  处理程序
                AJMP     KKK            ;
                AJMP     LLL            ;
                AJMP     MMM            ;
                AJMP     NNN            ;
                AJMP     OOO            ;
                AJMP     PPP            ;
```

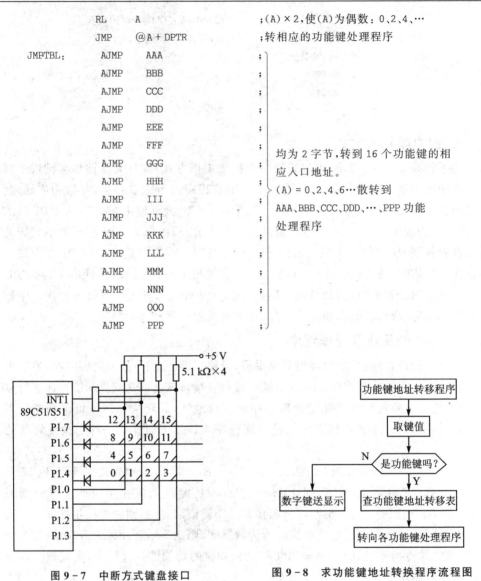

图 9-7　中断方式键盘接口

图 9-8　求功能键地址转换程序流程图

9.1.2　LED 显示器接口及显示程序

　　单片机应用系统中使用的显示器主要有发光二极管显示器,简称 LED(Light Emitting Diode);液晶显示器,简称 LCD(Liquid Crystal Display);近年也有配置 CRT 显示器的。前者价廉,配置灵活,与单片机接口方便;后者可进行图形显示,但接口较复杂,成本也较高。

1. LED 显示器结构原理

单片机中通常使用 7 段 LED 构成字型"8",另外,还有一个小数点发光二极管,以显示数字、符号及小数点。这种显示器有共阴极和共阳极两种,如图 9 - 9 所示。发光二极管的阳极连在一起的(公共端 K0)称为共阳极显示器,阴极连在一起的(公共端 K0)称为共阴极显示器。一位显示器由 8 个发光二极管组成,其中,7 个发光二极管构成字型"8"的各个笔划(段)a~g,另一个小数点为 dp 发光二极管。当在某段发光二极管上施加一定的正向电压时,该段笔划即亮;不加电压则暗。为了保护各段 LED 不被损坏,须外加限流电阻。

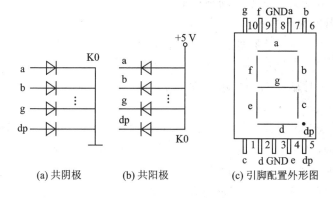

(a) 共阴极   (b) 共阳极   (c) 引脚配置外形图

图 9 - 9 LED 7 段显示器

以共阴极 LED 为例,如图 9 - 9(a)所示,各 LED 公共阴极 K0 接地。若向各控制端 a、b、…、g、dp 顺次送入 11100001 信号,则该显示器显示"7."字型。

除上述 7 段"8"字型显示器以外,还有 14 段"米"字型显示器和发光二极管排成 $m \times n$ 个点矩阵的显示器。其工作原理都相同,只是需要更多的 I/O 口线控制。

共阴极与共阳极 7 段 LED 显示数字 0~F、"—"符号及"灭"的编码(a 段为最低位,dp 点为最高位)如表 9 - 1 所列。

表 9 - 1 共阴极和共阳极 7 段 LED 显示字型编码表

显示字符	0	1	2	3	4	5	6	7	8
共阴极段选码	3F (BF)	06 (36)	5B (DB)	4F (CF)	66 (F6)	6D (FD)	7D (FD)	07 (87)	7F (FF)
共阳极段选码	C0 (40)	F9 (79)	A4 (24)	B0 (30)	99 (19)	92 (12)	82 (02)	F8 (78)	80 (00)
显示字符	9	A	B	C	D	E	F	—	熄灭
共阴极段选码	6F (EF)	77 (F7)	7C (FC)	39 (B9)	5E (DE)	79 (F9)	71 (F1)	40 (C0)	00 (80)

显示字符	9	A	B	C	D	E	F	—	熄灭
共阳极 段选码	90 (10)	88 (08)	83 (03)	C6 (46)	A1 (21)	86 (06)	8E (0E)	BF (3F)	FF (7F)

注：以上为 8 段,8 段最高位为小数点段。括号内数字为小数点点亮的段选码。7 段不带
小数点,共阴极相当于括号外数字,共阳极相当于括号内数字。

2. LED 显示器接口及显示方式

LED 显示器有静态显示和动态显示两种方式。

1) LED 静态显示方式

静态显示就是当显示器显示某个字符时,相应的段(发光二极管)恒定地导通或
截止,直到显示另一个字符为止。例如,7 段显示器的 a、b、c 段恒定导通,其余段和
小数点恒定截止时显示 7;当显示字符 8 时,显示器的 a、b、c、d、e、f、g 段恒定导通,dp
截止。

LED 显示器工作于静态显示方式时,各位的共阴极(公共端 K0)接地;若为共阳
极(公共端 K0),则接+5 V 电源。每位的段选线(a~dp)分别与一个 8 位锁存器的
输出口相连,显示器中的各位相互独立,而且各位的显示字符一经确定,相应锁存的
输出将维持不变。正因为如此,静态显示器的亮度较高。这种显示方式编程容易,管
理也较简单,但占用 I/O 口线资源较多。因此,在显示位数较多的情况下,一般都采
用动态显示方式。

2) LED 动态显示方式

在多位 LED 显示时,为了简化电路,降低成本,将所有位的段选线并联在一起,
由一个 8 位 I/O口控制。而共阴(或共阳)极公共端 K 分别由相应的 I/O 线控制,实
现各位的分时选通。图 9 - 10 所示为 6 位共阴极 LED 动态显示接口电路。

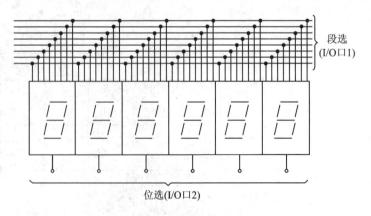

图 9 - 10　6 位 LED 动态显示接口电路

由于 6 位 LED 所有段选线皆由一个 8 位 I/O 口控制,因此,在每一瞬间,6 位 LED 会显示相同的字符。要想每位显示不同的字符,就必须采用扫描方法轮流点亮各位 LED,即在每一瞬间只使某一位显示字符。在此瞬间,段选控制 I/O 口输出相应字符段选码(字型码),而位选则控制 I/O 口在该显示位送入选通电平(因为 LED 为共阴,故应送低电平),以保证该位显示相应字符。如此轮流,使每位分时显示该位应显示的字符。例如,要求显示"E0 - 20"时,I/O 口 1 和 I/O 口 2 轮流送入段选码、位选码及显示状态如图 9 - 11 所示。段选码、位选码每送

段选码 (字形码)	位选码	显示器显示状态
3FH	1FH	0
5BH	2FH	2
40H	37H	—
3FH	3BH	0
79H	3DH	E
79H	3FH	E

图 9 - 11　6 位动态扫描显示状态

入一次后延时1 ms,因人眼的视觉暂留时间为 0.1 s(100 ms),所以每位显示的间隔不必超过 20 ms,并保持延时一段时间,以造成视觉暂留效果,给人看上去每个数码管总在亮。这种方式称为软件扫描显示。

3. LED 显示器与 89C51/S51 接口及显示子程序

图 9 - 12 为 89C51/S51 P0 口和 P1 口控制的 6 位共阴极 LED 动态显示接口电

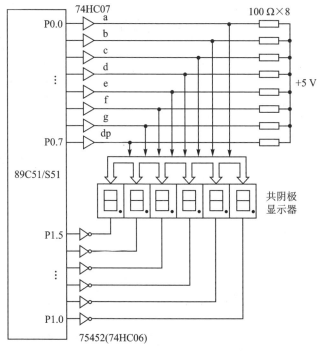

图 9 - 12　6 只 LED 动态显示接口

路。图中,P0口输出段选码,P1口输出位选码,位选码占用输出口的线数决定于显示器位数,比如6位就要占6条。75452(或7406)是反相驱动器(30 V高电压,OC门),这是因为89C51 P1口正逻辑输出的位控与共阴极 LED 要求的低电平点亮正好相反,即当 P1 口位控线输出高电平时,点亮一位 LED。7407是同相 OC 门,作段选码驱动器。

逐位轮流点亮各个 LED,每一位保持1 ms,在10～20 ms 之内再一次点亮,重复不止。这样,利用人的视觉暂留,好像6位 LED 同时点亮一样。

扫描显示子程序流程如图9-13所示。

DIS 显示子程序清单如下:

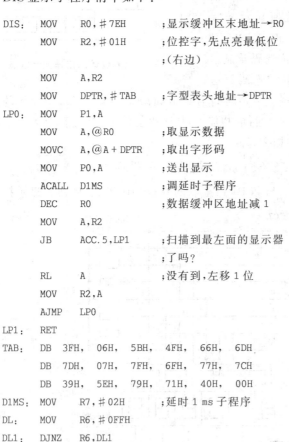

DIS:	MOV	R0,♯7EH	;显示缓冲区末地址→R0
	MOV	R2,♯01H	;位控字,先点亮最低位
			;(右边)
	MOV	A,R2	
	MOV	DPTR,♯TAB	;字型表头地址→DPTR
LP0:	MOV	P1,A	
	MOV	A,@R0	;取显示数据
	MOVC	A,@A+DPTR	;取出字形码
	MOV	P0,A	;送出显示
	ACALL	D1MS	;调延时子程序
	DEC	R0	;数据缓冲区地址减1
	MOV	A,R2	
	JB	ACC.5,LP1	;扫描到最左面的显示器
			;了吗?
	RL	A	;没有到,左移1位
	MOV	R2,A	
	AJMP	LP0	
LP1:	RET		
TAB:	DB	3FH,06H,5BH,4FH,66H,6DH	
	DB	7DH,07H,7FH,6FH,77H,7CH	
	DB	39H,5EH,79H,71H,40H,00H	
D1MS:	MOV	R7,♯02H	;延时1 ms 子程序
DL:	MOV	R6,♯0FFH	
DL1:	DJNZ	R6,DL1	
	DJNZ	R7,DL	
	RET		

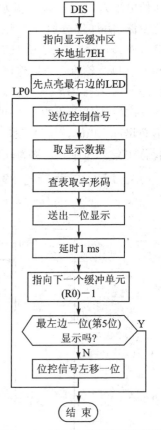

图9-13　DIS 显示子程序流程图

9.1.3　串行口控制的键盘/LED 显示器接口电路

89C51/S51的串行口 RXD 和 TXD 为一个全双工串行通信口,但工作在方式0下可作同步移位寄存器用,其数据由 RXD(P3.0)端串行输出或输入;而同步移位时钟由 TXD(P3.1)端串行输出,在同步时钟作用下,实现由串行到并行的数据通信。
在不需要使用串行通信的场合,利用串行口加外围芯片 74HC164 就可构成一个或多
个并行输入/输出口,用于串-并转换、并-串转换、键盘驱动或显示器 LED 驱动。

74HC164 是串行输入、并行输出移位寄存器,并带
有清除端。其引脚如图 9-14 所示。

其中,

- Q0~Q7:并行输出端。
- A、B:串行输入端。
- $\overline{CLR}$:清除端,零电平时,使 74LS164 输出清 0。
- CLK:时钟脉冲输入端,在脉冲的上升沿实现
  移位。当 CLK=0、CLR=1 时,74HC164 保持
  原来的数据状态。

图 9-14　74HC164 引脚图

采用串行口扩展显示器节省了 I/O 口,但传送速度较低;扩展的芯片越多,速度
越低。

1. 硬件电路

如图 9-15 所示,图中"与"门的作用是避免键盘操作时对显示器的影响,即仅当
P1.2=1 时,才开放显示器传送。

方式 0 数据传送的波特率是固定的,为 $f_{osc}/12$。其中,f_{osc} 为 89C51/S51 单片
机的晶振频率。例如,$f_{osc}=6$ MHz 时,波特率为 500 kb/s,即每传送一位
需 2 μs 时间。

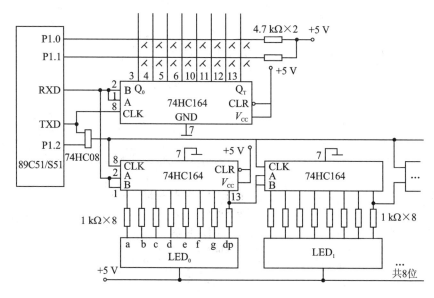

图 9-15　串行控制键盘扫描和显示器接口电路

2. 程序清单

这种显示电路属于静态显示,比动态显示亮度更高些。由于 74HC164 在低电平输出时,允许通过的电流达 8 mA,故不必添加驱动电路,亮度也较理想。与动态扫描相比较,无需 CPU 不停地扫描,频繁地为显示服务,节省了 CPU 时间,软件设计也比较简单。

因为采用共阳极 LED,所以,相应的亮段必须送 0,相应的暗段必须送 1。

下面是键盘扫描和显示子程序清单。

```
KEY:    MOV     A,#00H          ;向串行口数据缓冲器送全 0
        CLR     P1.2
        MOV     SBUF,A
KL0:    JNB     TI,KL0          ;等待 8 位数据发送完毕
        CLR     TI              ;清中断标志
KL1:    JNB     P1.0,PK1        ;第 1 行有键按下吗
        JB      P1.1,KL1        ;第 2 行有键按下吗? 若无则继续扫描
PK1:    ACALL   D10MS           ;有键按下,延时 10 ms,消除键抖动
        JNB     P1.0,PK2        ;确定是否键抖动引起
        JB      P1.1,KL1
PK2:    MOV     R7,#08H         ;不是键抖动引起则逐列扫描
        MOV     R6,#0FEH        ;选中第 0 列
        MOV     R3,#00H         ;记下列号初值
PL5:    MOV     A,R6            ;使某一列为低
        MOV     SUBF,A
KL2:    JNB     TI,KL2
        CLR     TI
        JNB     P1.0,PK4        ;是第 1 行吗?
        JNB     P1.1,PK5        ;是第 2 行吗?
        MOV     A,R6            ;不是本列,则继续下一列
        RL      A
        MOV     R6,A
        INC     R3              ;列号加 1
        DJNZ    R7,PL5          ;若 8 列扫描完仍未找到,则退出,等待执行下一次扫描
        RET
PK5:    MOV     R4,#08H         ;是第 2 行,则 R4 送初值 08H
        AJMP    PK3             ;转键处理
PK4:    MOV     R4,#00H         ;是第 1 行,则 R4 送初值 00H
PK3:    MOV     A,#00H          ;等待键释放
        MOV     SBUF,A
KL3:    JNB     TI,KL3
        CLR     TI
KL4:    JNB     P1.0,KL4
```

```
          JNB    P1.1,KL4
          MOV    A,R4              ;取键号
          ADD    A,R3
          CLR    C
          SUBB   A,#0AH            ;是命令键吗?
          JNC    KL6              ;转命令键处理程序
          MOV    DPTR,#TABL        ;字形码表初值送 DPTR
          ADD    A,#0AH            ;恢复键号
          MOVC   A,@A+DPTR         ;取字形码数据
          MOV    R0,60H            ;取显示缓冲区指针
          MOV    @R0,A             ;将字形码入显示缓冲区
          INC    R0               ;显示缓冲区地址加 1
          CJNE   R0,#60H,KD        ;判是否到最高位
          MOV    60H,#58H          ;保存显示缓冲区地址
          SJMP   KD1
KD:       MOV    60H,R0
KD1:      ACALL  LED              ;调用送显示子程序
          RET
KL6:      MOV    B,#03H            ;修正命令键地址转移表指针
          MUL    AB
          MOV    DPTR,KTAB         ;地址转移表首地址送 DPTR
          JMP    @A+DPTR          ;根据指针跳转
KTAB:     LJMP   K1               ;K1、K3…为各命令键服务程序首地址
          LJMP   K3
            ⋮
TABL:     DB     C0H,F9H,A4H,B0H   ;0～9 字形码转换(共阳)
          DB     99H,92H,82H,F8H
          DB     80H,90H
LED:      SETB   P1.2              ;开放显示器控制
          MOV    R7,#08H           ;显示位数 R7
          MOV    R0,#58H           ;先送最低位
LED1:     MOV    A,@R0             ;送显示器数据
          MOV    SBUF,A
LED2:     JNB    TI,LED2
          CLR    TI
          INC    R0               ;继续下一位
          DJNZ   R7,LED1           ;全部送完
          CLR    P1.2              ;关闭显示器控制
          RET
```

9.2　系统前向通道中的 A/D 转换器及接口技术

模/数(A/D)转换电路的种类很多,例如,计数比较型、逐次逼近型、双积分型等等。选择 A/D 转换器件主要是从速度、精度和价格上考虑。这里,我们主要学习后两种典型的 A/D 电路芯片与 89C51/S51 单片机的接口以及程序设计方法。

逐次逼近型 A/D 转换器,在精度、速度和价格上都适中,是最常用的 A/D 转换器件。双积分 A/D 转换器,具有精度高、抗干扰性好、价格低廉等优点,但转换速度低。

近年来,串行输出的 A/D 芯片由于节省单片机的 I/O 口线,越来越多地被采用。如具有 SPI 三线接口的 TLC1549、TLC1543、TLC2543、MAX187、TLC0831、ADC0832 等,具有 2 线 I^2C 接口的 MAX127、PCF8591(4 路 8 位 A/D,还含 1 路 8 位 D/A)等。

9.2.1　8 位串行 A/D 芯片 TLC0831 与单片机接口及编程

TLC0831 是 TI 公司生产的 8 位串行输出 A/D 转换器,其特点是:

- 8 位分辨率;
- 单通道;
- 串行输出;
- 5 V 工作电压下其输入电压可达 5 V;
- 输入/输出电平与 TTL/CMOS 兼容;
- 工作频率为 250 kHz 时,转换时间为 32 μs。

1. TLC0831 与单片机接口电路

图 9-16 是该器件的引脚图。图中$\overline{CS}$为片选端,IN_+为正输入端,IN_-是负输入端。TLC0831 可以接入差分信号,如果输入单端信号,IN_-应该接地。REF 是参考电压输入端,使用中应接参考电压或直接与 V_{cc} 接通。DO 是数据输出端,CLK 是时钟信号端。这两个引脚用于与 CPU 通信。图 9-17 是 TLC0831 与单片机的接线图。

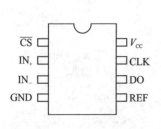

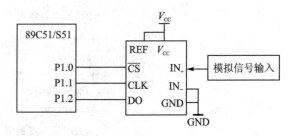

图 9-16　TLC0831 引脚　　　　图 9-17　89C51/S51 单片机与 TLC0831 的接线图

2. A/D 转换的条件(转换时序)

TLC0831 属于 SPI 接口器件,其操作时序如图 9-18 所示。

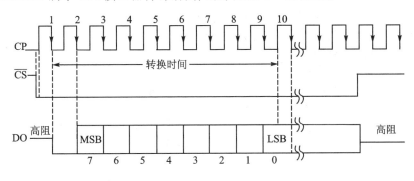

图 9-18　TLC0831 的操作时序

置 $\overline{CS}$ 为低电平开始一次转换,在整个转换过程中 $\overline{CS}$ 必须为低电平。连续输入 10 个脉冲完成一次转换,数据从第 2 个脉冲的下降沿开始输出。转换结束后应将 $\overline{CS}$ 置为高电平,当 $\overline{CS}$ 重新拉低时将开始新的一次转换。

3. A/D 转换程序

A/D 转换程序如下:

```
;引脚定义
CS      bit     P1.0
CLK     bit     P1.0
DO      bit     P1.0            ;根据硬件连线定义标记符号
```

A/D 转换子程序 ADC 如下:

```
;子程序名:ADC
;资源占用:R7,ACC
;出口:累加器 A 为获得的 A/D 转换结果
ADC:    CLR     CS              ;拉低CS端
        NOP
        NOP
        SETB    CLK             ;拉高 CLK 端
        NOP
        NOP
        CLR     CLK             ;拉低 CLK 端,形成下降沿
        NOP
        NOP
        SETB    CLK             ;拉高 CLK 端
        NOP
        NOP
```

```
              CLR    CLK              ;拉低 CLK 端,形成第 2 个脉冲的下降沿
              NOP
              NOP
              MOV    R7,#8            ;准备送后 8 个时钟脉冲
       AD8:   MOV    C,DO             ;接收数据
              MOV    ACC.0,C
              RL     A                ;左移 1 次
              SETB   CLK
              NOP
              NOP
              CLR    CLK              ;形成 1 次时钟脉冲
              NOP
              NOP
              DJNZ   R7,AD8           ;循环 8 次
              SETB   CS               ;接高CS端
              CLR    CLK              ;拉低 CLK 端
              SETB   DO               ;拉高数据端,回到初始状态
              RET
```

9.2.2　8 位 2 通道串行 A/D 芯片 ADC0832 与单片机接口及编程

ADC0832 是 NS 公司生产的具有 Microwire/SPI 串行接口的 8 位 A/D 转换器。通过三线接口与单片机连接,其功耗低,性价比较高,适宜在袖珍式智能仪器中使用。其主要特点如下:

- 8 位分辨率,逐次逼近型,基准电压为 5 V;
- 5 V 单电源供电;
- 输入模拟信号电压范围为 0~5 V;
- 输入和输出电平与 TTL 和 COMS 兼容;
- 在 250 kHz 时钟频率时,转换时间为 32 μs;
- 具有 2 个可供选择的模拟输入通道;
- 功耗低,功耗不大于 15 mW。

1. 引脚功能

ADC0832 引脚排列如图 9-19 所示。

各引脚功能如下:

$\overline{CS}$　　　　　片选端,低电平有效。

CH0,CH1　2 路模拟信号输入端。

DI　　　　　2 路模拟输入选择输入端。

DO　　　　　模/数转换结果串行输出端。

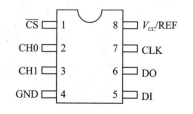

图 9-19　ADC0832 引脚图

CLK　　　　　串行时钟输入端。

V_{cc}/REF　　正电源端和基准电压输入端。

GND　　　　　电源地。

2. ADC0832 工作时序

ADC0832 的工作时序如图 9-20 所示。当 $\overline{CS}$ 由高变低时,选中 ADC0832。在时钟的上升沿,DI 端的数据移入 ADC0832 内部的多路地址移位寄存器。在第一个时钟期间,DI 为高,表示启动位,紧接着输入 2 位配置位。在输入启动位和配置位后即选通了输入模拟通道,转换开始。转换开始后,经过一个时钟周期的延时,以使选定的通道稳定。ADC0832 接着在第 4 个时钟下降沿输出转换数据。数据输出时先输出最高位(D7～D0);输出完转换结果后,又以最低位开始重新输出一遍数据(d0～d7),两次发送的最低位共用。当片选 $\overline{CS}$ 为高时,内部所有寄存器清 0,输出变为高阻态。如果要再进行一次 A/D 转换,片选 $\overline{CS}$ 必须再次从高向低跳变,后面再输入启动位和配置位。

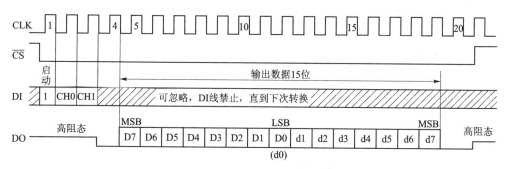

图 9-20　ADC0832 串行 A/D 转换时序图

3. 工作时序中配置位 CH0 和 CH1 的功能

ADC0832 工作时,模拟通道的选择及单端输入和差分输入的选择,都取决于工作时序中由 DI 输入的配置位 CH0 和 CH1。当差分输入时,要分配输入通道的极性,两个输入通道的任何一个通道都可作为正极或负极。ADC0832 的配置位逻辑表如表 9-2 所列。

表中:"+"表示输入通道的端点为正极性:"-"表示输入端点为负极性;H、L 分别表示高、低电平。由 DI 端输入配置位时,高位(CH0)在前,低位(CH1)在后。

DI 端只在多路寻址时被检测,即在 $\overline{CS}$ 变低后的前 3 个时钟周期内,DO 端仍为高阻态;转换开始后,DI 线禁止,直到下一次转换开始。因此,DI 端和 DO 端可连在一起。

4. 接口电路及 A/D 转换程序

图 9-21 为 89C51/S51 与 ADC0832 的 SPI 串行接口方式,DO 和 DI 分别接于 P1.0 和 P1.1 引脚。

表 9 - 2　　ADC0832 的配置位逻辑表

输入形式	配置位		选择通道号	
	CH0	CH1	CH0	CH1
差分	L	L	+	−
	L	H	−	+
单端	H	L	+	
	H	H		+

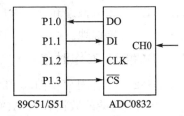

图 9 - 21　89C51/S51 与 ADC0832 的
SPI 串行方式接口图

对 CH0 通道的模拟信号进行 A/D 转换,转换结果存于 A 中。程序如下:

```
CADB:    CLR    P1.3           ;CS = 0
         MOV    A,#03H         ;启动位和配置位为 011,即 CH0 = 1,CH1 = 0(启动位为 1)
         MOV    R7,#03H
LOOPB1:  CLR    P1.2           ;CLK = 0
         RRC    A
         MOV    P1.1,C         ;1→DI
         NOP
         CETB   P1.2           ;CLK→1
         DJNZ   R7,LOOPB1      ;110 = DI,启动 A/D 转换
         CLR    P1.2           ;通道稳定脉冲(第 4 个时钟脉冲)以后开始输出数据
         NOP
         SETB   P1.2           ;CLK = 1
         MOV    R7,#08H         ;读 8 位数据
LOOPB2:  CLR    P1.2           ;CLK = 0
         MOV    C,P1.0         ;读入 1 位数据
         RLC    A
         SETB   P1.2           ;CLK = 1
         DJNZ   R7,LOOPB2      ;产生 8 个时钟脉冲,从 DO(P1.0)读入 8 位数据存于 A 中
         SETB   P1.3           ;CS = 1
         RET
```

9.2.3　10 位单通道串行输出 A/D 芯片 TLC1549 与单片机接口及编程

1. TLC1549 串行 A/D 转换器芯片

1) 主要性能

TLC1549M 是 TI 公司生产的一种开关电容结构的逐次比较型 10 位 A/D 转换器。片内自动产生转换时钟脉冲,转换时间≤21 μs;最大总不可调转换误差为±1 LSB;单电源供电(+5 V),最大工作电流仅为 2.5 mA;转换结果以串行方式输出;工

作温度为－55～＋125 ℃。

　　TLC549 是 8 位 A/D 转换器,引脚与 TLC1549 兼容,价格更便宜些。

　　2) 引脚及功能

　　TLC1549M 有 DIP 和 FK 2 种封装形式。其中,DIP 封装的引脚排列如图 9 - 22 所示。引脚功能见表 9 - 3。

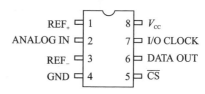

图 9 - 22　TLC1549 的引脚图

　　3) TLC1549 的工作方式及时序

　　TLC1549 有 6 种工作方式,如表 9 - 4 所列。其中方式 1 和方式 3 属同一类型,方式 2 和方式 4 属同一类型。快速方式和慢速方式在实际应用中并无本质区别,主要决定于 I/O CLOCK 周期的大小。一般来说,时钟频率高于 280 kHz 时,可认为是快速工作方式;低于 280 kHz 时,可认为是慢速工作方式。因此,如果不考虑 I/O CLOCK 周期大小,方式 5 与方式 3 相同,方式 6 与方式 4 相同。

表 9 - 3　TLC1549M 引脚功能

引　脚	符　号	功　能
1	REF+	正基准电压,通常取值为 V_{cc}
2	ANALO GIN	被转换的模拟信号输入端
3	REF-	负基准电压,通常接地
4	GND	模拟信号和数字信号地
5	$\overline{CS}$	片选端
6	DATA OUT	串行数据输出端。当 $\overline{CS}$ 为低电平时,此输出端有效;当 $\overline{CS}$ 为高电平时,DATAOUT 处于高阻状态
7	I/O CLOCK	输入/输出时钟,用于接收外部送来的串行 I/O 时钟,最高频率可达 2.1 MHz
8	V_{cc}	正电源电压 4.5～5.5 V,通常取 5 V

表 9 - 4　TLC1549 的工作方式

方　式		$\overline{CS}$	I/O 时钟数/个	引脚 6 输出 MSB 的时刻
快速方式	方式 1	转换周期之间为高电平	10	$\overline{CS}$ 下降沿
	方式 2	连续低电平	10	在 21 μs 内
	方式 3	转换周期之间为高电平	11～16	$\overline{CS}$ 下降沿
	方式 4	连续低电平	16	在 21 μs 内
慢速方式	方式 5	转换周期之间为高电平	11～16	$\overline{CS}$ 下降沿
	方式 6	连续低电平	16	第 16 个时钟下降沿

　　下面仅对方式 1 作详细介绍,其余方式只作简单说明。

　　工作方式 1 工作时序图如图 9 - 23 所示。图中从 $\overline{CS}$ 下跳到 DATA 输出数据要有 1.3 μs 的延时;连续进行 A/D 转换时,在上次转换结果输出的过程中,同时完成本次转换的采样,这样大大提高了 A/D 转换的速率。

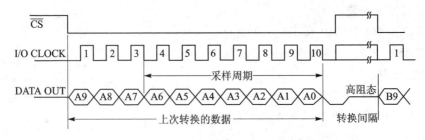

图 9 - 23　方式 1 工作时序

如果 I/O CLOCK 的时钟频率为 2.1 MHz,则完成一次 A/D 转换的时间大约为 26 μs。如果用连续模拟信号进行采样转换,显然其转换速率是很高的。

方式 3 与方式 1 相比较,所不同的是在第 10 个脉冲之后 I/O CLOCK 再产生 1~6 个脉冲,$\overline{CS}$ 开始无效。这几个脉冲只要仍在转换时间间隔内,就不影响数据输出。这一工作方式为单片机的操作控制和编程提供了便利条件。

方式 2 的 $\overline{CS}$ 一直保持低电平有效,且在转换时间间隔(21 μs)内,I/O CLOCK 保持低电平。这时,DATA OUT 也为低电平。转换时间间隔结束后,转换结果的最高位自动输出。

方式 4 与方式 2 相比较,是在转换时间间隔内再产生 1~6 个脉冲,并不影响数据输出。

2. TLC1549 与 89C51 接口电路与程序

TLC1549 与 89C51 的 SPI 接口如图 9 - 24 所示。将 P3.0 和 P3.1 分别用作 TLC1549 的 $\overline{CS}$ 和 I/O CLOCK,TLC1549 的 DATAOUT 端输出的二进制数由单片机 P3.2 读入,V_{CC} 与 REF$_+$ 接 +5 V,模拟输入电压为 0~5 V。

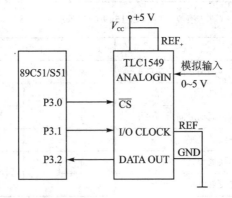

图 9 - 24　TLC1549M 与 89C51/S51 的接口电路

89C51/S51 读取 TLC1549 中 10 位数据程序如下:

```
              ORG      0050H
R1549:        CLR      P3.0              ;片选有效,选中 TLC1549
              MOV      R0,#2             ;要读取高两位数据
              LCALL    RDATA             ;调用读数子程序
              MOV      R1,A              ;高两位数据送到 R1 中
              MOV      R0,#8             ;要读取低 8 位数据
              LCALL    RDATA             ;调用读数子程序,读取数据
              MOV      R2,A              ;低 8 位数据送入 R2 中
              SETB     P3.0              ;片选无效
              CLR      P3.1              ;时钟低电平
              RET                        ;程序结束
                                         ;读数子程序
RDATA:        CLR      P3.1              ;时钟低电平
              MOV      C,P3.2            ;数据送进位位 CY
              RLC      A                 ;数据送累加器 A
              SETB     P3.1              ;时钟变高电平
              DJNZ     R0,RDATA          ;读数结束了吗
              RET                        ;子程序结束
```

9.2.4　12 位串行 A/D 芯片 AD7893 与单片机接口及编程

AD7893 是 AD 公司生产的 12 位串行数据转换器,转换器的分辨率为 0.02%（≤0.1%）,单一+5 V 电源供电,功耗为 25 mW,内部含有 6 μs DAC、一个采样-保持放大器、控制逻辑电路和一个高速串行接口。其内部结构框图如图 9-25 所示。表 9-5 为 AD7893 引脚功能说明。

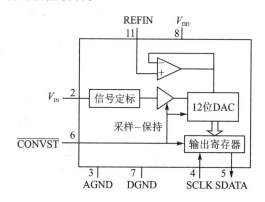

图 9-25　AD7893 结构示意图

表 9 - 5　　AD7893 引脚功能

引脚号	引脚助记符	说　明
1	REFIN	输入参考电压。这个引脚连接外部参考电源,为 AD7893 转换器提供参考电源。为了 AD7893 能正常工作,建议的参考电压为+2.5 V
2	V_{IN}	模拟输入。电压输入范围是 0～+2.5 V
3	AGND	模拟地。采样-保持器、比较器和 DAC 参考地
4	SCLK	串行时钟输入。应用外部时钟脉冲,从 AD7893 获得数据,一个新的数据位在串行时钟脉冲的上升沿输出,在时钟的下降沿有效。串行数据转换结束后,时钟脉冲应变为低电平
5	SDATA	数据输出。在这个引脚串行输出数据。在 SCLK 的上升沿数据输出,在 SCLK 的下降沿数据有效。提供的串行数据有 16 位,前 4 位为 0,跟着是 12 位转换后的数据。在第 16 个脉冲的下降沿,SDATA 线失效。输出数据是标准二进制
6	$\overline{CONVST}$	转换启动信号。这个引脚输入信号的下降沿。串行时钟计数器复位为 0。在上升沿,采样-保持器进入保持模式,启动转换
7	DGND	数字地。数字电路的参考地
8	V_{DD}	正电源供电+5 V

1. 模拟输入通道接口电路

采用 AD7893 设计的模拟量输入通道,其原理图如图 9 - 26 所示。由于有多路模拟信号需要转换,输入采用八选一多路模拟开关 ADG508。在 AD7893 的输入端,设计了由 D1 和 D2 构成的输入电压保护电路,防止输入电压过高而损坏 AD7893 芯片。R_1 和 C_3 构成滤波电路用于消除输入信号中的干扰成分。AD7893 芯片需要外加+2.5 V 的参考电压。这里选用的+2.5 V 基准稳压电源 LM385,可输出 10 mA 的工作电流,温漂为 20 ppm,且价格低廉,符合设计要求。

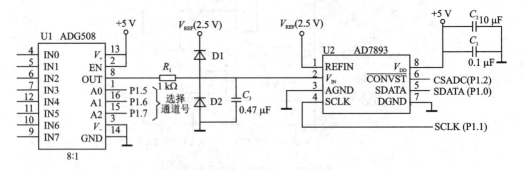

图 9 - 26　模拟量输入通道原理图

模拟量输入通道与单片机的接口比较简单,来自 89C51/S51 单片机的 P1.7、P1.6 和 P1.5 用于选择 A/D 转换通道。P1.2(CSADC)、P1.1(SCLK)、P1.0(SDATA),则用于构成 3 线式串行接口。

2. 工作时序软件设计

AD7893 工作时序图如图 9 - 27 所示。从时序图可知,当 $\overline{\text{CONVST}}$ 加一负脉冲时启动 A/D 转换,经 6 μs 后转换结束。在时钟信号作用下,16 位数字量从高位到低位逐位输出。16 位数据的前 4 位全为 0,这 4 位数据是转换结果的高位填充位,后 12 位为 A/D 转换值。

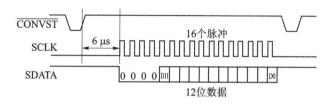

图 9 - 27 AD7893 时序图

根据 AD7893 的时序图,可得到程序流程图如图 9 - 28 所示。

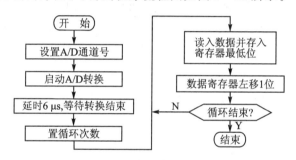

图 9 - 28 A/D 转换子程序流程图

以下是采用 MCS - 51 汇编语言编写的 A/D 转换子程序 ADSLB。设通道号放在 R1 中,转换值放在数据寄存器 R3(高 4 位)、R2(低 8 位)中,R7 为计数器。

```
ADSUB:  PUSH    PSW
        PUSH    A
        CLR     P1.1        ;将 P1.1(SCLK)置 0,
        MOV     A,R1        ; XXXXX D2 D1 D0  R1
        ANL     A,#07H      ;测试通道号,例如 D2 D1 D0 = 000
        RRC     A
        MOV     P1.5,C      ;设置 A/D 转换通道
        RRC     A
        MOV     P1.6,C
        RRC     A
        MOV     P1.7,C
        CLR     P1.2
        NOP                 ;R1.2 产生负脉冲,启动 A/D 转换(CDNVS)上升沿有效
        SETB    P1.2
```

```
            SCALL    DELAY              ;6 μs 延时转换完成
            CLR      A
            MOV      R2,A               ;清 R3R2
            MOV      R3,A
            MOV      R7,＃10H            ;16 位
ADSUB0：SETB    P1.1               ;将 P1.1(SCLK)置 1，
            MOV      C,P1.0
            MOV      A,R2
            RLC      A
            MOV      R2,A               ;SDATD 输入单片机 R3R2 一位数据
            MOV      A,R3
            RLC      A
            MOV      R3,A
            CLR      P1.1               ;SCLK，
```

	R3	R2

```
            DJNZ     R7,ADSUB0          ;16 位(12 位有效)结果  0000D11～D8   D7～D0
            POP      A
            POP      PSW
            RET
;延时子程序
DELAY：   MOV      R6,＃04H
DL－LOP:DJNZ     R6,DL－LOP
            RET
```

9.2.5　16 位低速串行 A/D 芯片 AD7705 与单片机接口及编程

ADI 公司出品的用于低频测量仪器的 AD7705,能将传感器接收到的弱输入信号直接转换成串行数字信号输出,而不需要外部前置放大器。它采用Σ-△的 ADC,具有 16 位无误码的良好性能,片内具有可编程 1～128 前置增益,并具有工作电压低、功耗低等特点。

国家三级秤标准要求称重数据与重物的绝对精度小于 1/1 000～1/5 000。因此,经 A/D 转换后输出数据的有效位应在 13 位以上。16 位 AD7705/06 能直接将传感器检测到的微小信号进行 A/D 转换。它具有高分辨率、宽动态范围、自校准、优良的抗噪声性能以及低电压、低功耗等特点,适于称重系统中微机信号处理的需要。设计中,AD7705 的相应参数为:

- 输出数据更新频率:50 Hz;
- 系统增益:64;
- 有效分辨率:15 位。

1. AD7705 引脚功能

AD7705 引脚排列如图 9-29 所示,各引脚功能说明如下:

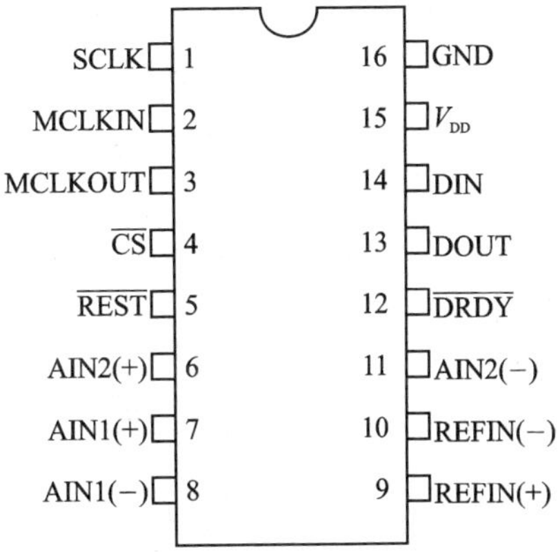

MCLKIN	为转换器提供主时钟信号,能以晶体谐振器或外部时钟的形式提供。
MCLKOUT	当主时钟为晶体谐振器时,晶体谐振器接在 MCLKIN 和 MCLKOUT 之间;如果在 MCLKIN 引脚处连接一个外部时钟,MCLKOUT 将提供一个反向时钟信号。

图 9 - 29 AD7705 引脚图

$\overline{CS}$	片选输入端,低电平有效。
AIN2(+)	差分输入通道 2 的正输入端。
AIN1(+)	差分输入通道 1 的正输入端。
AIN1(−)	差分输入通道 1 的负输入端。
AIN2(−)	差分输入通道 2 的负输入端。
$\overline{DRDY}$	逻辑输出有效。低电平有效,表示可以 AD7705 的数字寄存器获取新的输出值。
DOUT	串行数据输出端。
DIN	串行数据输入端。
$\overline{REST}$	复位输入端,低电平有效。
SCLK	串行时钟,施密特逻辑输入。
REEIN(−)	参考电源正输入端。
REEIN(+)	参考电源负输入端。

2. AD7705 的可编程寄存器

AD7750 片内含有 8 个可编程寄存器。第一个为通信寄存器,它定义了后一操作的功能。下面仅对通信寄存器和设置寄存器做简要介绍。

1) 通信寄存器

通信寄存器的 8 位分布如下:

0/$\overline{DRDY}$	RS2	RS1	RS0	R/$\overline{W}$	STBY	CH1	CH0

各位说明如下:

0/$\overline{DRDY}$	定义有效位。0 表示后 7 位有效。
RS2、RS0	8 个寄存器选择定义位,如表 9 - 6 所列。
R/W	寄存器读/写选择位。该位定义了后一个操作是读寄存器还是写寄存器。R/$\overline{W}$=1为读,R/$\overline{W}$=0 为写。

STBY　　　　　　定义操作模式位。

CH1、CH0　　　 通道选择位。00 表示通道 1(正极性),01 表示通道 2(正极性),
　　　　　　　　10 表示通道 1(负极性),11 表示通道 2(负极性)。

表 9-6　　8 个寄存器选择定义位

RS2	RS1	RS0	寄存器	寄存器大小/位	RS2	RS1	RS0	寄存器	寄存器大小/位
0	0	0	通信寄存器	8	1	0	0	测试寄存器	8
0	0	1	设置寄存器	8	1	0	1	无操作	
0	1	0	时钟寄存器	8	1	1	0	偏置寄存器	24
0	1	1	数据寄存器	16	1	1	1	增益寄存器	24

2) 设置寄存器

设置寄存器的 8 位分布如下:

MD1	MD0	G2	G1	G0	B/U	BUF	FSYNC

其中,G2、G1、G0 三位为可编程增益选择位,如表 9-7 所列。

表 9-7　　3 位可编程增益设置

G2	G1	G0	增益设置	G2	G1	G0	增益设置
0	0	0	1	1	0	0	16
0	0	1	2	1	0	1	32
0	1	0	4	1	1	0	64
0	1	1	8	1	1	1	128

3. 硬件设计

要满足前面确定的 AD7705 参数,设计中 AD7705 的主时钟频率取:$f_{CLK}=$
2.457 6 MHz。

AD7705 的串行数据接口包括 5 个:片选输入 $\overline{CS}$,串行施密特逻辑输入时钟
SCLK,数据输入 DIN,转换数据输出 DOUT,指示数据准备就绪的状态信号输出
$\overline{DRDY}$。其中当 $\overline{DRDY}$ 为低电平时,转换数据可读取;否则不可读取。

设计中 $\overline{CS}$ 可由 AT89C51/S51 选中实现,也可接地;本设计中将 $\overline{CS}$ 接地。系统
电路如图 9-30 所示。

4. 软件设计

设计中注意 AD7705 与 51 系列单片机的数据交换顺序。在读/写操作模式下,
51 系列单片机的数据要求 LSB 在前,而 AD7705 要求 MSB 在前,所以对 AD7705 寄
存器进行配置之前必须将命令字重新排列方可写入,同样要将从 AD7705 数据寄存
器中读取到缓冲器后的数据进行重新排列方可使用。

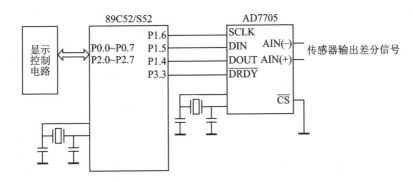

图 9-30　系统硬件电路框图

AD7705 通信必须严格按图 9-31 和图 9-32 时序操作。

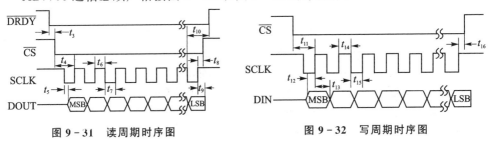

图 9-31　读周期时序图　　　　**图 9-32　写周期时序图**

AD7705 的初始化和配置：AD7705 的配置与硬件的设计紧密相关，只有在正确配置的情况下硬件才能正常工作。同时，对 AD7705 内每一个寄存器的配置都必须从写通信寄存器开始，通过写通信寄存器完成通道的选择和设置下一次操作寄存器的选择。

下面的程序为 A/D 转换子程序 READ，首先设置 70H～7FH 为存采集的 A/D 值，设置读 8 组 A/D 转换值，并设置 AD7705 功能寄存器状态字；然后读 8 组 AD7705 转换值，并进行求平均值，平均值存放在 R4 和 R5 寄存器中。返回后进行数据处理。

该程序中，写入通信寄存器的控制字 38H 的含意如下：

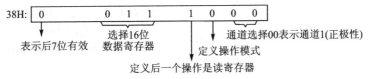

```
;引脚定义
        SCLK      BET      P1.6
        DIN       BET      P1.5
        DOVT      BET      P1.4
        DRDY      BET      P3.3
;A/D转换子程序
```

```
READ:              MOV     R0,♯70H              ;70H～7FH 在 A/D 采集区存采集的 A/D 值
                   MOV     R5,♯80H              ;设置读 8 组 A/D 转换值
READ－LOOP1:       MOV     SEND－BUFFER,♯38H     将控制字 38H 写入发送缓冲区设置 AD7705
                                                ;为 16 位,1 通道
                   LCALL   AD7705－WRITE         ;调写 AD7705 子程序
                   LCALL   AD7705－READ          ;调读 AD7705 转换子程序
                   MOV     A,RECIVE－BUFFERH
                   MOV     @R0,A
                   INC     R0                   ;将每一次读取的 16 位转换值由
                   MOV     A,RECIVEBUFFERL      ;接收缓冲区存入 A/D 采集区中,
                   MOV     @R0,A                ;循环 8 次,共读 8 组转换值
                   INC     R0
                   DJNZ    R5,READ－LOOP1
                   MOV     R0,♯70H
                   MOV     R7,♯08H
                   LCALL   DDM2                 ;转求平均值子程序(DDM2 略)
                   MOV     F11,♯02H             ;平均值在 R4、R5 中
                   MOV     F12,R4
                   MOV     F13,R5
READ－OK:          RET
AD7706－READ:      SETB    SCLK
                   NOP
WAIT:              JNB     DRDY,WAIT            ;等待转换完成
                   NOP
                   MOV     R6,♯10H              ;预置 16 位
AD7705－READ1:     CLR     SCLK
                   NOP
                   SETB    SCLK
                   MOV     A,RECIVE－BUFFERL
                   MOV     C,DOUT
                   RLC     A                    ;读 16 位 A/D 转换值
                   MOV     RECIVE－BUFFERL,A     ;(循环 16 次将 AD7705 DOUT 端的输出
                   MOV     A,RECIVE－BUFFERH     ;数据依次移入接收缓冲器中,16 位)
                   RLC     A
                   MOV     RECIVE－BUFFERH,A
                   DJNZ    R6,AD7705－READ1
                   RET
AD7705－WRITE:     SETB    SCLK
                   NOP
                   MOV     R6,♯08H              ;预置 8 位
```

```
AD7705 - WRITE1:  CLR      SCLK
                  MOV      A ,SEND - BUFFER
                  RLC      A
                  MOV      DIN,C
                  MOV      SEND - BUFFER,A
                  NOP
                  SETB     SCLK
                  DJNZ     R6,AD7705 - WRITE1
                  NOP
                  SETB     SCLK
                  NOP
                  RET
```
　　;将发送缓冲区控制字 38H 取出,
　　;写入 AD7705,设置片内通信寄
　　;存器(8 位)

　　AD7705 - WRITE 子程序是将 A/D 转换程序第 3 条指令"MOV SEND - BUFFER,♯38H"中的 38H,右移循环 8 次,依次移位送入 AD7705 的 DIN。其功能是:将发送缓冲区中的控制字依次移入 AD7705 中的通信寄存器(功能寄存器)。

　　AD7705 - READ 子程序,是等待 AD7705 数字寄存器获取新的输出值后(刚转换完,$\overline{\text{DRDY}}$ 为低)由 DOUT 串行输出,依次移位到接收缓冲器中。因为 A/D 转换值为 16 位,所以接收缓冲器用 2 个单元。

9.2.6　16 位高速串行 A/D 芯片 AD7683 与单片机接口及编程

　　目前市场上的 A/D 转换器件很多,从接口上可分为并行接口和串行接口两种。并行接口芯片一般引脚多,体积大,占用单片机接口多,但速度快。串行接口芯片体积小,占用单片机接口少,但一般速度较慢。AD7683 虽然是串行接口芯片,但其最大转换吞吐率可达 100 kSps,并可保证 16 位的转换精度,完全能满足数据采集系统的速度和精度要求。

　　AD7683 是美国模拟器件公司(Analog Devices)产生的一种低功耗、高精度 16 位高速串行 A/D 转换器。该产品有 8 引脚 MSOP 和 LFCSP 两种封装形式,采用标准 SPI 同步串行接口,它的外围接线简单,采用单电源(2.7~5.5 V)供电。其参考电压可选范围为 0.5 V~V_{DD0},最大转换吞吐率为 100 kSps。当 AD7683 转换吞吐率为 10 kSps 时,其功耗仅为 150 μW。与其他 ADC 相比,其工作性能好,可在 −40~+85 ℃范围内工作,因此特别适用于仪器仪表、便携式探测器及各种电池供电的场合。

1. AD7683 的性能特点

● 分辨率:16 位二进制;
● 最大转换吞吐率:100 kSps ;
● 非线性误差:±1LSB;
● 准差动式模拟信号输入范围:0 V~V_{REF};

- 参考电压 V_{REF} 的范围：0 V～V_{DD}；
- 电源电压范围：1.7～5.5 V；
- 电源功耗：5 V 供电时为 4 mW，2.7 V 供电时为 1.5 mW，当转换速率为 10 kSps 时，2.7 V 供电的功耗为 150 μW；
- 待机状态时电流只有 1 μA；
- 输出形式：SPI 同步串行输出，与 TTL 电平兼容。

2. 结构原理及引脚功能

图 9 - 33 所示为 AD7683 的内部结构框图，采用具有固有采样-保持功能的电容式 DAC(CDAC)转换方式，CDAC 是根据电荷再分配原理产生模拟输出电压的。它包括两组相同的 16 个按照二进制加权排列的电容，连接在比较器的两个输入端。在采样阶段，阵列电容的公共端(所有电容连接的公共点)通过 SW＋和 SW－接地，所有自由端连接到输入信号上；采样后，两组电容的公共端与地断开，自由端与输入信号断开，这样可在电容阵列上有效获得与输入电压成正比的电荷量；然后，再将所有电容的自由端接地，即可在比较器的输入端得到输入信号－N 和＋IN 的差分量。每对电容将通过转换开关自由端与地断开并连接到 REF，以使比较器的输入随加权的二进制电压($V_{REF}/2$，$V_{REF}/4$，…，$V_{REF}/65\,536$)阶梯变化。作为二进制搜索算法的第一步，两个 MSB 电容的自由端与地断开，同时连接到 REF 以驱动公共端电压向正端移动 $V_{REF}/2$。此时，若该比较器输出为逻辑 1，则预示 MSB 大于 $V_{REF}/2$，比较器输出为逻辑 0，则预示 MSB 小于 $V_{REF}/2$，接着将以下的两个最大的电容与地断开并连接到 REF，通过比较器确定下一位的数值。如此循环，直到判定出全部数字位。

AD7683 的引脚排列如图 9 - 34 所示，各引脚的功能如下：

REF　　　　参考电压输入端。

＋IN　　　　模拟信号同相输入端。

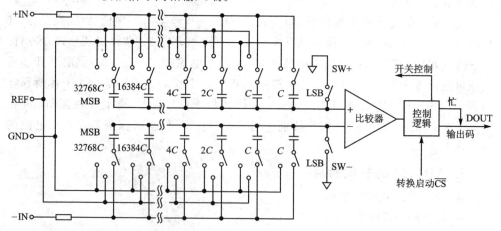

图 9 - 33　AD7683 的内部结构框图

−IN	模拟信号反相输入端。
GND	接地端口。
$\overline{\text{CS}}$	转换启动输入信号。
DOUT	串行数据输出端。
DCLOCK	时钟输入端。
V_{DD}	电源端。

图 9 − 34　AD7683 的引脚图

3．操作时序

图 9 − 35 是 AD7683 的工作时序图。由时序图可以看出：当片选信号 $\overline{\text{CS}}$ 为高电平时，数据输出脚 DOUT 为高阻状态，AD7683 处于省电模式，此时，如果不输入时钟，芯片耗电仅为 1 μA；而当片选信号 $\overline{\text{CS}}$ 为低电平时，AD7683 处于工作状态，从 $\overline{\text{CS}}$ 的下降沿开始，输入时钟 DCLOCK 应至少保持低电平 20 ns；A/D 转换由片选信号 $\overline{\text{CS}}$ 的下降沿开始，13 个输入时钟周期后，转换结束，AD7683 进入省电模式。数据输出在片选信号 $\overline{\text{CS}}$ 下降沿开始的第 5 个输入时钟周期后（即第 5 个时钟的下降沿）开始有效，输出的第一位为起始 0；之后在第 6 个时钟的下降沿输出 16 位转换信号的最高位 DB15；接着在下一个下降沿输出 DB14；依次类推，在第 21 个下降沿输出 DB0，第 22 个下降沿输出停止位 0。AD7683 完成一次转换最少需要 22 个时钟周期。

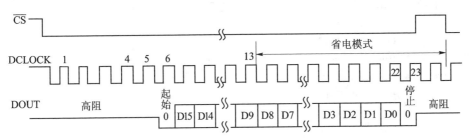

图 9 − 35　AD7683 的工作时序图

4．接口电路

AD7683 的接口电路非常简单，几乎不需要外围元件，其接口方式采用的是 SPI 串行方式，与 89C51/S51 单片机的接口只需要 3 根线就可以了。89C51/S51 用 P1 口与 AD7683 连接，其连接电路如图 9 − 36 所示。

5．软件设计

下面给出 AD7683 进行采样时的转换程序，读出的数据暂时送入 R2、R3 中，其中低 8 位在 R2 中，高 8 位在 R3 中。

```
;主程序
START:    CLR      P1.0              ;初始化
          SETB     P1.1
```

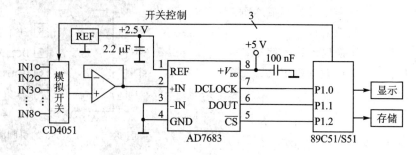

图9-36 AD7683与单片机的接口电路图

```
          SETB      P1.2
LOOP:     LCALL     CONVERTO
          ⋮
```

;A/D转换子程序CONVERTO:返回时数据的低8位在R2中,高8位在R3中,用到R0、R1和A

```
CONVERTO: PUSH      A
          PUSH      R0
          RUSH      R1
          MOV       R1,#16            ;16位数据
          CLR       R1.2              ;启动芯片,CS低电平
          MOV       R0,#6             ;前6个时钟计数
CON1:     SETB      P1.0              ;⌐‾(时钟,以下同)
          NOP
          CLR       P1.0              ;⌐‾⌐
          DJNZ      R0,CON1           ;前6个时钟
CON2:     MOV       C,P1.1            ;开始读数据(从DOUT端)
          MOV       A,R2
          RLC       A
          MOV       R2,A              ;低8位→R2
          SETB      P1.0              ;‾⌐
          MOV       A,R3
          RLC       A
          MOV       R3,A              ;调8位→R3
          CLR       P1.0              ;⌐‾⌐
          DJNZ      R1,CON2           ;读出16位
          SETB      P1.0              ;‾⌐
          NOP
          SETB      P1.2              ;停止芯片工作(CS=1)
          CLR       P1.0              ;⌐‾⌐ 第23个时钟
          POP       R1
          POP       R0
          POP       A
          RET
```

9.2.7　8 位并行输出 A/D 芯片 ADC0809 与单片机接口及编程

1. ADC0809 A/D 转换器芯片

ADC0809 是 CMOS 工艺,采用逐次逼近法的 8 位 A/D 转换芯片,28 引脚双列直插式封装,片内除 A/D 转换部分外还有多路模拟开关部分。

多路开关有 8 路模拟量输入端,最多允许 8 路模拟量分时输入,共用一个 A/D 转换器进行转换。

图 9 - 37 所示为 ADC0809 的引脚图及内部逻辑结构图。它由 8 路模拟开关、8 位 A/D 转换器、三态输出锁存器以及地址锁存译码器等组成。

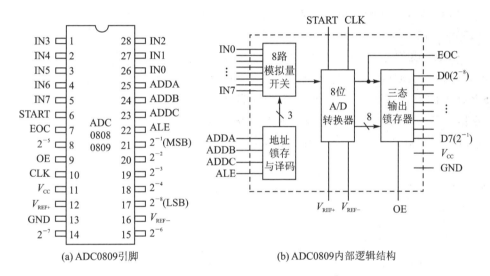

(a) ADC0809引脚　　　　　　(b) ADC0809内部逻辑结构

图 9 - 37　ADC0809 结构

引脚功能说明如下:

- IN0~IN7　8 个输入通道的模拟输入端。
- D0(2^{-8})~D7(2^{-1})　8 位数字量输出端。
- START　启动信号,加上正脉冲后,A/D 转换开始进行。
- ALE　地址锁存信号。由低至高电平时,把三位地址信号送入通道号地址锁存器,并经译码器得到地址输出,以选择相应的模拟输入通道。
- EOC　转换结束信号,是芯片的输出信号。转换开始后,EOC 信号变低;转换结束时,EOC 返回高电平。这个信号可以作为 A/D 转换器的状态信号来查询,也可以直接用作中断请求信号。

- OE　输出允许控制端(开数字量输出三态门)。
- CLK　时钟信号。最高允许值为 640 kHz。
- V_{REF+} 和 V_{REF-}　A/D 转换器的参考电压。
- V_{CC}　电源电压。由于是 CMOS 芯片,允许的电压范围较宽,可以是 +5~+15 V。

8 位模拟开关地址输入通道的关系见表 9-8。模拟开关的作用和 8 选 1 的 CD4051 作用相同。

表 9-8　8 位模拟开关功能表

ADDC	ADDB	ADDA	输入通道号
0	0	0	IN0
0	0	1	IN1
0	1	0	IN2
⋮	⋮	⋮	⋮
1	1	1	IN7

ADC0809 芯片的转换速度在最高时钟频率下为 100 μs 左右。在与 CPU 接口时,要求采用查询方式或中断方式。

ADC0809 的时序图见图 9-38。在 ALE=1 期间,模拟开关的地址(ADDA、ADDB 和 ADDC)存入地址锁存器;在 ALE=0 时,地址被锁存。输入启动信号 START 的上升沿复位 ADC0809,下降沿启动 A/D 转换。EOC 为输出的转换结束信号,正在转换时为 0,转换结束时为 1。OE 为输出允许控制端,在转换完成后用来打开输出三态门,以便从 0809 输出这次转换结果。

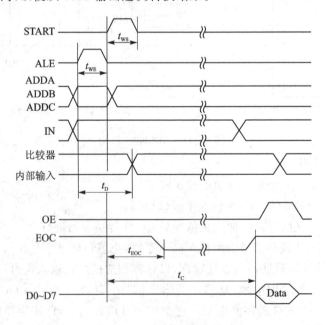

图 9-38　ADC0809 的时序图

2. ADC0809 与 89C51/S51 接口

ADC0809 与 89C51/S51 连接可采用查询方式,也可采用中断方式。图 9 - 39 为中断方式连接电路图,$f_{osc}=6$ MHz。由于 ADC0809 片内有三态输出锁存器,因此可直接与 89C51/S51 接口。

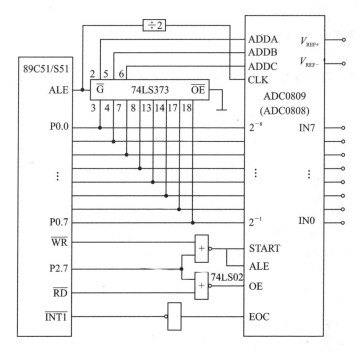

图 9 - 39　ADC0809 与 89C51/S51 的连接

这里将 ADC0809 作为一个外部扩展并行 I/O 口,采用线选法寻址。由 P2.7 和 $\overline{WR}$ 联合控制启动转换信号端(START)和 ALE 端,低 3 位地址线加到 ADC0809 的 ADDA、ADDB 和 ADDC 端,所以,选中 ADC0809 的 IN0 通道的地址为 7FF8H。

启动 ADC0809 的工作过程是:先送通道号地址到 ADDA、ADDB 和 ADDC;由 ALE 信号锁存通道号地址后,让 START 有效;启动 A/D 转换,即执行一条"MOVX @DPTR,A"指令产生 $\overline{WR}$ 信号,使 ALE 和 START 有效;锁存通道号并启动 A/D 转换。A/D 转换完毕,EOC 端发出一正脉冲,申请中断。在中断服务程序中,"MOV A,@DPTR"指令产生 $\overline{RD}$ 信号,使 OE 端有效,打开输出锁存器三态门,8 位数据便读入到 CPU 中。

ADC0809 的时钟取自 89C51/S51 的 ALE 经二分频(也可用 74LS74 双 D 触发器之一)后的信号(接 CLK 端)。当 A/D 转换完毕,89C51/S51 读取转换后的数字量时,须使用"MOVX A,@DPTR"指令。在图 9 - 39 所示的接口电路中,ADC0809 与片外 RAM 统一编址。

3. 8 路巡回检测系统

【例 9 - 2】　某粮库或某冷冻厂需对 8 点(8 个冷冻室或 8 个粮仓)进行温度巡回检测。要求设计一个单片机巡回检测系统,使其能对各冷冻室或各粮仓的温度巡回检测并加以处理。设被测温度范围为 − 30 ～ + 50 ℃,温度检测精度要求不大于 ± 1 ℃。

温度传感器可选用热电阻、热敏电阻、PN 结或集成温度传感器 AD590 和 SL134 等芯片。

将读数依次存放在片外数据存储器 A0H～A7H 单元。其主程序和中断服务程序如下:

主程序:

```
MAIN:    MOV R0,♯0A0H              ;数据暂存区首址
         MOV R2,♯08H               ;8 路计数初值
         SETB IT1                  ;脉冲触发方式
         SETB EA                   ;开中断
         SETB EX1
         MOV DPTR,♯7FF8H           ;指向 0809 首地址
         MOVX @DPTR,A              ;启动 A/D 转换
HERE:    SJMP HERE                 ;等待中断
```

中断服务程序:

```
         MOVX A,@DPTR             ;读数
         MOVX @R0,A               ;存数
         INC DPTR                 ;更新通道
         INC R0                   ;更新暂存单元
         DJNZ R2,DONE
         MOV R2,♯08H              ;重置 8 路计数初值
         MOV R0,♯0A0H             ;重置数据暂存区首址
         MOV DPTR,♯7FF8H          ;重新指向 0809 首地址
DONE:MOVX @DPTR,A
         RETI
```

9.3　系统后向通道配置及接口技术

在单片机控制系统中,单片机总要对被控对象实现控制操作,因此,在这样的系统中,需要有后向通道。后向通道是计算机实现控制运算处理后,对被控对象的输出通道接口。

系统的后向通道是一个输出通道,其特点是弱电控制强电,即小信号输出实现大功率控制。常见的被控对象有电机、电磁开关等。

单片机实现控制是以数字信号或模拟信号的形式通过 I/O 口送给被控对象的。其中,数字信号形态的开关量、二进制数字量和频率量可直接用于开关量、数字量系统及频率调制系统的控制;但对于一些模拟量控制系统,则应通过 D/A 转换器转换成模拟量控制信号后,才能实现控制。

9.3.1　后向通道中的功率开关器件及接口

1. 继电器及接口

单片机用于输出控制时,用得最多的功率开关器件是固态继电器,它将取代电磁式的机械继电器。

1）单片机与继电器的接口

一个典型的继电器与单片机的接口电路如图 9-40 所示。

2）单片机与固态继电器接口

固态继电器简称 SSR(Solid State Relay),是一种四端器件:两端输入,两端输出,它们之间用光耦合器隔离。它是一种新型的无触点电子继电器,其输入端仅要求输入很小的控制电流,与 TTL、HTL、CMOS 等集成电路具有较好的兼容性,而其输出则

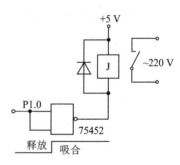

图 9-40　继电器接口

用双向晶闸管(可控硅)来接通和断开负载电源。与普通电磁式继电器和磁力开关相比,具有开关速度快,工作频率高,体积小,重量轻,寿命长,无机械噪声,工作可靠,耐冲击等一系列特点。由于无机械触点,当其用于需要抗腐蚀、抗潮湿、抗振动和防爆的场合时,更能体现出有机械触点继电器无法比拟的优点。由于其输入控制端与输出端用光电耦合器隔离,所需控制驱动电压低,电流小,非常容易与计算机控制输出接口。所以,在单片机控制应用系统中,已越来越多地用固态继电器取代传统的电磁式继电器和磁力开关作开关量输出控制。图 9-41 所示为固态继电器内部结构。

图 9-42 为 89C51 单片机 I/O 口线与固态继电器 SSR 接口电路。

当 89C51/S51 的 P1.0 线输出低电平时,SSR 输出相当于开路;而 P1.0 输出高电平时,SSR 输出相当于通路(相当于开关闭合),电源给负载(如电阻加热炉)加电,从而实现开关量控制。带光电隔离的固态继电器还有过零型、调相型等,输出端的可控硅作为开关,控制大电流电路的通与断。

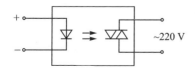

图 9-41　固态继电器内部结构

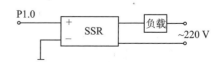

图 9-42　I/O 口线与 SSR 接口电路

2. 光电耦合器(隔离器)件及驱动接口

后向通道往往所处环境恶劣,控制对象多为大功率伺服驱动机构,电磁干扰较为严重。为防止干扰窜入和保证系统的安全,常常采用光电耦合器,用以实现信号的传输,同时又可将系统与现场隔离开。

晶体管输出型光电耦合器的受光器是光电晶体管,如图 9-43 所示。光电晶体管除了没有使用基极外,跟普通晶体管一样,取代基极电流的是以光作为晶体管的输入。当光电耦合器的发光二极管发光时,光电晶体管受光的影响在 cb 间和 ce 间会有电流流过,这两个电流基本上受光照度的控制。常用 ce 间的电流作为输出电流,输出电流受 V_{ce} 的电压影响很小,在 V_{ce} 增加时,稍有增加。

光电耦合器在传输脉冲信号时,输入信号和输出信号之间有一定的时间延时,不同结构光电耦合器的输入/输出延时时间相差很大。4N25 的导通延时 t_{ON} 是 2.8 μs,关断延时 t_{OFF} 是 4.5 μs;4N33 的导通延时 t_{ON} 是 0.6 μs,关断延时 t_{OFF} 是 45 μs。

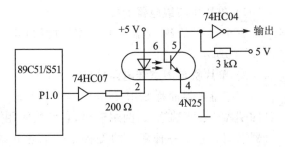

图 9-43　光电耦合器 4N25 的接口电路

晶体管输出型光电耦合器可以用作开关,这时,发光二极管和光电晶体管平常都处于关断状态。当发光二极管通过电流脉冲时,光电晶体管在电流脉冲持续的时间内导通(光电耦合器也可作线性耦合器用)。

图 9-43 是使用 4N25 的光电耦合器接口电路图。若 P1.0 输出一个脉冲,则在 74HC04 输出端输出一个相位相同的脉冲。4N25 起耦合脉冲信号和隔离单片机 89C51/S51 系统与输出部分的作用,使两部分的电流相互独立。如输出部分的地线接机壳或接地,而 89C51/S51 系统的电源地线浮空,不与交流电源的地线相接,这样可以避免输出部分电源变化时对单片机电源的影响,减少系统所受的干扰,提高系统的可靠性。4N25 输入/输出端的最大隔离电压大于 2 500 V。

图 9-43 所示的接口电路中,使用同相驱动器 OC 门 74HC07 作为光电耦合器 4N25 输入端的驱动。光电耦合器输入端的电流一般为 10~15 mA,发光二极管的压降为 1.2~1.5 V。限流电阻由下式计算:

$$R = \frac{V_{CC} - (V_F + V_{CS})}{I_F}$$

式中:V_{CC} 为电源电压;

V_F 为输入端发光二极管的压降,取 1.5 V;

V_{CS} 为驱动器 7407 的压降,取 0.5 V。

图 9 - 36 所示电路要求 I_F 为 15 mA,则限流电阻值计算如下:

$$R = \frac{V_{CC} - V_F - V_{CS}}{I_F} = \frac{5\ V - 1.5\ V - 0.5\ V}{0.015\ A} = 200\ \Omega$$

当 89C51/S51 的 P1.0 端输出高电平时,4N25 输入端电流为 0 A,三极管 ce 截止,74HC04 的输入端为高电平,74HC04 输出为低电平;当 89C51/S51 的 P1.0 端输出低电平时,74HC07 输出端也为低电平,4N25 的输入电流为 15 mA,输出端可以流过不小于 3 mA 的电流,三极管 ce 导通(如果输出端负载电流小于 3 mA),则 ce 间相当于一个接通的开关,74HC04 输出高电平。4N25 的第 6 脚是光电晶体管的基极,在一般的使用中该脚悬空。74HC04 的输出可用于开关量控制。

光电耦合器也常用于较远距离的信号隔离传送。一方面,光电耦合器可以起到隔离两个系统地线的作用,使两个系统的电源相互独立,消除地电位不同所产生的影响;另一方面,光电耦合器的发光二极管是电流驱动器件,可以形成电流环路的传送形式。由于电流环电路是低阻抗电路,它对噪音的敏感度低,因此,提高了通信系统的抗干扰能力。其常用于有噪音干扰环境下的传输,最大传输距离为 900 m。图 9 - 44 是用光电耦合器组成的电流环发送和接收电路。

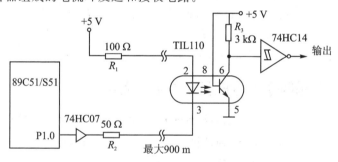

图 9 - 44 电流环电路

3. 光电耦合驱动双向晶闸管(可控硅)功率开关及接口

晶闸管输出型光电耦合器的输出端是光敏晶闸管或光敏双向晶闸管。当光电耦合器的输入端有一定的电流流入时,晶闸管即导通。有的光电耦合器的输出端还配有过零检测电路,用于控制晶闸管过零触发,以减小电器在接通电源时对电网的影响。

图 9 - 45 是 4N40 和 MOC3041 的接口驱动电路。

4N40 是常用的单向晶闸管输出型光电耦合器,也称固态继电器。当输入端有 15～30 mA 的电流时,输出端的晶闸管导通,输出端的额定电压为 400 V,额定电流为 300 mA。输入、输出端隔离电压为 1 500～7 500 V。如果输出端的负载为电热丝,即可用于温度控制。

4N40 的第 6 脚是输出晶闸管的控制端,不使用此端时,此端可对阴极接一个

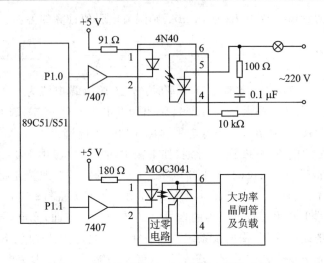

图 9-45　晶闸管输出型光电耦合器驱动接口

电阻。

　　MOC3041 是常用的双向晶闸管输出的光电耦合器(固态继电器),带过零触发电路,输入端的控制电流为 15 mA,输出端的额定电压为 400 V,最大重复浪涌电流为 1 A,输入、输出端隔离电压为 7 500 V。MOC3041 的第 5 脚是器件的衬底引出端,使用时不需要接线。国产的 S204Z 也是一种过零型固态继电器(220 V,4 A)。

9.3.2　双向晶闸管(可控硅)温度控制系统

　　图 9-46 为电阻炉温度控制系统原理图。单片机定时对炉温进行检测,经 A/D 转换芯片得到相应的数字量,送到计算机进行判断和运算,得到应有的控制量,去控制加热功率,从而实现对温度的控制。

9.3.3　串行输入 D/A 芯片 TLC5615 接口技术

　　目前数/模转换器从接口上可分为两大类:并行接口数/模转换器和串行接口数/模转换器。并行接口数/模转换器的引脚多,体积大,占用单片机的口线多;而串行数/模转换器的体积小,占用单片机的口线少。为减小线路板的面积,减少占用单片机的口线,越来越多地采用串行数/模转换器。例如 TI 公司的 TLC5615。

　　TLC5615 是具有 3 线串行接口的数/模转换器。其输出为电压型,最大输出电压是基准电压值的两倍。带有上电复位功能,上电时把 DAC 寄存器复位至全 0。TLC5615 的性能价格比较高,市场售价比较低。

1. TLC5615 的特点

- 10 位 CMOS 电压输出;
- 5 V 单电源工作;

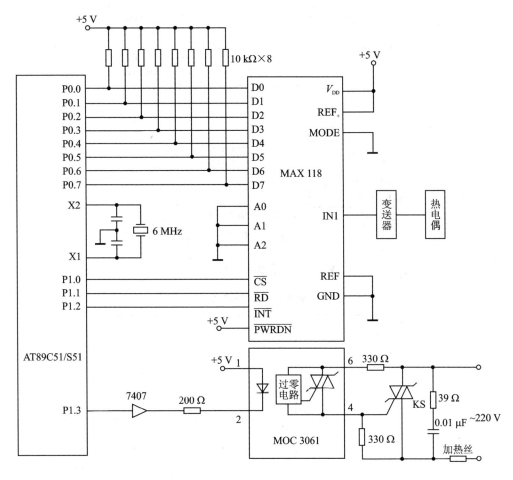

图 9 - 46 电阻炉炉温控制系统原理图

- 与微处理器 3 线串行接口(SPI);
- 最大输出电压是基准电压的 2 倍;
- 输出电压具有和基准电压相同的极性;
- 建立时间 12.5 μs;
- 内部上电复位;
- 低功耗,最高为 1.75 mW;
- 引脚与 MAX515 兼容。

2. 功能方框图

TLC5615 的功能方框图如图 9 - 47 所示。

3. 引脚排列及功能

TLC5615 的引脚排列及功能说明分别见图 9 - 48 及表 9 - 9。

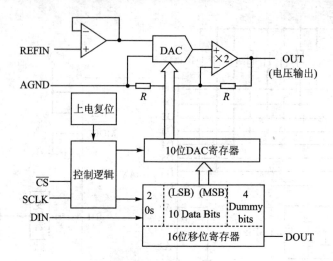

图 9 - 47　TLC5615 功能方框图

表 9 - 9　引脚功能

引　脚		I/O	说　明
名　称	序　号		
DIN	1	I	串行数据输入
SCLK	2	I	串行时钟输入
$\overline{CS}$	3	I	芯片选择,低有效
DOUT	4	O	用于菊花链(daisy chaining)的串行数据输出
AGND	5		模拟地
REFIN	6	I	基准电压输入
OUT	7	O	DAC 模拟电压输出
V_{DD}	8		正电源(4.5~5.5 V)

4. TLC5615 的时序分析

TLC5615 的时序图如图 9 - 49 所示。由时序图可以看出,当片选 $\overline{CS}$ 为低电平时,输入数据 DIN 和输出数据 DOUT 由片选 $\overline{CS}$、时钟 SCLK 同步输入或输出,而且最高有效位在前,低有效位在后。输入时钟SCLK 的上升沿把串行输入数据经 DIN 移入内部的

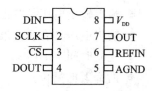

图 9 - 48　TLC5615 引脚图

16 位移位寄存器,SCLK 的下降沿输出串行数据 DOUT。片选 $\overline{CS}$ 的上升沿把数据传送至 DAC 寄存器。

当片选 $\overline{CS}$ 为高电平时,串行输入数据 DIN 不能由时钟同步送入移位寄存器;输出数据 DOUT 保持最近的数值不变且不进入高阻状态。所以要想串行输入数据和输出数据,必须满足两个条件:第一,时钟 SCLK 的有效跳变;第二,片选 $\overline{CS}$ 为低电

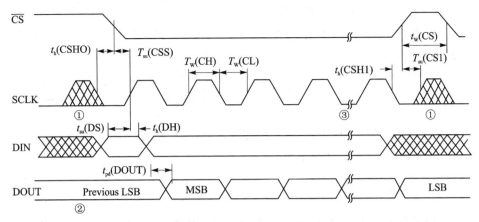

注：① 为了使时钟馈通为最小，CS 为高电平时，加在SCLK端的输入时钟应当呈现低电平。
　　② 数据输入来自先前转换周期。
　　③ 第16个SCLK下降沿。

图 9－49　时序波形图

平。串行数/模转换器 TLC5615 的使用有两种方式：级联方式和非级联方式。如果不使用级联方式，则 DIN 只须输入 12 位数据：前 10 位为 TLC5615 输入的 D/A 转换数据，且输入时高位在前，低位在后；后两位必须写入数值为 0 的低于 LSB 的位，因为 TLC5615 的 DAC 输入锁存器为 12 位宽。如果使用 TLC5615 的级联功能，则来自 DOUT 的数据须输入 16 位时钟下降沿，因此完成一次数据输入需要 16 个时钟周期，输入的数据也应为 16 位。输入 16 位数据中，前 4 位为高虚拟位，中间 10 位为 D/A 转换数据，最后 2 位为低于 LSB 的位即 0。

5. TLC5615 的输入/输出关系

图 9－50 的 D/A 输入/输出关系如表 9－10 所列。

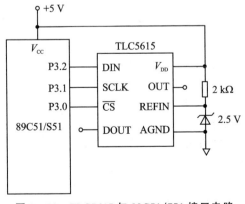

图 9－50　TLC5615 与 89C51/S51 接口电路

表 9－10　D/A 转换关系表

数字量输入	模拟量输出
1111 1111 11(00)	$2V_{REFIN} \times 1\,023/1\,024$
⋮	⋮
1000 0000 01(00)	$2V_{REFIN} \times 513/1\,024$
1000 0000 00(00)·	$2V_{REFIN} \times 512/1\,024$
0111 1111 11(00)	$2V_{REFIN} \times 511/1\,024$
⋮	⋮
0000 0000 01(00)	$2V_{REFIN} \times 1/1\,024$
0000 0000 00(00)	0 V

因为 TLC5615 芯片内的输入锁存器为 12 位宽,所以要在 10 位数字的低位后面再填上2 位数字 XX。XX 为不关心状态。串行传送的方向是先送出高位 MSB,后送出低位 LSB。

10 位	X	X

MSB　　　　　　　　　　　　　　　　　　　　　　　　　　　　　　LSB

如果有级联电路,则应使用 16 位的传送格式,即在最高位 MSB 的前面再加上 4 个虚位,被转换的 10 位数字在中间。

4 个虚位	10 位	X	X

6. TLC5615 与 89C51/S51 的串行接口电路

图 9-50 为 TLC5615 和 89C51/S51 单片机的接口电路。在电路中,89C51 单片机的P3.0～P3.2口分别控制 TLC5615 的片选$\overline{CS}$、串行时钟输入 SCLK 和串行数据输入 DIN。

将 89C51/S51 要输出的 12 位数据存在 R0 和 R1 寄存器中,其 D/A 转换程序如下:

```
CLR P3.0            ;片选有效
MOV R2,#4           ;将要送入的前 4 位数据位数
MOV A,R0            ;前 4 位数据送入累加器低 4 位
SWAP A              ;A 中高 4 位和低 4 位互换(4 位数在高位)
LCALL WR-data       ;由 DIN 输入前 4 位数据
MOV R2,#8           ;将要送入的后 8 位数据位数
MOV A,R1            ;8 位数据送入累加器 A
LCALL WR-data       ;由 DIN 输入后 8 位数据
CLR P3.1            ;时钟低电平
SETB P3.0           ;片选高电平,输入的 12 位数据有效
RET                 ;结束
```

送数子程序如下:

```
WR-data: NOP        ;空操作
LOOP: CLR P3.1      ;时钟低电平
      RLC A         ;数据送入进位位 CY
      MOV P3.2,C    ;数据输入 TLC5615 有效
      SETB P3.1     ;时钟高电平
      DJNZ R2,LOOP  ;循环送数
      RET
```

9.3.4 并行输入 D/A 芯片及接口技术

1. 并行输入 D/A 转换芯片——DAC0832

DAC0832 是采用 CMOS 工艺制造的 8 位单片 D/A 转换器,其引脚图和逻辑框图如图 9-51 所示。

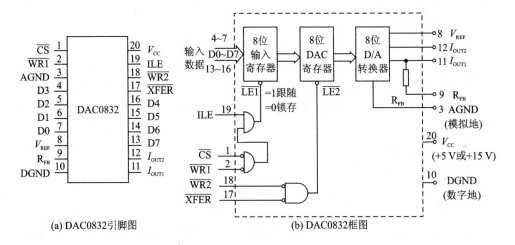

(a) DAC0832引脚图   (b) DAC0832框图

图 9-51 DAC0832 结构

DAC0832 主要由两个 8 位寄存器和一个 8 位 D/A 转换器组成。使用两个寄存器(输入寄存器和 DAC 寄存器)的好处是,能简化某些应用中的硬件接口电路设计。

图中,$\overline{LE1}$ 和 $\overline{LE2}$ 是寄存命令。当 $\overline{LE1}=1$ 时,输入寄存器的输出随输入变化;当 $\overline{LE1}=0$ 时,数据锁存在寄存器中,不再随数据总线上的数据变化而变化。ILE 为高电平,且 $\overline{CS}$ 与 $\overline{WR1}$ 同时为低时,使得 $\overline{LE1}=1$;当 $\overline{WR1}$ 变高时,8 位输入寄存器便将输入数据锁存。$\overline{XFER}$ 与 $\overline{WR2}$ 同时为低,使得 $\overline{LE2}=1$,8 位 DAC 寄存器的输出随寄存器的输入变化。$\overline{WR2}$ 上升沿将输入寄存器的信息锁存在 DAC 寄存器中。图中的 R_{FB} 是片内电阻,为外部运算放大器提供反馈电阻,用以提供适当的输出电压;V_{REF} 端由外部电路提供 $+10\sim-10$ V 的参考电源;I_{OUT1} 与 I_{OUT2} 是两个电流输出端。

欲将数字量 D0~D7 转换为模拟量,只要使 $\overline{WR2}=0$,$\overline{XFER}=0$,DAC 寄存器为不锁存状态,即 ILE=1,$\overline{CS}$ 和 $\overline{WR1}$ 端接负脉冲信号,即可完成一次转换;或者 $\overline{WR1}=0$,$\overline{CS}=0$,ILE=1,输入寄存器为不锁存状态,而 $\overline{WR2}$ 和 $\overline{XFER}$ 端接负脉冲信号,可达到同样目的。

1) DAC0832 引脚功能

该 D/A 转换器为 20 脚双列直插式封装,各引脚含义如下:

- D0~D7:数字量数据输入线。
- ILE:数据锁存允许信号,高电平有效。
- $\overline{CS}$:输入寄存器选择信号,低电平有效。

- $\overline{WR1}$：输入寄存器的"写"选通信号,低电平有效。由控制逻辑可以看出,片内输入寄存器的锁存信号$\overline{LE1}=\overline{CS}+\overline{WR1}\cdot ILE$。当$\overline{LE1}=1$时,输入锁存器状态随数据输入线状态变化;而$\overline{LE1}=0$时,则锁存输入数据。
- $\overline{XFER}$：数据转移控制信号线,低电平有效。
- $\overline{WR2}$：DAC 寄存器的"写"选通信号。DAC 寄存器的锁存信号$\overline{LE2}=\overline{WR2}+\overline{XFER}$。当$\overline{LE2}=1$时,DAC 寄存器的输出随输入状态变化;$\overline{LE2}=0$时,锁存输入状态。
- V_{REF}：基准电压输入线。
- R_{FB}：反馈信号输入线,芯片内已有反馈电阻。
- I_{OUT1} 和 I_{OUT2}：电流输出线。I_{OUT1} 与 I_{OUT2} 的和为常数,I_{OUT1} 随 DAC 寄存器的内容线性变化。一般在单极性输出时,I_{OUT2} 接地;在双极性输出时,接运放。
- V_{CC}：工作电源。
- DGND：数字地。
- AGND：模拟信号地。

D/A 转换芯片输入是数字量,输出为模拟量。模拟信号很容易受到电源和数字信号等干扰而引起波动。为提高输出的稳定性和减小误差,模拟信号部分必须采用高精度基准电源 V_{REF} 和独立的地线,一般把数字地和模拟地分开。模拟地是模拟信号及基准电源的参考地;其余信号的参考地,包括工作电源地、数据、地址、控制等数字逻辑地都是数字地。

2) DAC0832 特性

由图 9 - 51(b)可见,DAC0832 采用二次缓冲方式。这样可以在输出的同时,采集下一个数据,从而提高转换速度;更重要的是能够在多个转换器同时工作时,实现多通道 D/A 的同步转换输出。

主要的特性参数如下：
- 分辨率为 8 位。
- 只需在满量程下调整其线性度。
- 可与所有的单片机或微处理器直接接口,需要时亦可不与微处理器连接而单独使用。
- 电流稳定时间为 1 μs。
- 可双缓冲、单缓冲或直通数据输入。
- 功耗低,约为 200 mW。
- 逻辑电平输入与 TTL 兼容。
- 单电源供电(+5～+15 V)。

2. D/A 转换器与 89C51 接口

在 D/A 芯片中,有许多芯片输出量是电流,而实际应用中常常需要的是模拟电压。这时,D/A 芯片的输出还需要有将电流转换为电压的电路。下面介绍两种电路供参考：图 9 - 52(a)是反相电压输出电路，输出电压 $V_{\text{OUT}} = -iR$；图 9 - 52(b)是同相电压输出电路，输出电压 $V_{\text{OUT}} = iR(1 + R_2/R_1)$。

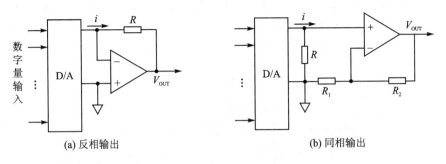

$$(a)\ \text{反相输出} \qquad\qquad (b)\ \text{同相输出}$$

图 9 - 52　D/A 转换输出电路

图中，当 V_{REF} 接 +5 V(或 -5 V)时，输出电压范围是 0～5 V(或 0～-5 V)；当 V_{REF} 接 +10 V(或 -10 V)时，输出电压范围是 0～10 V(或 0～-10 V)。输入数字量的变化，将引起模拟量输出的变化。

从图 9 - 51(b)的功能框图中可以看出 DAC0832 控制信号的逻辑关系。当 $\overline{\text{CS}}$ = 0，ILE = 1 时，$\overline{\text{WR1}}$ 信号将数据总线上的信号写入 8 位输入寄存器；当 $\overline{\text{XFER}}$ = 0 时，$\overline{\text{WR2}}$ 信号有效，将输入寄存器的数据转移到 8 位 DAC 寄存器中，此时，D/A 转换器的输出随之变化。根据上述功能，可以将 DAC0832 连接成直通式工作方式、单缓冲工作方式和双缓冲工作方式(略)。

1) 直通式工作方式应用

图 9 - 53 所示为直通式工作方式的连接方法。输入到 DAC0832 的 D0～D7 数据不经控制直达 8 位 D/A 转换器。

当某一根地线或地址译码器的输出线使 DAC0832 的 $\overline{\text{CS}}$ 脚有效(低电平)或 $\overline{\text{CS}}$ 与 $\overline{\text{WR1}}$ 直接接地时，数据线上的数据字节直通 D/A 转换器转换并输出。

2) 单缓冲工作方式应用

应用系统中，在只有一路模拟量输出或几路模拟量不需要同时输出的场合，应采用单缓冲方式。在这种方式下，将二级寄存器的控

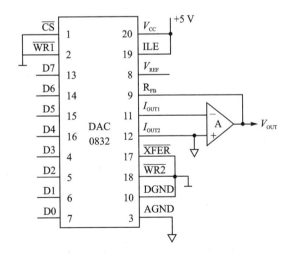

图 9 - 53　DAC0832 直通式电压输出电路

制信号并接，输入数据在控制信号作用下(一次控制，一次缓冲)，直接打入 8 位 DAC 寄存器中并进入 8 位 D/A 转换器进行 D/A 转换。图 9 - 53 为这种方式下 DAC0832

与 89C51/S51 的连接方法。

图 9-54 中,ILE 接+5 V,片选信号$\overline{\text{CS}}$和转移控制信号$\overline{\text{XFER}}$都连到地址线 P2.7。这样,输入寄存器和 DAC 寄存器地址都是 2FFFH。"写"选通线$\overline{\text{WR1}}$和$\overline{\text{WR2}}$都与 89C51 的"写"信号线$\overline{\text{WR}}$连接,CPU 对 0832 执行一次"写"操作,把一个数据直接写入 DAC 寄存器,DAC0832 的输出模拟信号随之发生变化。

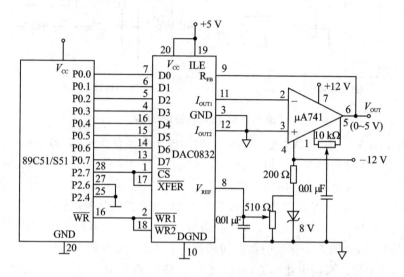

图 9-54　一路 D/A 输出连线图(单路模拟量输出)

D/A 转换器的基准电压 V_{REF}取自稳压管上的分压。

当执行"写"指令时,DAC0832 相应的控制信号时序如图 9-55 所示。

下面几个程序将在运放输出端 V_{OUT}产生程控波形。

① 产生锯齿波的程序

程序框图如图 9-56 所示。程序如下:

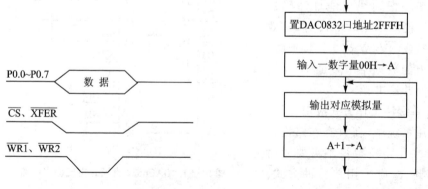

图 9-55　DAC0832 时序图　　　　图 9-56　D/A 产生锯齿波程序框图

地址	机器码	助记符		说　明
2000	902FFF	MOV	DPTR,♯2FFFH	;设置 D/A 口地址
2003	7400	MOV	A,♯00H	;输入数字量 00H 到 A(初值为 00H)
2005	F0	MOVX	@DPTR,A	;输出对应于 A 内容的模拟量
2006	04	INC	A	;修改 A 的内容(原来值加 1)
2007	0105	AJMP	$2005H	;$2005H 表示地址 2005H

② 产生方波的程序

地址	机器码	助记符		说明
2000	902FFF	MOV	DPTR,♯2FFFH	;设置 D/A 口地址
2003	74FF	MOV	A,♯0FFH	;给 A 送最大值
2005	F0	MOVX	@DPTR,A	;D/A 输出相应模拟量
2006	3100	ACALL	$2700H	;延时
2008	7400	MOV	A,♯00H	;给 A 送最小值
200A	F0	MOVX	@DPTR,A	;D/A 输出相应模拟量
200B	3100	ACALL	$2700H	;延时
200D	0103	AJMP	$2003H	;返回循环

9.4　思考题与习题

1. 为什么要消除键盘的机械抖动？有哪些方法？

2. 试述 A/D 转换器的种类及特点。

3. 设计一个 2×2 行列(同在 P1 口)式键盘电路并编写键扫描子程序。

4. 试设计一个 LED 显示器/键盘电路。

5. 在一个 89C51/S51 应用系统中,89C51/S51 以中断方式通过并行接口 74LS244 读取 A/D 器件 5G14433 的转换结果。试画出有关逻辑电路,并编写读取 A/D 结果的中断服务程序。

6. 在一个 f_{OSC} 为 12 MHz 的 89C51/S51 系统中接有一片 D/A 器件 DAC0832,它的地址为 7FFFH,输出电压为 0~5 V。请画出有关逻辑框图,并编写一个程序,使其运行后能在示波器上显示出锯齿波(设示波器 X 方向扫描频率为 50 μs/格,Y 方向扫描频率为 1 V/格)。

7. 在一个 f_{OSC} 为 12 MHz 的 89C51/S51 系统中接有一片 A/D 器件 ADC0809,它的地址为 7FF8H~7FFFH。试画出有关逻辑框图,并编写 ADC0809 初始化程序和定时采样通道 2 的程序(假设采样频率为 1 ms/次,每次采样 4 个数据,存于 89C51/S51 内部 RAM 70H~73H 中)。

8. 在一个 89C51/S51 系统中扩展一片 74LS245,通过光电隔离器件外接 8 路 TTL 开关量输入信号。试画出其有关的硬件电路。

9. 用 8051 的 P1 口作 8 个按键的独立式键盘接口。试画出其中断方式的接口电路及相应的键盘处理程序。

10. 试说明非编码键盘的工作原理。如何去键抖动？如何判断键是否释放？

11. DAC0832 与 89C51/S51 单片机连接时有哪些控制信号？其作用是什么？

12. 在一个 89C51/S51 单片机与一片 DAC0832 组成的应用系统中，DAC0832 的地址为 7FFFH，输出电压为 0~5 V。试画出有关逻辑框图，并编写产生矩形波，其波形占空比为 1:4，高电平时电压为 2.5 V，低电平时电压为 1.25 V的转换程序。

13. 在一个由 89C51/S51 单片机与一片 ADC0809 组成的数据采集系统中，ADC0809 的地址为 7FF8H~7FFFH。试画出有关逻辑框图，并编写出每隔 1 min 轮流采集一次 8 个通道数据的程序。共采样 100 次，其采样值存入片外 RAM 3000H 开始的存储单元中。

14. 以 DAC0832/S51 为例，说明 D/A 的单缓冲与双缓冲有何不同。

15. 以 DAC0832/S51 为例，说明 D/A 的单极性输出与双极性输出有何不同。

16. A/D 和 D/A 的主要技术指标中，"分辨率"与"转换精度"（即"量化误差"或"转换误差"）有何不同。

17. 电路如图 9‐39 所示，此时，单片机的晶振频率为 6 MHz，ADC0809 的 CLK 输入的时钟频率是多少？此时 ADC0809 的转换地间是多少？

18. 电路如图 9‐39 所示，若单片机振荡频率为 12 MHz，如何修改此电路，此时 ADC0809 的转换时间是多少？

第 10 章　系统实用程序

当一个单片机应用系统的硬件确定以后,接下来就要进行系统软件的设计。设计的主要内容是应用系统的主程序和各应用程序模块。本章将介绍主程序、子程序的概念以及应用系统的一些实用程序。

单片机应用系统是面向测量和控制的,是比较小的系统,它的系统软件(即系统的控制程序,由主程序及各种应用程序模块组成)一般只有几 KB,存放在半导体存储器 Flash ROM/ROM/EPROM 中。

10.1　主程序和子程序的概念

10.1.1　主程序

主程序是单片机系统控制程序的主框架,是一个顺序执行的无限循环的程序,运行过程必须构成一个圈,如图 10-1(a)所示。这是一个很重要的概念。

主程序应不停地顺序查询各种软件标志,并根据其变化调用有关的子程序和执行相应的中断服务子程序,以完成对各种实时事件的处理。图 10-1(b)给出了主程序的结构。

10.1.2　子程序及参数传递

在一段程序中,往往有许多地方需要执行同样的一种操作(一个程序段)。这时可以把该操作单独编制成一个子程序,在主程序需要执行这种操作的地方执行一条调用指令,转到子程序去执行;完成规定操作以后,再返回到原来的程序(主程序)继续执行,并可以反复调用,如图 10-2所示。这样处理可以简化程序的逻辑结构,缩短程序长度,便于模块化,便于调试。

在汇编语言源程序中,主程序调用子程序时要注意两个问题,即主程序和子程序间参数传递和子程序现场保护的问题。

在子程序中,一般应包含现场保护和现场恢复两个部分。

子程序调用中还有一个特别重要的问题就是信息交换,也就是参数传递问题。在调用子程序时,主程序应先把有关参数(即入口参数)放到某些约定的位置,子程序在运行时,可以从约定的位置得到有关的参数;同样,子程序在运行结束前,也应该把

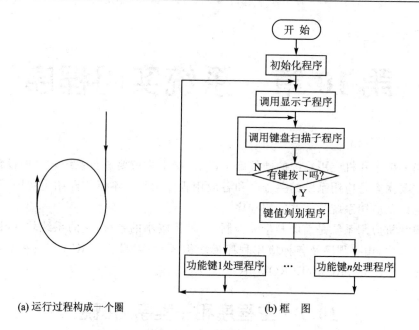

(a) 运行过程构成一个圈　　　　　　　　　(b) 框　图

图 10-1　主程序结构

运算结果(出口参数)送到约定位置,在返回主程序后,主程序可以从这些地方得到需要的结果。这就是参数传递。子程序必须以 RET 结尾。

实际实现参数传递时,可采用多种约定方法。89C51/S51 单片机常用工作寄存器、累加器、地址指针寄存器(R0、R1 和 DPTR)或堆栈来传递参数。下面举两个例子加以说明。

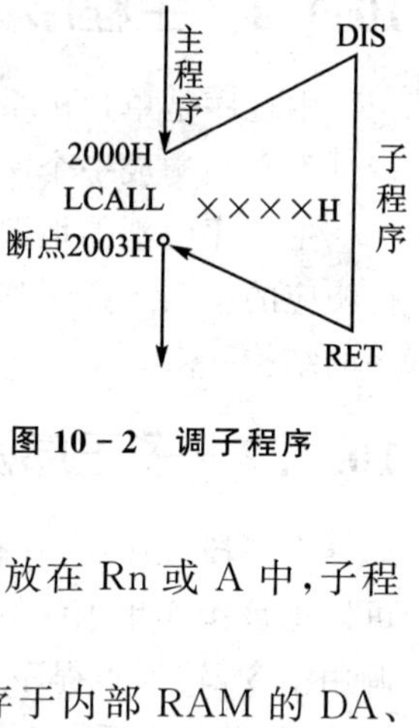

图 10-2　调子程序

1. 用工作寄存器或累加器来传递参数

这种方法是把入口参数或出口参数放在工作寄存器 Rn 或累加器 A 中。主程序在调用子程序之前,要把入口参数放在 Rn 或 A 中,子程序运行后的结果,即出口参数也放在 Rn 或 A 中。

【例 10-1】 用程序实现 $c = a^2 + b^2$。设 a、b 和 c 分别存于内部 RAM 的 DA、DB 和 DC 3 个单元中。

这个问题可以用子程序来实现,即通过两次调用子程序查平方表,结果在主程序中相加得到。

主程序片段:

```
STAR:   MOV A,DA          ;取第一操作数
        ACALL SQR          ;调用查表程序
        MOV R1,A           ;a² 暂存 R1 中
        MOV A,DB           ;取 b
```

```
        ACALL SQR              ;第 2 次调用查表程序
        ADD A,R1               ;a² + b² → A
        MOV DC,A               ;结果存于 DC 中
        SJMP $                 ;等待
```

子程序片段：

```
SQR:    INC A                  ;偏移量调整(RET 一字节)
        MOVC A,@A + PC         ;查平方表
        RET
TAB:    DB 0,1,4,9,16
        DB 25,36,49,64,81
        END
```

从上例中可以看到,子程序也应有一个名字,该名字应作为子程序中第 1 条指令的标号。例如,查表子程序的名字是 SQR。

其入口条件是(A)＝待查表的数;出口条件是(A)＝平方值。

2. 用指针寄存器来传递参数

由于数据一般存放在存储器中,故可用指针来指示数据的位置。这样可大大减少传递数据的工作量。一般情况下,如果参数在片内 RAM 中,则可用 R0 或 R1 作指针;则参数在片外 RAM 或程序存储器中,则可用 DPTR 作指针。

【**例 10 - 2**】　将 R0 和 R1 指出的内部 RAM 中两个 3 字节无符号整数相加,结果送到由 R0 指出的内部 RAM 中。入口时,R0 和 R1 分别指向加数和被加数的低位字节;出口时,R0 指向结果的高位字节。低字节在低地址,高字节在高地址。利用 89C51 的带进位加法指令,可以直接编写出下面的子程序。

```
NADD:   MOV     R7,#3         ;3 字节加法
        CLR     C
NADD1:  MOV     A,@R0         ;取加数低字节
        ADDC    A,@R1         ;取被加数低字节并加到 A
        MOV     @R0,A
        DEC     R0
        DEC     R1
        DJNZ    R7,NADD1
        INC     R0
        RET
```

10.1.3　中断服务子程序

主程序调用子程序与主程序被中断而去执行中断服务子程序的过程是不同的。主程序调用子程序是当主程序运行到"LCALL DIS"指令时,先自动压入断点 2003H,然后执行子程序,如图 10 - 2 所示;而主程序中断是随机的,如图 10 - 3

所示。

　　当主程序运行时,如果遇到中断申请,则 CPU 执行完当前的一条指令如"MOV A, ♯ 00H"后,首先自动压入断点 1002H,然后转去执行中断服务子程序 INT0。

　　上述两个过程的共同点都是自动压入断点。当执行子程序到最后一条指令 RET 时,自动弹出断点 2003H 送 PC,返回主程序;当中断服务程序执行到最后一条指令 RETI 时,同样弹出断点 1002H 送

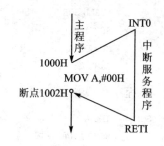

图 10 - 3　进入中断服务子程序

PC,返回主程序。除此之外,两种子程序都需要保护现场和恢复现场,请读者自行设计。

10.2　数据采集及简单控制程序

10.2.1　数据采集程序

　　整个系统的工作流程图如图 10 - 4 所示。有关系统的完整程序清单在此省略。

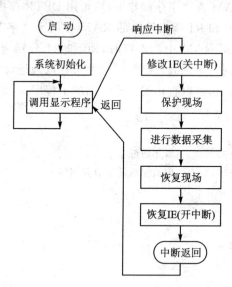

图 10 - 4　数据采集总流程图

10.2.2　航标灯控制程序

　　【例 10 - 3】　用 89C2051 单片机的定时器和中断功能试制一个"航标灯"。设 f_{osc} = 12 MHz,具有如下功能:

① 航标灯在黑夜应能定时闪闪发光,设定时间隔为 2 s,即亮 2 s,熄灭 2 s,并以此为周期循环。

② 当白天到来时,航标灯应熄灭,停止定时器工作。

解：航标灯的控制电路如图 10 - 5 所示。89C2051 定时器的启、停信号由 $\overline{INT0}$ 来控制。

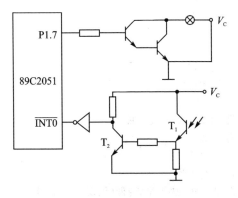

怎样实现较长时间的定时呢? 可采用定时加软件计数的方法实现定时 2 s。

怎样识别白天与黑夜呢? 可以用如图 10 - 5 所示的光敏三极管来区分白天与黑夜。其工作原理为:当黑夜降临时,无光照,T_1 和 T_2 均截止,T_2 输出高电平经反相后使 $\overline{INT0}=0$,向单片机发出中断请求。CPU 接受外部中断请求后,进入外部中断处理程序,启动定时器工作,利用定时器中断控制航标灯定时闪闪发光。在黑夜结束之前,一直处在外部中断过程中。另外,从

图 10 - 5　航标灯控制电路

硬件上看,加在 $\overline{INT0}$ 脚的低电平并未撤销,因此,可以用软件查询 $\overline{INT0}$ 引脚,只要 $\overline{IN0}=0$,定时器便继续工作。

当白天到来时,日光照到光敏三极管 T_1 的基极,使 T_1 导通,T_2 输出低电平,反相后使 $\overline{INT0}$ 为高电平。软件查询到 $\overline{INT0}=1$ 时,立即关闭定时器,结束外部中断处理并返回到主程序,等待下一次黑夜到来再产生中断。

在 $\overline{INT0}$ 申请外部中断处理的过程中,又用软件查询 $\overline{INT0}$ 引脚,这种用法很特殊。此外,本例中选用了两种中断:外部中断和定时器中断。定时器中断发生在外部中断正在进行的时候,因此要将 T0 中断设为高优先级的中断。

根据以上分析,可编写出如下控制程序。

设 T0 定时 50 ms,选择模式 1,计数初值 X 为:

$$X=2^{16}-12\times50\times1\,000/12=3CB0H$$

R7 软件计数为 $2\times1\,000/50=40$;T0 定时和 R7 软件计数可以延时 2 s。

主程序:

```
ORG    0000H
AJMP   MAIN
ORG    0003H
AJMP   WBINT          ;外部中断 0 入口地址
ORG    000BH
AJMP   T0INT          ;T0 中断入口地址
ORG    0100H
```

```
MAIN:      MOV    SP,#30H          ;设置堆栈指针
           CLR    P1.7             ;设灯的初态为"灭"
           CLR    ITO              ;外部中断 0 为电平触发方式
           CLR    PX0              ;外部中断 0 为低优先级
           SETB   EX0              ;允许外部中断 0 中断
           SETB   EA               ;CPU 允许中断
HERE:      AJMP   HERE             ;等待外部中断请求
```

外部中断 0 中断服务程序(由 0003H 转来):

```
WBINT:     MOV    TMOD,#01H        ;TO 定时,模式 1
           MOV    TL0,#0B0H        ;TO 计数初值
           MOV    TH0,#3CH
           SETB   PT0              ;设 TO 为高优先级中断
           SETB   TR0              ;启动 TO
           SETB   ET0              ;TO 开中断
           MOV    R7,#40           ;软件计数值
HERE1:     JNB    P3.2,HERE1       ;查询INTO引脚电平,为低(黑夜),等待 TO 中
                                   ;断(因为 TO 为高优先级中断)
           CLR    ET0              ;为高(白天),禁止 TO 中断
           CLR    TR0              ;关 TO
           CLR    P1.7             ;熄灯
           RETI                    ;返回主程序
```

定时器 0 中断服务程序(由 000BH 转来):

```
TOINT:     MOV    TL0,#0B0H        ;重赋 TO 初值
           MOV    TH0,#3CH
           DJNZ   R7,EXIT          ;软件计数为 0 吗?
           MOV    R7,#40H          ;计数已到,重赋初值
           CPL    P1.7             ;输出取反控制灯"亮"或"灭"
EXIT:      RETI                    ;中断返回
           END
```

上面的程序实例可以使我们了解定时器与软件计数相结合产生较长定时时间的方法,即采用中断与查询相结合的方法,采用两级中断的方法等。只要掌握了要领,还可以选择多种多样的方案。

10.2.3　水位控制程序

1. 水位控制原理

图 10-6 是水塔水位控制原理图。图中虚线表示允许水位变化的上、下限。在正常情况下,应保持水位在虚线范围之内。为此,在水塔内的不同高度安装固定不动的 3 根金属棒,以感知水位变化情况。其中,A 棒处于下限水位,C 棒处于上限水位,

B 棒在上、下限水位之间。A 棒接+5 V 电源,B 棒、C 棒各通过一个电阻与地相连。

　　水塔由电机带动水泵供水,单片机控制电机转动,以达到对水位控制的目的。供水时,水位上升,当达到上限时,由于水的导电作用,B 棒、C 棒连通+5 V。因此,b 和 c 两端均为 1 状态。这时,应停止电机和水泵的工作,不再给水塔供水。

　　当水位降到下限时,B 棒、C 棒都不能与 A 棒导通,因此,b 和 c 两端均为 0 状态。这时,应启动电机,带动水泵工作,给水塔供水。

　　当水位处于上下限之间时,B 棒与 A 棒导通。因 C 棒不能与 A 棒导通,b 端为 1 状态,c 端为 0 状态。这时,无论是电机已在带动水泵给水塔加水,水位在不断上升,还是电机没有工作,用水使水位在不断下降,都应继续维持原有的工作状态。

2. 水位控制电路

　　水塔水位控制电路如图 10 - 7 所示。

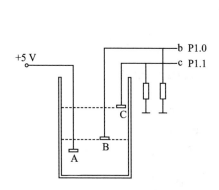

图 10 - 6　水塔水位控制原理图

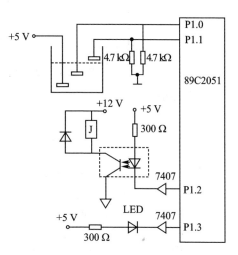

图 10 - 7　水塔水位控制电路

3. 信号输入与输出

　　两个水位信号由 P1.0 和 P1.1 输入,这两个信号共有 4 种组合状态,如表 10 - 1 所列。其中,第 3 种组合(b=0,c=1)正常情况下是不可能发生的,但在设计中还是应该考虑到,并作为一种故障状态。

　　控制信号由 P1.2 端输出,去控制电机。为了提高控制的可靠性,使用了光电耦合器件。由 P1.3 输出报警信号,驱动一只发光二极管进行光报警。

表 10 - 1　4 种组合状态

c(P1.1)	b(P1.0)	操　作
0	0	电机运转
0	1	维持原状
1	0	故障报警
1	1	电机停转

4. 控制程序

程序流程如图 10-8 所示。

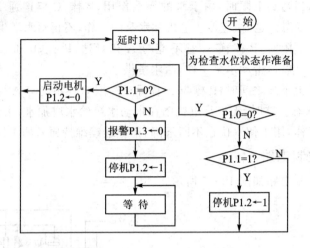

图 10-8　水塔水位控制程序流程

主程序清单：

```
              ORG     0030H
LOOP:         ORL     R1,#03H          ;为检查水位状态作准备
              MOV     A,P1
              JNB     ACC.0,ONE        ;P1.0=0 则转
              JB      ACC.1,TWO        ;P1.1=1 则转
BACK:         ACALL   D10S             ;延时 10 s
              AJMP    LOOP
ONE:          JNB     ACC.1,THREE      ;P1.1=0 则转
              CLR     93H              ;0→P1.3,启动报警装置
              SETB    92H              ;1→P1.2,停止电机工作
FOUR:         SJMP    FOUR
THREE:        CLR     92H              ;启动电机
              AJMP    BACK
TWO:          SETB    92H              ;停止电机工作
              AJMP    BACK
```

延时子程序 D10S(延时 10 s)：

```
              ORG     0100H
D10S:         MOV     R3,#19H
LOOP3：       MOV     R1,#85H
LOOP1：       MOV     R2,#0FAH
LOOP2：       DJNZ    R2,LOOP2
              DJNZ    R1,LOOP1
```

```
        DJNZ    R3,LOOP3
        RET
```

10.2.4　蜂鸣音报警子程序

压电式蜂鸣器约需 10 mA 的驱动电流,因此,可以使用 TTL 系列集成电路 7406 或 7407 低电平驱动,如图 10 - 9 所示;也可以用一个晶体三极管驱动,如图 10 - 10 所示。

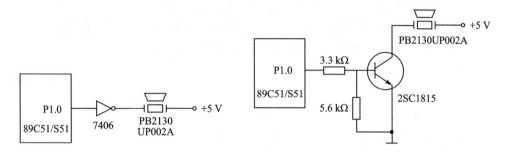

图 10 - 9　使用 7406 作驱动的单音频报警电路　图 10 - 10　使用三极管作驱动的单音频报警电路

在图 10 - 9 中,驱动器的输入端接 89C51/S51 的 P1.0。当 P1.0 输出高电平 1 时,7406 的输出为低电平 0,使压电蜂鸣器引线获得将近 5 V 的直流电压,而产生蜂鸣音。当 P1.0 端输出低电平 0 时,7406 的输出端升高到约 +5 V,压电蜂鸣器两引线间的直流电压降至接近于 0 V,发声停止。在图 10 - 10 中,P1.0 接晶体管基极输入端。当 P1.0 输出高电平 1 时,晶体管导通,压电蜂鸣器两端获得约 +5 V 电压而鸣叫;当 P1.0 输出低电平 0 时,三极管截止,蜂鸣器停止发声。因此,上述两个接口电路的程序可以通用。

下面是连续鸣音 30 ms 的控制子程序清单:

```
SND:    SETB    P1.0            ;P1.0输出高电平,启动蜂鸣器鸣叫
        MOV     R7,#1EH         ;延时30 ms
DL:     MOV     R6,#0F9H
DL1:    DJNZ    R6,DL1          ;小循环延时1 ms
        DJNZ    R7,DL
        CLR     P1.0            ;P1.0输出低电平,停止蜂鸣器鸣叫
        RET
```

10.3　数据处理程序

采样到的数据要经过必要的处理,才能用于控制和显示。一般单片机小系统的系统软件应按图 10 - 11 所示流程处理。

10.3.1 排序程序

【例 10-4】 将片内 RAM 50H～59H 中的数据按从小到大的顺序排序。

　　解：这是一个排序问题。按从小到大的顺序排列称升序排列,反之称降序排列。根据题意,排序程序在执行时,取前数与后数比较：如果前数小于后数,则继续顺序比较下去；如果前数大于后数,则前数和后数交换后再继续比较下去。第一次循环将在最后单元中得到最大的数(冒泡法),要得到所有数据从小到大的升序排列需要经过多重循环。

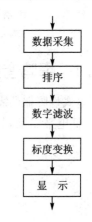

图 10-11　数据处理流程

　　程序清单如下：

```
            CLR 00H          ;清除交换标志位
QUE：       MOV R3,＃9H       ;10 个数据循环次数
            MOV R0,＃50H      ;数据存放区首址
            MOV A,@R0         ;取前数
L2：        INC R0
            MOV R2,A          ;保存前数
            SUBB A,@R0        ;前数减后数
            MOV A,R2          ;恢复前数
            JC L1             ;顺序则继续比较
            SETB 00H          ;逆序则建立标志位
            XCH A,@R0         ;前数与后数交换
            DEC R0
            XCH A,@R0
            INC R0            ;仍指向后数单元
L1：        MOV A,@R0
            DJNZ R3,L2        ;依次重复比较
            JB 00H,QUE        ;交换后重新比较
            RET
```

10.3.2 数字滤波程序

　　一般微机应用系统前向通道中,输入信号均含有种种噪音和干扰,它们来自被测信号源、传感器、外界干扰等。为了进行准确的测量和控制,必须消除被测信号中的噪音和干扰。噪音有两大类：一类为周期性的,另一类为不规则随机性的。前者的典型代表为 50 Hz 的工频干扰。对于这类信号,采用硬件滤波电路能有效地消除其影响。后者为随机信号,不是周期信号。对于随机干扰,可以用数字滤波方法予以削弱或滤除。所谓数字滤波,就是通过程序计算或判断来减少干扰在有用信号中的比

重,故实际上它是一种程序滤波。经常采用的中值法、去极值法可对采样信号进行数字滤波,以消除常态干扰。这里只介绍中值滤波法。

中值滤波是对某一参数连续采样 n 次(n 一般取奇数),然后把 n 次的采样值从小到大或从大到小排列,再取中间值作为本次采样值。该算法的采样次数常为 3 次或 5 次。对于变化很慢的参数,有时也可增加次数,例如 15 次。对于变化较为剧烈的参数,此法不宜采用。

现以 3 次采样为例。3 次采样值分别存放在 R2、R3 和 R4 中,程序运行之后,将3 个数据从小到大顺序排列,仍然存放在 R2、R3 和 R4 中,中值在 R3 中。

程序清单:

```
FILT2：  MOV   A,R2       ;R2<R3 吗?
         CLR   C
         SUBB  A,R3
         JC    FILT21
         MOV   A,R2       ;R2>R3 时,交换 R2 和 R3
         XCH   A,R3
         MOV   R2,A
FILT21： MOV   A,R3       ;R3<R4 吗?
         CLR   C
         SUBB  A,R4
         JC    FILT22     ;R3<R4 时,排序结束
         MOV   A,R4       ;R3>R4 时,交换 R3 和 R4
         XCH   A,R3
         XCH   A,R4       ;R3>R2 吗?
         CLR   C
         SUBB  A,R2
         JNC   FILT22     ;R3>R2 时,排序结束
         MOV   A,R2       ;R3<R2 时,以 R2 为中值
         MOV   R3,A
FILT22： RET              ;中值在 R3 中
```

采样次数为 5 次以上时,排序就没有这样简单了,可采用几种常规的排序算法,如冒泡算法。

中值滤波对于去掉由于偶然因素引起的波动或采样器不稳定而造成的脉动干扰比较有效。若变量变化比较缓慢,采用中值滤波法效果比较好;但对快速变化过程的参数(如流量),则不宜采用此法。

10.3.3　标度变换(工程量变换)

生产现场的各种参数都有不同的数值和量纲,例如,温度单位用℃,压力用 Pa(帕),流量用 m^3/s。这些参数经 A/D 转换后,统一变为 $0 \sim M$ 个数码,例如,8 位 A/

D 转换器输出的数码为 0～255。这些数码虽然代表参数值的大小,但是并不表示带有量纲的参数值,必须将其转换成有量纲的数值,才能进行显示和打印。这种转换称为标度变换或工程量转换。

1. 线性参数标度变换

线性标度变换是最常用的标度变换方式,其前提条件是参数值与 A/D 转换结果(采样值)之间应呈线性关系。当输入信号为 0(即参数值起点值),A/D 输出值不为 0 时,标度变换公式为:

$$A_x = A_0 + (A_m - A_0)\frac{N_x - N_0}{N_m - N_0} \tag{10-1}$$

式中:A_0——参数量程起点值,一次测量仪表的下限;

　　　A_m——参数量程终点值,一次测量仪表的上限;

　　　A_x——参数测量值,实际测量值(工程量);

　　　N_0——量程起点对应的 A/D 转换后的值,仪表下限所对应的数字量;

　　　N_m——量程终点对应的 A/D 值,仪表上限所对应的数字量;

　　　N_x——测量值对应的 A/D 值(采样值),实际上是经数字滤波后确定的采样值。

其中,A_0、A_m、N_0 和 N_m 对一个检测系统来说是常数。

通常,在参数量程起点(输入信号为 0),A/D 值为 0(即 $N_0 = 0$)。因此,上述标度变换公式可简化为:

$$A_x = A_0 + \frac{N_x}{N_m}(A_m - A_0) \tag{10-2}$$

在很多测量系统中,参数量程起点值(即仪表下限值)$A_0 = 0$,此时,其对应的 $N_0 = 0$。于是,式(10-1)可进一步简化为:

$$A_x = A_m \frac{N_x}{N_m} \tag{10-3}$$

式(10-1)、式(10-2)和式(10-3)即为在不同情况下,线性刻度仪表测量参数的标度变换公式。

例如,某测量点的温度量程为 200～400 ℃,采用 8 位 A/D 转换器。那么,$A_0 = 200$ ℃,$A_m = 400$ ℃,$N_0 = 0$,$N_m = 255$,采样值为 N_x。其标度变换公式为:

$$A_x = 200 \text{ ℃} + \frac{N_x}{255} \times 200 \text{ ℃}$$

只要把这一算式编成程序,将 A/D 转换后经数字滤波处理后的值 N_x 代入,即可计算出温度的真实值。

计算机标度变换程序就是根据上述 3 个公式进行计算的。为此,可分别把 3 种情况设计成不同的子程序。设计时,可以采用定点运算,也可以采用浮点运算,应根据需要选用。

式(10-1)适用于量程起点(仪表下限)不在零点的参数,计算 A_x 的程序流程图如图 10-12 所示。

2. 非线性参数标度变换

如果传感器的输出特性是非线性的,如热敏电阻值-温度特性呈指数规律变化,又如热电耦的电压值-温度特性,流量仪表的传感器的流量-压差值等都是非线性的。必须指出,前面讲的标度变换公式,只适用于线性变化的参数。

图 10-13 是用热敏电阻组成的惠斯顿电桥测温电路。R_1 是热敏电阻,当电桥处于某一温度 T_0 时,R_1 取值 $R_1(T_0)$,使电桥达到平衡。平衡条件为:

$$R_1(T_0)R_3 = R_2R_4$$

此时,电桥输出电压 $U_出 = 0$ V。若温度改变 ΔT,则 R_1 的阻值也改变 ΔR,电桥平衡遭到破坏,产生输出电压 $U_出$。从理论上讲,通过测量电压 $U_出$ 的值就能推得 R_1 的阻值变化,从而测得环境温度的变化。但是,由于存在非线性问题,如按线性处理,就会产生较大的误差。

一般而言,不同传感器的非线性变化规律各不相同。许多非线性传感器的输出特性变量关系写不出一个简单的公式,或者虽然能写出,但计算相当困难。这时,可采用查表法进行标度变换。

上述温度检测回路是由热敏电阻组成的电桥电路,存在非线性关系。在进行标度变换时,首先直接测量出温度检测回路的温度-电压特性曲线,如图 10-16所示;然后按照 A/D 转换器的位数(即分辨精确度)以及相应的电压值范围,分别从温度-电压特性曲线中查出各输出电压所对应的环境温度值,将其列成一张表,固化在 Flash ROM 中;当单片机采集到数字量(即 A/D 转换输出的电压值)后,只要查表就能准确地得出环境温度值,据此再去进行显示和控制。

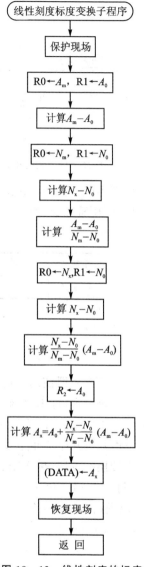

图 10-12　线性刻度的标度
变换程序框图

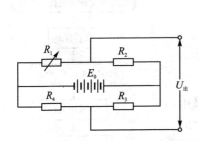

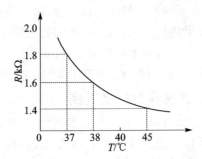

图 10 - 13 测温电桥电路   图 10 - 14   热敏电阻的阻值-温度特性

由图 10 - 14 阻值-温度特性可知,如果流过热敏电阻 R_1 的电流为 1 mA,则可得到温度-电压特性表,如表 10 - 2 所列。依此表编制标度变换子程序。

表 10 - 2   温度-电压特性

电压/V	1.4	1.5	1.6	1.7	1.8	…
温度/℃	45.00	40.00	38.00	37.50	37.00	…

10.4 代码转换程序

人们日常习惯使用十进制数,而计算机的键盘输入、输出以及显示常采用二进制编码的十进制数(即 BCD 码)或 ASCII 码。因此,各种代码之间的转换十分有用,除了硬件逻辑转换之外,程序设计中常采用算法处理和查表方式。

下面列举几个简单且实用的例子介绍用软件进行代码转换的方法,供实践、参考。

【例 10 - 5】 单字节二翻十子程序。将 00H～FFH 范围内二进制数转换为 BCD 数(0～256)。

解:程序框图如图 10 - 15 所示。

入口:(A)=二进制数。

出口:百位、十位和个位分别存入 R0 指出的两个 RAM 单元。

程序清单:

```
BINBCD:  MOV B,#100
         DIV AB        ;(A)=百位数
         MOV @R0,A     ;百位 BCD 存入 RAM
         INC R0
         MOV A,#10
         XCH A,B
```

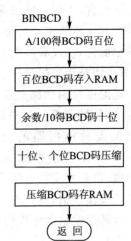

图 10 - 15   二进制数转换成 BCD
数子程序框图

```
        DIV AB            ;(A) = 十位数,(B) = 个位数
        SWAP A
        ADD A,B           ;(A) = 压缩 BCD 码(十位、个位)
        MOV @R0,A         ;存入 RAM
        RET
```

【例 10 - 6】 单字节十翻二子程序。将 2 位 BCD 数(压缩为 1 字节)转换成二进制数。

解：下列程序将累加器 A 中的压缩 BCD 码转换成二进制数,结果仍在 A 中。其方法是将 A 中的高位乘以 10,再加上 A 的低位字节。

```
DTOB:   MOV R2,A          ;暂存
        ANL A,#0F0H       ;屏蔽低 4 位
        SWAP A
        MOV B,#10
        MUL AB            ;高位乘以 10
        MOV R3,A          ;暂存
        MOV A,R2          ;取 BCD 数
        ANL A,#0FH        ;取 BCD 数个位
        ADD A,R3          ;得转换结果
        RET
```

【例 10 - 7】 一位十六进制数转换成 ASCII 码。

解：本程序中,由 R0 指出十六进制数存放单元,经转换后结果仍存于原处。

```
HEXASC1：  MOV A,@R0              ;取十六进制数
           ANL A,#0FH             ;屏蔽高 4 位
           ADD A,#03H             ;修正偏移量
           MOVC A,@A + PC         ;查表,取得 ASCII 代码
           XCH A,@R0              ;存储
           INC R0                 ;更新地址
           RET
ASCTAB:    DB 30H,31H,32H,33H,34H
           DB 35H,36H,37H,38H,39H
           DB 41H,42H,43H,44H,45H,46H
```

【例 10 - 8】 十六进制数的 ASCII 代码转换成二进制数。

解：对于小于或等于 9 的数的 ASCII 代码,减去 30H 得 4 位二进制数;对于大于 9 的十六进制数的 ASCII 代码,减去 37H 得 4 位二进制数。

两种算法都是二进制减法,对应于大于 9 的 ASCII 代码,为 41H～46H 减去 37H,则正好是 0AH～0FH 的结果。

程序以 R2 作为入口和出口。

程序清单如下：

```
ASCHEX:    MOV A,R2             ;取操作数
           CLR C
           SUBB A,#30H          ;0~9 的转换
           MOV R2,A             ;暂存结果
           SUBB A,#0AH          ;结果是否>9?
           JC SBIO              ;≤9 则转换正确,返回
           XCH A,R2
           SUBB A,#37H          ;>9,则减 37H
SBIO:      MOV R2,A             ;存放结果
           RET
```

10.5　抗干扰技术

很多从事微机应用工作的人员都有这样的经历,当他将经过千辛万苦安装和调试好的样机投入工业现场进行实际运行时,几乎都不能正常工作。有的一开机就失灵,有的时好时坏,让人不知所措。为什么实验室能正常模拟运行的系统,到了工业环境就不能正常运行呢? 原因是人所共知的——工业环境有强大的干扰,微机系统没有采取抗干扰的措施,或者措施不力。须经过反复修改硬件设计和软件设计,增加不少对症措施之后,系统才能够适应现场环境,通过验收或得到认可。这时再对整个研制开发过程进行回顾,将会发现,为抗干扰而做的工作比前期实验室研制样机的工作还要多,有时甚至多几倍。由此可见抗干扰技术的重要性。

干扰可以沿各种线路侵入微机系统,也可以以场的形式(高电压、大电流、电火花等)从空间侵入微机系统;电网中各种浪涌电压入侵,系统的接地装置不良或不合理等,也是引入干扰的重要途径。

干扰对微机系统的影响可以分为 3 个部位:前向通道、CPU 内核及后向通道。对前向通道的干扰会使输入的模拟信号失真,数字信号出错。对这一部位的抗干扰,硬件方面可采用光电隔离、硬件滤波电路等措施,在软件方面可采用前面讲的数字滤波方法。

干扰可使微机系统内核 3 总线上的数字信号错乱,从而引发一系列无法预料的后果,并会将这个错误一直传递下去,形成一系列错误。CPU 得到错误的地址信号后,引起程序计数器出错,使程序运行离开正常轨道,导致程序失控、飞跑或死循环,进而使后向通道的输出信号混乱,不能正常反映微机系统的真实输出,从而导致一系列严重后果。本节主要讨论软件抗干扰的问题,关于硬件的抗干扰措施这里不再论述。

10.5.1　软件陷阱技术

当 CPU 受到干扰后,往往将一些操作数当作指令码来执行,造成程序执行混

乱。这时,首先要尽快将程序纳入正轨(执行真正的指令序列)。

　　软件陷阱就是用一条引导指令强行将捕获的程序引向一个指定的地址,在那里有一段专门对程序出错进行处理的程序,以使程序按既定目标执行。如果把这段程序的入口标号称为 ERR,则软件陷阱即为一条"LJMP ERR"的指令。为加强其捕捉效果,一般还在它前面加两条 NOP 指令。因此,真正的软件陷阱由 3 条指令构成:

```
NOP
NOP
LJMP    ERR
```

下面将对软件陷阱的设置位置作一简单的介绍。

1. 未使用的中断向量区

　　当干扰使未使用的中断开放,并激活这些中断时,就会导致系统程序执行混乱。但如果在这些地方设置陷阱,就能及时捕捉到错误中断。假设系统共使用了 3 个中断:$\overline{INT0}$、T0 和 T1,它们的中断子程序分别为 PGINT0、PGT0 和 PGT1,则可以按如下方式来设置中断向量区。

```
                ORG     0000H
0000    START:  LJMP    MAIN         ;引向主程序入口
0003            LJMP    PGINT0       ;INT0中断正常入口
0006            NOP          ⎫       ;冗余指令
0007            NOP          ⎬
0008            LJMP    ERR  ⎭       ;陷阱
000B            LJMP    PGT0         ;T0 中断正常入口
000E            NOP          ⎫       ;冗余指令
000F            NOP          ⎬
0010            LJMP    ERR  ⎭       ;陷阱
0013            LJMP    ERR          ;未使用 INT1,设陷阱
0016            NOP          ⎫       ;冗余指令
0017            NOP          ⎬
0018            LJMP    ERR  ⎭       ;陷阱
001B            LJMP    PGT1         ;T1 中断正常入口
001E            NOP          ⎫       ;冗余指令
001F            NOP          ⎬
0020            LJMP    ERR  ⎭       ;陷阱
0023            LJMP    ERR          ;未使用串行口中断,设陷阱
0026            NOP          ⎫       ;冗余指令
0027            NOP          ⎬
0028            LJMP    ERR  ⎭       ;陷阱
```

2. 未使用的大片 ROM 空间

　　现在使用的 89C51/S51 片内 Flash ROM 一般都很少能将其全部用完。对于剩

余的大片未编程 ROM 空间,一般都维持原状(0FFH)。0FFH 对于 89C51/S51 指令系统来说,是一条单字节指令"MOV R7,A",程序弹飞到这一区域后将顺流而下,不再跳跃(除非受到新的干扰)。这样,只要每隔一段设置一个陷阱,就能捕捉到弹飞的程序。有的编程者用"02 00 00"(即 LJMP START)来填充 ROM 的未使用空间,以为两个 00H 既是地址,可设置陷阱,又是 NOP 指令,即冗余指令,起到双重作用。实际上,这样做是不妥的。因为每当程序出错后都直接从头开始执行,有可能发生一系列的麻烦事情。软件陷阱一般指向出错处理过程 ERR 才比较稳妥,而 ERR 可以安排在 0030H 开始的地方。程序不管怎样修改,编译后 ERR 的地址总是固定的(因为它前面的中断向量区是固定的)。这样就可以用"00 00 20 00 30"5 字节作为陷阱来填充 ROM 中的未使用空间,或者每隔一段设置一个陷阱(02 00 30),其他单元保持0FFH 不变。

3. 表　格

表格有两类:一类是数据表格,供"MOVC A,@A+PC"指令或"MOVC A,@A+DPTR"指令使用,其内容完全不是指令;另一类是散转表格,供"JMP @A+DPTR"指令使用,其内容为一系列的 3 字节指令 LJMP 或两字节指令 AJMP。由于表格中内容和检索值存在一一对应关系,在表格中安排陷阱将会破坏其连续性和对应关系,所以,只能在表格的最后安排 5 字节陷阱(NOP、NOP 和 LJMP ERR)。

4. 程序区

程序区是由一系列执行指令构成的,一般不能在这些指令串中间任意安排陷阱;否则,正常执行的程序也可能被捕获。在这些指令串中间常有一些断裂点,正常执行的程序到此便不会继续往下执行了,这类指令有 LJMP、SJMP、AJMP、RET 和RETI。这时,PC 的值应发生正常跳转,如果还要顺次往下执行,就必然要出错了。如果弹飞来的程序刚好落到断裂点的操作数上或落到前面指令的操作数上(又没有在这条指令之前使用冗余指令),则程序就会越过断裂点,继续往前冲。在这种地方安排陷阱后,就能有效地捕获到它,而又不会影响正常执行的程序流程。例如,在一个根据累加器 A 中内容的正、负、零情况进行三分支的程序中,软件陷阱的安置方式如下:

```
        JNZ     XYZ
        ⋮                ;零处理
        AJMP    ABC      ;断裂点
        NOP              ;陷阱
        NOP       }
        LJMP    ERR
XYZ:    JB      ACC.7,VUW
        ⋮                ;正处理
        AJMP    ABC      ;断裂点
```

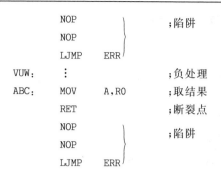

```
           NOP            ⎫       ;陷阱
           NOP            ⎬
           LJMP    ERR    ⎭
VUW:       ⋮                      ;负处理
ABC:       MOV     A,R0           ;取结果
           RET                    ;断裂点
           NOP            ⎫       ;陷阱
           NOP            ⎬
           LJMP    ERR    ⎭
```

10.5.2　软件看门狗

前面已经提到,当程序弹飞到一个临时构成的死循环中时,软件陷阱也就无能为力了,这时系统将完全瘫痪。如果操作者在场,就可以按下人工复位按钮,强制系统复位,摆脱死循环。但操作者不能一直监视着系统,即使监视着系统,也往往是在引起不良后果之后才进行人工复位。能不能不要人来监视,而由计算机自己来监视系统运行情况呢?当然可以,这就是程序运行监视系统(WATCHDOG)。这好比是主人养了一条狗,主人在正常干活的时候总是不忘每隔一段固定时间就给狗吃点东西,狗吃过东西就安静下来,不影响主人干活。如果主人打瞌睡不干活了,到一定时间,狗饿了,发现主人还没有给它吃东西,就会大叫起来,把主人吵醒。国外把程序运行监视系统称为 WATCHDOG(看门狗)也就是这个意思。从这个比喻中可以看出,WATCHDOG 有如下特性:

- 本身能独立工作,基本上不依赖于 CPU;
- CPU 在一个固定的时间间隔内和该系统打一次交道(喂一次狗),以表明系统目前尚正常;
- 当 CPU 陷入死循环后,能及时发觉并使系统复位。

在 8096 系列单片机和增强型 89C51/S51 系列单片机芯片内已经内嵌了程序运行监视系统,使用起来很方便。而在普通型 51 系列单片机中,必须由用户自己建立。如果要实现 WATCHDOG 的真正目标,该系统还必须包括完全独立于 CPU 之外的硬件电路,有时为了简化硬件电路,也可以采用纯软件的 WATCHDOG 系统。当硬件电路设计未采用 WATCHDOG 时,软件 WATCHDOG 是一个比较好的补救措施,只是其可靠性稍差一些。

当系统陷入死循环后,什么样的程序才能使它跳出来呢?只有比这个死循环更高级的中断子程序才能夺走对 CPU 的控制权。为此,可以用一个定时器来作 WATCHDOG,将它的溢出中断设定为高优先级中断(掉电中断选用 $\overline{INT0}$ 时,也可设为高级中断,并享有比定时中断更高的优先级),系统的其他中断均设为低优先级中断。例如,用 T0 作 WATCHDOG,定时约为 16 ms,可以在初始化时按下列方式建立 WATCHDOG:

```
        MOV     TMOD,♯01H          ;设置T0为16位定时器
        SETB    ET0                ;允许T0中断
        SETB    PT0                ;设置T0为高级中断
        MOV     TH0,♯0E0H          ;定时约16 ms(6 MHz晶振)
        SETB    TR0                ;启动T0
        SETB    EA                 ;开中断
```

以上初始化过程可与其他初始化过程一并进行。如果T1也作为16位定时器,则可以用"MOV TMOD,♯11H"来代替"MOV TMOD,♯01H"指令。

WATCHDOG启动以后,系统工作程序必须经常"喂它",且每两次的间隔不得大于16 ms(如可以每10 ms"喂"一次)。执行一条"MOV TH0,♯0E0H"指令即可将它暂时"喂饱",若改用"MOV TH0,♯00H"指令来"喂"它,它将"安静"131 ms(而不是我们要求的16 ms)。这条指令的设置原则上和硬件WATCHDOG相同。

当程序陷入死循环后,16 ms之内即可引起一次T0溢出,产生高优先级中断,从而跳出死循环。T0中断可直接转向出错处理程序,在中断向量区放置一条"LJMP ERR"指令即可。由出错处理程序来完成各种善后工作,并用软件方法使系统复位。

下面是一个完整的看门狗程序,它包括模拟主程序,喂狗(DOG)程序和空弹返回0000H(TOP)程序。

```
            ORG 0000H
            AJMP MAIN
            ORG 000BH
            LJMP TOP
    MAIN:   MOV SP,♯60H
            MOV PSW,♯00H  ⎫
            MOV SCON,♯00H │
              ⋮            ⎬ ;模拟硬件复位,这部分可根据系统对资源使用情况增减
            MOV IE,♯00H   │
            MOV IP,♯00H   ⎭
            MOV TMOD,♯01H
            LCALL DOG          ;调用DOG程序的时间间隔应小于定时器定时时间
              ⋮
    DOG:    MOV TH0,♯0B1H      ;喂狗程序
            MOV TL0,♯0E0H
            SETB TR0
            RET
    TOP:    POP ACC            ;空弹断点地址
            POP ACC
            CLR A
            PUSH ACC           ;将返回地址换成0000H,以便实现软件复位
            PUSH ACC
            RETI
```

程序说明：一旦程序跑飞，便不能喂狗，定时器 T0 溢出，进入中断矢量地址 000BH，执行"LJMP TOP"指令，进入空弹程序 TOP。当执行完 TOP 程序后，就将 0000H 送入 PC，从而实现了软件复位。

10.5.3　单片机片内硬件看门狗

1. 硬件看门狗的工作原理

早期的单片机片内没有看门狗，需外接专用看门狗芯片（如 X5045），它的设计使用目的是作为微处理器的一个监控者。微处理器在运行中会受到各种各样的干扰，如电源及空间电磁干扰，当其超过抗干扰极限时，就有可能引起微处理器死机或程序跑飞。尤其在 MCU 的应用环境中，更容易受到复杂干扰源的干扰影响。有了看门狗这个监控者，就能够在 MCU 死机或程序跑飞后，重新使它复位恢复运行。现在使用片外硬件看门狗越来越少，本书就不介绍了。

新型的单片机片内嵌入监视定时器 T3（看门狗），当 T3 溢出时，使 MCU 系统复位。

若不让定时器 T3 溢出而造成系统复位，就要保证用户程序总是在监视间隔内对监视定时器装入初值（喂狗），监视定时器 T3 的这个功能是恢复软件故障的良好手段。设计程序时，必须在监视间隔内执行对监视定时器再装入的指令，即调看门狗 WATCHDOG 子程序。如果程序运行时出了问题，比如程序进入死循环，或因静电干扰或硬件故障使程序不按正常条件进行，因而没能在监视间隔内执行对监视定时器装入的指令，那么监视定时器 T3 就会溢出使系统复位。T3 的这种功能被称作"看门狗"。若系统复位后重新从 0000H 开始运行程序，则系统就能从故障中恢复过来，这个性能对一些控制器是很有意义的。

当前看门狗电路专用芯片本身是一个带清除端和溢出触发器的定时器。如果不清除它，它就以固定频率发出溢出触发脉冲。实际使用中，把这种触发输出引入到 MCU 的复位端，使用 MCU 的一个 I/O 口线控制它的清除端。看门狗的监控思路是：MCU 正常运行时，软件被设计成定时清除看门狗定时器；而一旦 MCU 死机或程序跑飞，这时 MCU 不再发出清除脉冲，看门狗定时器溢出，则自动复位 MCU。

单片机应用系统（或产品）的开发一定要考虑系统的可靠性设计。一般来说，系统的可靠性应从软件、硬件以及结构设计等方面全面考虑，如器件选择、电路板的布线、看门狗、软件冗余等等。只有通过软/硬件的多方面设计，才能保证系统总体的可靠性指标，以满足系统在现场苛刻环境下的正常运行，而"看门狗"则是系统可靠性设计中的重要一环。在一个单片机应用系统中，所谓的"看门狗"是指在系统设计中通过软件或硬件方式在一定的周期内监控单片机的运行状况。如果在规定的时间内没有收到来自单片机的清除信号，也就是我们通常所说的没有及时"喂狗"，则系统会强制复位，以保证系统在受到干扰时仍然能够维持正常的工作状态。

2. 单片机片内看门狗

一些新型单片机如 AT89S、STC89C 系列等,内部已集成有看门狗功能,因此,使用起来十分方便。

1. AT89S 系列单片机片内看门狗

对于 AT89S 系列单片机,内部具有看门狗寄存器 WDTRST(地址为 0A6H),当看门狗激活后,用户必须向 WDTRST 依次写入 01EH 和 0E1H 数据以"喂狗",避免看门狗定时器(WDT)溢出。喂狗子程序 WATCH_DOG 如下:

```
WATCH DOG:      MOV 0A6H, #01EH
                MOV 0A6H, #0E1H
                RET
```

使用 AT89S 系列单片机的看门狗时,要注意以下几点:

一是看门狗必须由程序激活后才开始工作,所以必须保证 CPU 有可靠的上电复位,否则看门狗也无法工作。

二是看门狗使用的是 CPU 的晶振,在晶振停振的时候看门狗也无效。

三是在 16 383 个机器周期内必须至少喂狗一次,如果晶振为 11.059 2 MHz,则在 17 ms 以内即需喂狗一次。

2. STC89C 系列单片机片内看门狗

STC89C 系列单片机设有看门狗定时器寄存器 WDT_CONTR,它在特殊功能寄存器中的字节地址为 E1H,不能位寻址,该寄存器不但可启停看门狗,而且还可以设置看门狗溢出时间等。WDT_CONTR 寄存器各位的定义如下:

位序号	D7	D6	D5	D4	D3	D2	D1	D0
位符号	—	—	EN_WDT	CLR_WDT	IDLE_WDT	PS2	PS1	PS0

EN_WDT:看门狗允许位,当设置为 1 时,启动看门狗。

CLR_WDT:看门狗清零位,当设置为 1 时,看门狗定时器将重新计数。硬件自动清零此位。

IDLE_WDT:看门狗 IDLE 模式位,当设置为 1 时,看门狗定时器在单片机的空闲模式时计数;当清零该位时,看门狗定时器在单片机的空闲模式时不计数。

PS2、PS1、PS0:看门狗定时器预分频值,用来设置看门狗溢出时间。看门狗溢出时间与预分频数有直接的关系,有关公式如下:

$$看门狗溢出时间 = (N \times 预分频数 \times 32\ 768)/晶振频率$$

上式中,N 表示 STC 单片机的时钟模式,STC89C 单片机有两种时钟模式:单倍速(N 为 12),也就是 12 时钟模式,这种时钟模式下,STC89C 单片机与其他公司的 51 单片机具有相同的机器周期,即 12 个振荡周期为一个机器周期;另一种为双倍速(N 为 6),又被称为 6 时钟模式,在这种时钟模式下,STC89C 单片机比其他公司的

51 单片机运行速度要快一倍。关于单倍速与双倍速的设置在下载程序软件界面上有设置选择,一般情况下,我们使用单倍速模式,即 N 为 12。

当单片机晶振为 11.059 2 MHz,工作在单倍速下($N=12$)时,看门狗定时器预分频数与看门狗定时时间的对应关系如表 10-3 所列。

表 10-3　看门狗定时器预分频数与看门狗定时时间的关系

PS2	PS1	PS0	预分频数	看门狗溢出时间	PS2	PS1	PS0	预分频数	看门狗溢出时间
0	0	0	2	71.1 ms	1	0	0	32	1.137 7 s
0	0	1	4	142.2 ms	1	0	1	64	2.275 5 s
0	1	0	8	284.4 ms	1	1	0	128	4.551 1 s
0	1	1	16	568.8 ms	1	1	1	256	9.102 2 s

注意:喂狗(清除指令)一般在主程序大循环的适当位置喂狗,如图 10-16 所示。

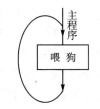

图 10-16　喂狗示意图

10.6　最短程序

"最短程序"是指最简洁的主程序以及调用最少子程序的系统软件程序。

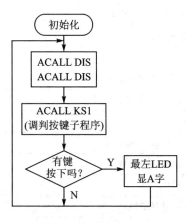

图 10-17　最短程序框图

在实践过程中,我们发现"最短实验程序"对系统的运行调试很有帮助。特别是对经验较少的开发者,首先在自己的硬件系统上运行"最短程序"时,如果最短程序通过,则说明硬件问题不大;如果最短程序,即很明显没有错误的最基本模块程序运行不能通过,则说明硬件有问题。这时就应该首先将硬件化简成最小系统或排除硬件故障后,再运行"最短程序"。如果运行通过,可逐步增加软件模块和硬件模块,反复实验。

对于任何一个硬件系统,都设置有键盘和 LED(或 LCD)显示器。图 10-17 的最短程序框图适合任何系统。它的功能是:判断有无键按下,如有就在一个 LED 上显示一 A 字。图中 DIS 为显示子程序,KS1 为判断有无键按下子程序。

第 11 章 C51 程序设计

11.1 C51 程序设计基础

11.1.1 C51 的标识符和关键字

标识符用来标识源程序中某个对象的名字,这些对象可以是语句、数据类型、函数、变量、数组。C 语言是区分大小写的一种高级语言。标识符由字符串、数字和下划线组成,第一个字符必须是字母或下划线。C51 中有些库函数的标识符是以下划线开头的,所以一般不要以下划线开头命名标识符。标识符在命名时应当简单,含义清晰,便于阅读理解程序。C51 编译器只支持标识符的前 32 位为有效的标识符。

关键字是编程语言保留的特殊标识符,它们有固定的名称和含义,在程序设计中不允许将关键字另作他用。在 C51 中的关键字除了有 ANSI C 标准的 32 个关键字外,还有根据 C51 单片机的特点扩展的相关关键字,见表 11-1 和表 11-2。

表 11-1　ANSI C 标准关键字

关键字	用　途	说　明
auto	存储种类说明	用于声明局部变量,为默认值
break	程序语句	退出最内层循环体
case	程序语句	switch 语句中的选择项
char	数据类型声明	单字节整型数或字符型数据
const	存储种类说明	在程序执行过程中不可修改的值
continue	程序语句	转向下一次循环
default	程序语句	switch 语句中的失败选择项
do	程序语句	构成 do-while 循环结构
double	数据类型声明	双精度浮点数
else	程序语句	构成 if-else 选择结构
enum	数据类型声明	枚举
extern	存储种类说明	在其他程序模块中声明的全局变量

关键字	用　　途	说　　明
float	数据类型声明	单精度浮点数
for	程序语句	构成 for 循环结构
goto	程序语句	构成 goto 转移结构
if	程序语句	构成 if – else 选择结构
int	数据类型声明	基本整型数
long	数据类型声明	长整型数
register	存储种类说明	使用 CPU 内部寄存器变量
return	程序语句	函数返回
short	数据类型声明	短整型数
signed	数据类型声明	有符号数，二进制数据的最高位为符号位
sizeof	运算符	计算表达式或数据类型的字节数
static	存储种类说明	静态变量
struct	数据类型声明	结构类型数据
switch	程序语句	构成 switch 选择结构
typedef	数据类型声明	重新进行数据类型定义
union	数据类型声明	联合类型数据定义
unsigned	数据类型声明	无符号数据
void	数据类型声明	无类型数据
volatile	数据类型声明	声明该变量在程序执行中可被隐含地改变
while	程序语句	构成 while 和 do – while 循环

表 11 – 2　C51 编译器的扩展关键字

关键字	用　　途	说　　明
_at_	地址定位	为变量进行存储器绝对空间地址定位
alien	函数特性说明	用于声明与 PL/M51 兼容的函数
bdata	存储器类型声明	可位寻址的 89C51 内部数据存储器
bit	位变量声明	声明一个位变量或位函数
code	存储器类型声明	89C51 程序存储器空间
compact	存储器模式	指定使用 89C51 外部分页寻址数据存储器空间
data	存储器类型声明	直接寻址的 89C51 内部数据存储器空间
idata	存储器类型声明	间接寻址的 89C51 内部数据存储器空间
interrupt	中断函数声明	定义一个中断服务函数
large	存储器模式	指定使用 89C51 外部数据存储器空间

关键字	用　途	说　明
pdata	存储器类型声明	分页寻址的 89C51 外部数据存储器空间
priority	多任务优先声明	规定 RTX51 或 RTX51 Tiny 的任务优先级
reentrant	再入函数声明	定义一个再入函数
sbit	位变量声明	定义一个可位寻址变量
sfr	特殊寄存器声明	声明一个 8 位特殊功能寄存器
sfr16	特殊寄存器声明	声明一个 16 位特殊功能寄存器
small	存储器模式	指定使用 89C51 内部数据存储器空间
task	任务声明	定义实时多任务函数
using	寄存器组定义	定义 89C51 的工作寄存器组
xdata	存储器类型声明	89C51 外部数据存储器空间

11.1.2　C51 的数据类型

C51 具有 ANSI C 的所有数据类型,包括:char、int、short、long、float 和 double。对于 C51 编译器来说,int 类型和 short 类型相同,float 类型和 double 类型相同。C51 增加了一些特殊的数据类型,包括 bit、sfr、sfr16、sbit。表 11 - 3 为 C51 编译器所支持的数据类型。

表 11 - 3　C51 的数据类型

数据类型		长　度	大　小
无符号字符类型	unsigned char	1 B	0～255
字符类型	char	1 B	-128～+127
无符号整型	unsigned int	2 B	0～65 536
整型	int	2 B	-32 768～+32 768
无符号长整型	unsigned long	4 B	0～4 294 967 295
长整型	long	4 B	-2 147 483 648～+2 147 483 647
浮点型	float	4 B	±1.175 494E-38～±3.402 823E+38
指针型	*	1～3 B	对象的地址
位标量	bit	位	0 或 1
特殊功能寄存器	sfr	1 B	0～255
16 位特殊功能寄存器	sfr16	2 B	0～65 536
可寻址位	sbit	位	0 或 1

在 C 语言程序中的表达式或变量赋值运算中,有时会出现运算对象的数据不一

致的情况,C 语言允许任何标准数据类型之间的隐式转换。隐式转换按以下优先级别自动进行:

$$bit \rightarrow char \rightarrow int \rightarrow long \rightarrow float$$
$$signed \rightarrow unsigned$$

其中箭头方向仅表示数据类型级别的高低,转换时由低向高进行,而不是数据转换时的顺序。例如,将一个 bit 型变量赋给一个 int 型变量时,不需要先将 bit 型变量转换成 char 型变量之后再转换成 int 型变量,而是将 bit 型变量值直接转换成 int 型变量值并完成赋值运算的。一般来说,如果有几个不同类型的数据同时参加运算,先将低级别类型的数据转换成高级别类型,再作运算处理,并且运算结果为高级别类型数据。

11.1.3　C51 变量的存储方式

1. 局部变量与全局变量

按照变量的有效作用范围可划分为局部变量和全局变量。

局部变量是在一个函数内部定义的变量,它只在定义它的那个函数范围以内有效。在此函数之外局部变量即失去意义。不同的函数可以使用相同的局部变量名,由于它们的作用范围不同,不会相互干扰。函数的形式参数也属于局部变量。

全局变量是在函数外部定义的变量,又称为外部变量。全局变量可以为多个函数共同使用,其有效作用范围是从它定义的位置开始到整个程序文件结束。如果全局变量定义在一个程序文件的开始处,则在整个程序文件范围内都可以使用它。如果一个全局变量不是在程序文件的开始处定义的,但又希望在它的定义点之前的函数中引用该变量,这时应在引用该变量的函数中用关键字 extern 将其说明为“外部变量”。另外,如果在一个程序模块文件中引用另一个程序模块文件中定义的变量时,也必须用 extern 进行说明。外部变量说明与外部变量定义是不相同的。外部变量定义只能有一次,定义的位置在所有函数之外;而同一个程序文件中的外部变量说明可以有多次,说明的位置在需要引用该变量的函数之内。外部变量说明的作用只是声明该变量是一个已经在外部定义过了的变量而已。如果在同一个程序文件中,全局变量与局部变量同名,则在局部变量的有效作用范围之内、全局变量不起作用。换句话说,局部变量的优先级比全局变量高。

下面通过一个例子来说明局部变量与全局变量的区别。

【例 11 - 1】　局部变量与全局变量的区别。

```
# include <stdio.h>
extern serial_initial ();
int a = 3, b = 5;              // 定义 a、b 为全局变量,并赋予初值
int max (int a, int b)         // 形参 a、b 为局部变量
{
```

```
int c;                    //定义 c 为局部变量
c = a>b ? a:b;
return (c);
}
void main ()              //void 类型的主函数
{
int a = 8;                //定义 a 为局部变量
serial_initial ();
printf ("%d\n", max (a,b));
while (1);
}
```

程序执行结果:

8

2. 存储种类

存储种类是指变量在程序执行过程中的作用范围。变量的存储种类有 4 种:自动(auto)、外部(extem)、静态(static)和寄存器(register)。这 4 种存储种类与全局变量、局部变量之间的关系如下:

$$
变量\begin{cases}
内部变量\begin{cases}
自动变量(auto)\\
静态变量(static)\\
寄存器变量(register)
\end{cases}\\
外部变量(extern)\begin{cases}
全局变量(global)\\
静态变量(static)
\end{cases}
\end{cases}
$$

1) 自动变量(auto)

定义一个变量时,在变量名前面加上存储种类说明符 auto,即将该变量定义自动变量。自动变量是 C 语言中使用最为广泛的一类变量。按照默认规则,在函数体内部或复合语句内部定义的变量,如果省略存储种类说明,该变量即为自动变量。

2) 外部变量(extern)

使用存储种类说明符 extern 定义的变量称为外部变量。按照默认规则,凡是在所有函数之前,在函数外部定义的变量都是外部变量,定义时可以不写 extern 说明符。但是,在一个函数体内说明一个已在该函数体外或别的程序模块文件中定义过的外部变量时,则必须要使用 extern 说明符。

C 语言允许将大型程序分解为若干个独立的程序模块文件,各个模块可分别进行编译,然后再将它们连接在一起。在这种情况下,如果某个变量需要在所有程序模块文件中使用,只要在一个程序模块文件中将该变量定义成全局变量,而在其他程序模块文件中用 extern 说明该变量是已被定义过的外部变量就可以了。

【例 11 - 2】　全局变量在该文件中声明。

```
# include <stdio. h>
extern serial_initial ();                //说明该函数在其他文件中定义
extern void func1 ();                    //说明该函数在其他文件中定义
extern void func2 ();                    //说明该函数在其他文件中定义
int x = 5;                               //定义 x 为全局变量,并赋予初值
void main ()                             //void 类型的主函数
{
extern serial_initial ();
serial_initial ();                       //调用外部函数
printf ("x = % d\n", x);
func1 ();                                //调用外部函数
printf ("x = % d\n", x);
func2 ();
printf ("x = % d\n", x);
while(1);
}
```

程序执行结果:

```
x = 5
x = 6
x = 36
```

【例 11 - 3】　在该文件中使用全局变量。

```
# include <stdio. h>
extern int x;                            //说明变量 x 在其他文件中定义
void func1 ()
{
   x += 1;
}


void func2 ()
{
   x = x * x;
}
```

　　函数是可以相互调用的,因此函数都具有外部存储种类的属性。定义函数时如果冠以关键字 extern,即将其明确定义为一个外部函数,例如 extern func1()和 extern func2()。如果在定义函数时省略关键字 extern,则隐含为外部函数。如果要调用一个在本程序模块文件以外的其他模块文件所定义的函数,则必须要用关键字 extern 说明被调用函数是一个外部函数。对于具有外部函数相互调用的多模块程

序,可用 C51 编译器分别对各个模块文件进行编译,最后再 L51 链接定位器将它们链接成为一个完整的程序。

3) 静态变量(static)

自动变量只有当函数调用它时才存在,退出函数后它就消失;局部静态变量与其不同,它始终都是存在的,但只能在定义它的函数内部进行访问,退出函数之后,变量的值仍然保持,但不能进行访问。还有一种全局静态变量,它是在函数外部被定义的,作用范围从它的定义点开始,一直到程序结束。当一个 C 语言程序由若干个模块文件所组成时,全局静态变量始终存在,但它只能在被定义的模块文件中访问,其数据值可为该文件内的所有函数共享,退出该文件后,虽然变量的值仍然保持着,但不能被其他模块文件访问。

局部静态变量是一种在两次函数调用之间仍能保持其值的局部变量。有些程序需要在多次调用之间仍然保持变量的值,使用自动变量无法实现这一点,使用全局变量有时又会带来意外的副作用,这时就可采用局部静态变量。

全局静态变量是一种作用范围受限制的外部变量。它的有效作用范围从其定义点开始直至程序文件的末尾,而且只有在定义它的程序模块文件中才能对它进行访问。全局静态变量有一个特点,就是只有在定义它的程序文件中才可以使用它,其他文件不能改变其内容。

对于函数也可以定义成具有静态存储种类的属性。定义函数时在函数名前面冠以关键字 static,即将其定义为一个静态函数,例如 static int func1(char x,int y)。使用静态函数可使该函数只局限于其所在的模块文件。由于函数都是外部型的,因此静态外部函数定义就限制了该函数只能在定义它的模块文件中使用,其他模块文件是不能调用它的。换句话说,在其他模块文件中可以定义与静态函数完全同名的另一个函数,分别编译并链接成为一个可执行程序之后,不会由于程序中存在相向的函数名而发生函数调用时的混乱。这一特点在进行模块化程序设计时是十分有用的。

4) 寄存器变量(register)

为了提高程序的执行效率,C 语言允许将一些使用频率最高的那些变量,定义为能够直接使用硬件寄存器的所谓寄存器变量。定义一个变量时在变量名前面冠以存储种类符号 register,即将该变量定义成为了寄存器变量。寄存器变量可以被认为是自动变量的一种,它的有效作用范围也与自动变量相同。C51 编译器能够识别程序中使用频率最高的变量,在可能的情况下,即使程序中并未将该变量定义为寄存器变量,编译器也会自动将其作为寄存器变量处理。尽管可以在程序中定义寄存器变量,但实际上被定义的变量是否真能成为寄存器变量最终是由编译器决定的。

3. 存储类型

存储类型与存储种类不同,存储类型指明该变量所处的单片机的内存空间。C51 编译器识别的存储类型如表 11 - 4 所列。

表 11 - 4　C51 的存储类型

存储类型	描　　述
data	直接寻址的片内数据存储器低 128 B,访问速度最快
bdata	可位寻址的片内数据存储器(地址 20H~2FH)允许位和字节混合访问
idata	间接寻址的片内数据存储器 256 B,允许访问片内全部地址
pdata	分页寻址的片外数据存储器 256 B,使用 MOVX　@Rn 访问
xdata	寻址片外数据存储器 64 KB,使用 MOVX　@DPTR 访问
code	寻址程序存储器 64 KB,使用 MOVC　@A+DPTR 访问

4. 存储模式

C51 编译器允许采用 3 种存储器模式:小编译模式 SMALL、紧凑编译模式 COMPACT、大编译模式 LARGE。一个变量或函数的存储器模式确定了变量或函数的参数和局部变量在内存中的地址空间。

SMALL 模式下,变量或函数的参数和局部变量在 89C51 单片机的内部 RAM 中;在 COMPACT 和 LARGE 模式下,变量或函数的参数和局部变量在 89C51 单片机的外部 RAM 中。

在定义一个函数时可以明确指定该函数的存储器模式,一般形式为:

　　　　　函数类型　函数名　(形式参数表)　　　[存储器模式]

其中,存储器模式是 C51 编译器扩展的一个选项。不用该选项时即没有明确指定函数的存储器模式,这时该函数按编译时的默认存储器模式处理。

C51 编译器允许采用所谓存储器的混合模式,即允许在一个程序中某个(或几个)函数使用一种存储器模式,另一个(或几个)函数使用另一种存储器模式。采用存储器混合模式编程,可以充分利用 89C51 系列单片机中有限的存储器空间,同时还可加快程序的执行速度。

11.1.4　C51 运算符、表达式及规则

运算符就是完成某种特定运算的符号。C51 的运算符主要有:算术运算符、关系运算符、逻辑运算符、位运算符、赋值及复合赋值运算符,如表 11 - 5 所列。

表 11 - 5　　C51 运算符

运算符名称 （按优先级顺序）	形　式	说　明	表达式形式
算术运算符	＋	加	运算对象 1 算术运算符 运算对象 2
	－	减	
	＊	乘	
	/	除	
	％	模运算或取余运算符	
	＋＋	自增	＋＋ 变量 或 变量＋＋
	－－	自减	－－ 变量 或 变量－－
关系运算符	＜	小于	表达式 1 关系运算符 表示式 2
	＜＝	小于等于	
	＞	大于	
	＞＝	大于等于	
	＝＝	测试等于	
	！＝	测试不等于	
逻辑运算符	＆＆	逻辑与	条件式 1 关系运算符 条件式 2
	‖	逻辑或	
	！	逻辑非	逻辑非 条件式
位运算符	＆	按位与	变量 1 位运算符 变量 2
	｜	按位或	
	ˆ	按位异或	
	～	按位取反	
	＜＜	左移	
	＞＞	右移	
赋值运算符	＝	赋值	变量 赋值运算符 表达式
复合赋值运算符	＋＝	加法赋值	变量 复合赋值运算符 表达式
	－＝	减法赋值	
	＊＝	乘法赋值	
	/＝	除法赋值	
	％＝	取模赋值	
	＆＝	逻辑与赋值	
	｜＝	逻辑或赋值	
	ˆ＝	逻辑异或赋值	
	～＝	逻辑非赋值	
	＜＜＝	左移位赋值	
	＞＞＝	左移位赋值	

运算符名称 (按优先级顺序)	形　式	说　　明	表达式形式
指针和地址运算符位	*	取内容	变量 = * 指针变量
运算符	&	取地址	指针变量 = & 目标变量

11.2　C51 语句

　　C51 语句,即 C51 语言中的操作命令,用于使单片机完成特定的功能。C51 的源程序是由一系列的语句组成的,这些语句可以完成变量声明、赋值和控制输入/输出等操作。一条完整的语句必须以";"结束。由于单片机能识别的是机器指令,因此,一般一条语句经过编译后生成若干条机器指令来执行。C51 语言中的语句包括说明、表达式语句、循环语句、条件语句、开关语句、复合语句、空语句和返回语句等,下面分别进行说明。

11.2.1　说明语句

　　说明语句一般是用来定义声明变量,可以说明其的类型和初始值。一般形式为:

　　　　　类型说明符　变量名(=初始值);

　　其中,类型说明符指定变量的类型,变量名即变量的标示符,如果在声明变量的时候进行赋值,则需要使用"="指定初始值。典型的说明语句示例如下,其中分别进行了变量声明以及初始化赋值。

```
int a = 1;                    //声明并初始化整型变量
float c;                      //声明浮点型变量
char p[6] = "first";          //声明并初始化字符数组
sfr P1 = 0x80;                //声明并初始化寄存器
bit third;                    //声明位变量
```

11.2.2　表达式语句

　　表达式语句是用来描述算术运算、逻辑运算或使单片机产生特定的操作。表达式语句是 C51 语言中最基本的一种语句。示例如下:

```
b = b * 20;
Count + + ;
X = 'A';Y = 'B';
P = (a + b)/a - 1;
```

　　以上的都是合法的表达式语句。一般来说,任何表达式在末尾加上分号";",便可以构成语句。示例如下：

```
a = a + 8                              //赋值表达式
a = a + 8;                             //赋值语句
```

11.2.3　复合语句

复合语句是用花括号"{}"将一组语句组合在一起而构成的语句。C51语言中由单个表达式和末尾的分号构成的语句是简单语句。在C51语言中，复合语句是允许嵌套的，即就是在花括号"{}"中的"{}"也是复合语句。复合语句在程序运行时，"{}"中的各行单语句是依次顺序执行的。在C51语言中使用复合语句需要注意如下几点：

① C51语言中，复合语句在语法上等同于一条单语句。

② 复合语句中不但可以由可执行语句组成，还可以用变量定义等语句组成。要注意的是在复合语句中所定义的变量，称为局部变量。所谓局部变量就是指它的有效范围只在复合语句中。

③ 对于一个函数而言，函数体就是一个复合语句，函数内定义的变量有效范围只在函数内部。

11.2.4　条件语句

条件语句常用于需要根据某些条件来决定执行流向的程序中。其是由关键字 if 构成，即 if 条件语句。条件语句又被称为分支语句。C51语言提供了 3 种形式的条件语句，下面分别进行介绍。

1. 单分支结构

单分支结构的条件语句只有一个语句分支或者语句块分支，其一般形式为：

```
if (表达式) 语句;
```

其中，当 if 条件语句表达式的结果为真时，就执行分支语句，执行完后，继续执行后续程序；当表达式为假时，就跳过分支语句，执行后续程序。

使用 if 语句的单分支结构程序，示例如下：

```
# include <stdio.h>                    //头文件
void main()                            //主函数
{
int a,b;                               //变量声明
a = 1;                                 //初始化
b = 1;                                 //初始化
if (a = = b) a + + ;                   //if 语句的单分支结构
printf("a = % d\n",a);                 //输出结果
}
```

2. 双分支结构

双分支结构的条件语句包含两个语句分支,由关键字 if 和 else 构成,其一般形式为:

```
if (表达式)
语句 1;
else
语句 2;
```

当表达式为真时,就执行语句 1,执行完后,继续执行 if 语句后面的语句;当表达式为假时,就执行语句 2,执行完后,继续执行 if 语句后面的语句。

3. 阶梯式 if – else – if 结构

阶梯式 if – else – if 结构是一种多分支结构,其可以包含多个分支语句,其一般形式为:

```
if (表达式 1) 语句 1;
    else if (表达式 2) 语句 2;
    else if (表达式 3) 语句 3;
    else if (表达式 n) 语句 n;
else  语句 n+1;
```

这是由 if – else 语句组成的嵌套,可以实现多方向条件分支。该语句从上到下逐个对条件进行判断,一旦条件为真,就执行与其相关的分支语句,并跳过剩余的阶梯;如果没有一个条件为真,则执行最后一个 else 分支语句 n+1。

11.2.5 开关与跳转语句

1. 开关语句

开关语句主要用于在程序中实现多个语句分支处理。在 C51 程序中,开关语句以关键字 switch 和 case 来标识。开关语句的一般形式如下:

```
switch(表达式)
{
case  常量表达式 1:
        语句 1; break;
case  常量表达式 2:
        语句 2; break;
case  常量表达式 3:
        语句 3; break;
case  常量表达式 n:
        语句 n; break;
default:
```

```
    语句 n + 1;
}
```

2. 跳转语句

跳转语句主要用于程序执行顺序的跳转和转移。在 C51 语言中,跳转语句主要有 3 种:goto 语句、break 语句和 continue 语句。下面分别进行介绍。

1) goto 语句

goto 语句是一个无条件的转向语句,在 C51 程序执行到这个语句时,程序指针就会无条件地跳转到 goto 后的标号所在的程序段。goto 语句在很多高级语言中都会有,其一般形式如下:

```
goto  语句标号;
```

其中的语句标号为一个带冒号的标识符。

2) break 语句

break 语句通常用在循环语句和开关语句中,用来跳出循环程序块。其使用的一般形式如下:

```
break;
```

在 C51 程序设计中,break 语句主要用于如下两种情况。

① 当 break 用于开关语句 switch 中时,可使程序跳出 switch,而执行 switch 以后的语句。如果没有 break 语句,则 switch 语句将成为一个死循环而无法退出。

② 在 do - while、for、while 循环语句中时,break 语句和 if 语句联在一起使用,可以实现满足条件时便跳出循环的操作。

3) continue 语句

continue 语句的是用来跳过循环体中剩余的语句而强行执行下一次循环。其使用的一般形式如下:

```
continue;
```

在 C51 语言中,continue 语句只用在 for、while、do - while 等循环体中,常与 if 条件语句一起使用,可以提前结束本次循环。使用 continue 语句的程序示例如下:

```
# include <stdio. h>                  //头文件
void main()                           //主函数
{
char ch[] = {'s','S','r','R','t'};    //初始化字符数组
int i = - 1;
while(i<4)                            //进入循环
{
i + + ;
if(ch[i]> = 'A' && ch[i]< = 'Z')      //如果是大写字符则退出本次循环,进入下次循环
```

```
continue;
printf("ch[%d] = %c\n",i,ch[i]);   //输出小写字符
}
}
```

11.2.6　循环语句

循环语句经常用于需要反复多次执行的操作。C51 语言中有 3 种基本的循环语句:while 语句、do - while 语句和 for 语句。这几个语句同样都是起到循环作用,但具体的作用和用法又不大一样。下面分别介绍。

1. while 语句

while 循环语句的一般使用形式为:

while(表达式)
语句;

当其中的表达式值为真时,便执行语句,然后再次判断表达式的值,直到表达式的值为假时,才结束循环,并继续执行循环外的后续语句。

while 语句的特点是先判断条件,后执行语句。while 语句的循环过程如图 11 - 1 所示。

2. do - while 语句

do - while 语句的一般形式为:

do
语句;
while(表达式);

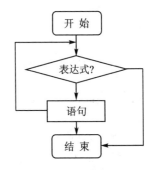

图 11 - 1　while 语句的循环过程

do - while 语句是先执行一次 do 后面的语句,然后再判断表达式是否为真,如果表达式为真,返回再次执行 do 后面的语句,直到表达式为假时,才结束循环,并继续执行循环外的后续语句。

do - while 语句的特点是先执行语句,后判断条件。因此,do - while 语句至少执行一次 do 后面的语句。同样,由多个语句构成语句体时,必须用"{}"括起来,表示成复合语句的形式。

3. for 语句

for 语句的一般形式为:

for(表达式 1;表达式 2;表达式 3)
语句;

其中,表达式 1 为赋值语句,给循环变量进行初始化赋值;表达式 2 是一个关系

逻辑表达式,作为判断循环条件的真假;表达式3定义循环变量每次循环后按什么方式变化。当由表达式1初始化循环变量后,则由表达式2和表达式3可以确定循环次数。

　　求解完表达式1后,判断循环条件,即表达式2的真假,若条件为真,则执行下面的循环语句和表达式3,直到循环条件为假时,才结束循环,然后继续执行循环外的后续语句。

11.2.7　函数调用语句

　　函数调用语句用于调用系统函数或者用户自定义函数。在C51语言中,函数调用语句比较简单,在函数名后面加上分号便可构成函数调用语句。下面仅举一个例子加以说明:

```
# include <stdio.h>                    //头文件
void myprint()                          //定义函数
{
    printf("hello world.\n");           //输出字符串
}
int Add(int a)                          //定义函数
{
    return a + 1;                       //返回值
}

void main()                             //主函数
{
int i = 2,j;                            //初始化
myprint();                              //调用函数语句
j = Add(i);                             //调用带有返回值的函数语句
printf("%d + 1 = %d\n",i,j);            //输出结果
}
```

11.2.8　返回语句

　　返回语句用于终止当前函数的执行,并强制返回到程序调用该函数的位置。在C51语言中,返回语句主要有以下两种形式:

return　表达式;

或者

return;

　　其中,对于带有返回值的函数,则使用第一种返回语句,表达式的值便是函数的

返回值。如果函数没有返回值,则可以默认表达式,而采用第二种返回语句。

11.2.9　空语句

空语句是 C51 语言中有一个特殊的表达式语句,其仅由一个分号";"组成。在实际程序设计时,有时为了语法的正确,要求有一个语句,但这个语句又没有实际的运行效果,那么这时就要有一个空语句。最典型的使用空语句的例子便是程序延时。

在 C51 程序中,while、for 构成的循环语句后面加一个分号,可以形成一个不执行其他操作的空循环体,常用来编写等待事件发生以及延时的程序。示例如下:

```
# include <stdio.h>                        //头文件
void main()                                //主函数
{
printf("First output");                    //输出字符串
for (;a<50000;a++);
printf("Delay some times and output");     //输出字符串
}
```

11.3　C51 的流程控制结构

在 C51 语言的程序设计中,为了控制好模块间的顺序关系,一般采用的是模块化程序结构,这时需要采用一定的流程控制结构。C51 程序支持多种流程控制结构,比较常见的是顺序结构、分支结构和循环结构 3 种。

顺序结构的程序按代码的顺序自上而下执行,没有代码的跳跃。这种结构比较简单,常用于实现不是很复杂的任务。

选择结构的程序通过判断表达式的值来决定执行哪一段程序,一般采用条件语句 if、开关语句 switch 等来构成。这种结构常用于判断、决策等代码中。

循环结构的程序循环重复执行同一段代码,一般由 while、do - while、for 以及 goto 等构成。这种结构常用于需要多次执行某项任务处理的场合,可以简化代码。

11.4　C51 函数

函数是 C 语言中的一种基本模块,实际上一个 C 语言程序就是由若干个模块化的函数所构成的。C 语言程序总是由主函数 main() 开始,main() 函数是一个控制程序流程的特殊函数,它是程序的起点。在进行程序设计的过程中,如果所设计的程序较大,一般应将其分成若干个子程序模块,每个子程序模块完成一种特定的功能。在 C 语言中,子程序是用函数来实现的。对于一些需要经常使用的子程序可以按函数来设计,并且可以将自己所设计的功能函数作成一个专门的函数库,以供反复调用。

此外,C51编译器还提供了丰富的运行库函数,用户可以根据需要随时调用。这种模块化的程序设计方法,可以大大提高编程效率。

11.4.1　函数的定义

从用户的角度来看,有两种函数:标准库函数和用户自定义函数。标准库函数是C51编译器提供的,不需要用户进行定义,可以直接调用。用户自定义函数是用户根据自己的需要编写的能实现持定功能的函数,它必须先进行定义之后才能调用。函数定义的一般形式为:

函数类型　函数名(形式参数表)
形式参数说明
　　{
　　局部变量定义
　　函数体语句
　　}

其中,函数类型说明了自定义函数返回值的类型,函数名是自定义函数的名字。

形式参数表中列出的是在主调用函数与被调用函数之间传递数据的形式参数,形式参数的类型必须要加以说明。ANSIC标准允许在形式参数表中对形式参数的类型进行说明。如果定义的是无参函数,可以没有形式参数表,但圆括号不能省略。

局部变量定义是对在函数内部使用的局部变量进行定义。

函数体语句是为完成该函数的特定功能而设置的各种语句。

如果定义函数时只给出一对花括号"{}"而不给出其局部变量和函数体语句,则该函数为所谓"空函数",这种空函数也是合法的。在进行C语言模块化程序设计时,各模块的功能可通过函数来实现。开始时只设计最基本的模块,其他作为扩充功能在以后需要时再加上。编写程序时可在将来准备扩充的地方写上一个空函数,这样可使程序的结构清晰,可读性好,而且易于扩充。在函数体中可以根据用户自己的需要,设置各种不同的语句,这些语句应能完成所需要的功能。

11.4.2　函数的调用

1. 函数的调用形式

C51程序中函数是可以互相调用的。所谓函数调用,就是在一个函数体中引用另外一个已经定义了的函数,前者称为主调用函数,后者称为被调用函数。主调用函数调用被调用函数的一般形式为:

函数名(实际参数表)

其中,"函数名"指出被调用的函数。

"实际参数表"中可以包含多个实际参数,各个参数之间用逗号隔开。实际参数的作用是将它的值传递给被调用函数中的形式参数。需要注意的是,函数调用中的实际参数与函数定义中的形式参数必须在个数、类型及顺序上严格保持一致,以便将实际参数的值正确地传递给形式参数,否则在函数调用时会产生意想不到的结果。如果调用的是无参函数,则可以没有实际参数表,但圆括号不能省略。

在 C51 中可以采用 3 种方式完成函数的调用。

1) 函数语句

在主调函数中将函数调用作为一条语句,例如:

```
funl ( );
```

这是无参调用,它不要求被调函数返回一个确定的值,只要求它完成一定的操作。

2) 函数表达式

在主调函数中将函数调用作为一个运算对象直接出现在表达式中,这种表达式称为函数表达式。例如:

```
c = power(x,n) + power(y,m);
```

这其实是一个赋值语句,它包括两个函数调用,每个函数调用都有一个返回值,将两个返回值相加的结果,赋值给变量 c。因此这种函数调用方式要求被调函数返回确定的值。

3) 函数参数

在主调函数中将函数调用作为另一个函数调用的实际参数。例如:

```
y = power(power(i,j),k);
```

其中,函数调用 power(i,j)放在另一个函数调用 power(power(i,j),k)的实际参数表中,以其返回值作为另一个函数调用的实际参数。这种在调用一个函数的过程中又调用了另外一个函数的方式,称为嵌套函数调用。在输出一个函数的值时经常采用这种方法,例如:

```
printf("% d",power(i,j));
```

其中,函数调用 power(i,j)是作为 printf()函数的一个实际参数处理的,它也属于嵌套函数调用方式。

2. 对被调用函数的说明

与使用变量一样,在调用一个函数之前(包括标准库函数),必须对该函数的类型进行说明,即先说明,后调用。如果调用的是库函数,一般应在程序的开始处用预处理命令 ♯include 将有关函数说明的头文件包含进来。例如前面例子中经常出现的预处理命令 ♯include＜stdio. h＞,就是将与库输出函数内 printf()有关的头文件 stdio. h 包含到程序文件中来。头文件 stdio. h 中有关于库输入/输出函数的一些说明信息,如果不使用这个包含命令,库输入/输出函数就无法被正确的调用。

　　如果调用的是用户自定义函数,而且该函数与调用它的主调函数在同一个文件中,一般应该在主调函数中对被调函数的类型进行说明。函数说明的一般形式为:

　　　类型标识符　　被调用的函数名(形式参数表);

其中,类型标识符说明了函数返回值的类型,形式参数表中说明各个形式参数的类型。

　　需要注意的是,函数的说明与函数的定义是完全不同的。函数的定义是对函数功能的确立,它是一个完整的函数单位。而函数的说明,只是说明了函数返回值的类型。二者在书写形式上也不一样,函数说明结束时在圆括号的后面需要有一个分号";"作为结束标志,以此作为函数说明的结束。而在函数定义时,被定义函数名的圆括号后面没有分号";",即函数定义还未结束,后面应接着书写形式参数说明和被定义的函数体部分。

　　如果被调函数是在主调函数前面定义的,或者已经在程序文件的开始处说明了所有被调函数的类型,在这两种情况下可以不必再在主调函数中对被调函数进行说明;否则一定要先在主调函数中说明被调函数的类型,然后再进行函数调用。

　　C51程序中不允许在一个函数定义的内部包括另一个函数的定义,即嵌套函数定义是不允许的。但是允许在调用一个函数的过程中包含另一个函数调用,即嵌套函数调用在C51程序中是允许的。

3. 函数的参数和函数的返回值

　　通常在进行函数调用时,主调用函数与被调用函数之间具有数据传递关系。这种数据传递是通过函数的参数实现的。在定义一个函数时,位于函数名后面圆括号中的变量名称为"形式参数",而在调用函数时,函数名后面括号中的表达式称为"实际参数"。

　　实际参数可以是常数,也可以是变量或表达式,但要求它们具有确定的值,进行函数调用时,主调用函数将实际参数的值传递给被调用函数中的形式参数。为了完成正确的参数传递,实际参数的类型必须与形式参数的类型一致。如果两者不一致,则会发生类型不匹配错误。

　　形式参数和实际参数可以不同名,但它们的类型必须要一致。一般情况下,希望通过函数调用使主调用函数获得一个确定的值,这就是函数的返回值。函数的返回值是通过 return 语句获得的,如果希望从被调用函数中带回一个值到主调用函数,被调用函数中必须要包含有 return 语句。一个函数中可以有一个以上的 return 语句,执行到哪一个 return 语句,哪一个 return 语句起作用。return 后面可以跟一个表达式,例如"return(x>y? x:y);",这种写法可简化函数体,只用一条"return;"语句即可同时完成表达式的计算和函数值的返回。

　　函数返回值的类型确定了该函数的类型,因此在定义一个函数时,函数本身的类型应与 return 语句中变量或表达式的类型一致。如果函数类型与 return 语句中表达式的值类型不一致,则以函数的类型为准。对于数值数据可以自动进行类型转换,即函数的类型决定返回值的类型。如果不需要被调用函数返回一个确定的值,则可以不要 return 语句,同时应将被调用函数定义成 void 类型。事实上,main()函数就是一个典型的没有返回值的函数,因此可以将其写成 void main()的形式。由于 void 类型的函数没有 return 语句,因此在一个 void 类型函数的调用结束时,将从该函数的最后一个花括号处返回到主调用函数。

4. 中断服务函数与寄存器组定义

C51 编译器支持在 C 语言源程序中直接编写 89C51 单片机的中断服务函数程序,从而减轻了采用汇编语言编写中断服务程序的繁琐程度。为了能够在 C51 源程序中直接编写中断服务函数,C51 编译器对函数的定义进行了扩展,增加了一个扩展关键字 interrupt。关键字 interrupt 是函数定义时的一个选项,加上这个选项就可以将一个函数定义成中断服务函数。定义中断服务函数的一般形式为:

函数类型　函数名（形式参数表）［interrupt n］［using n］

关键字 interrupt 后面的 n 是中断号,n 的取值范围为 0～31。编译器从 8n+3 处产生中断向量,具体的中断号 n 和中断向量取决于不同的 51 系列单片机芯片。89C51 单片机的常用中断源和中断向量如表 11-6 所列。

表 11-6　常用中断号和中断向量

n	中断源	中断向量 8n+3
0	外部中断 0	0003H
1	定时器/计数器 0	000BH
2	外部中断 1	0013H
3	定时器/计数器 1	001BH
4	串行口	0023H

51 系列单片机可以在内部 RAM 中使用 4 个不同的工作寄存器组,每个寄存器组中包含 8 个工作寄存器(R0～R7)。C51 编译器扩展了一个关键字 using,专门用来选择 89C51 单片机中不同的工作寄存器组。using 后面的 n 是一个 0～3 的常整数,分别选中 4 个不同的工作寄存器组;在定义一个函数时 using 是一个选项,如果不用该选项,则由编译器选择一个寄存器组作绝对寄存器组访问。需要注意的是,关键字 using 和 interrupt 的后面都不允许跟一个带运算符的表达式。

关键字 using 对函数目标代码的影响如下:

在函数的入口处将当前工作寄存器组保护到堆栈中;指定的工作寄存器内容不会改变;函数返回之前将被保护的工作寄存器组从堆栈中恢复。

使用关键字 using 在函数中确定一个工作寄存器组时必须十分小心,要保证任何寄存器组的切换都只在控制的区域内发生,如果不做到这一点将产生不正确的函数结果。另外还要注意,带 using 属性的函数,原则上不能返回 bit 类型的值。并且关键字 using 不允许用于外部函数,关键字 interrupt 也不允许用于外部函数,它对中断函数目标代码的影响如下:

在进入中断函数时,特殊功能寄存器 ACC、B、DPH、DPL、PSW 将被保存入栈;如果不使用寄存组切换、则将中断函数中所用到的全部工作寄存器都入栈;函数返回之前,所有的寄存器内容出栈;中断函数由 89C51 单片机指令 RETI 结束。

编写 89C51 单片机中断函数时应遵循以下规则:

① 中断函数不能进行参数传递,如果中断函数中包含任何参数声明都将导致编译出错。

② 中断函数没有返回值,如果企图定义一个返回值将得到不正确的结果。因此,建议在定义中断函数时将其定义为 void 类型,以明确说明没有返回值。

③ 在任何情况下都不能直接调用中断函数,否则会产生编译错误。因为中断函数的返回是由 89C51 单片机指令 RETI 完成的,RETI 指令影响 89C51 单片机的硬件中断系统。如果在没有实际中断请求的情况下直接调用中断函数,RETI 指令的操作结果会产生一个致命的错误。

④ 如果中断函数中用到浮点运算,必须保存浮点寄存器的状态,当没有其他程序执行浮点运算时可以不保存。C51 编译器的数学函数库 math.h 中,提供了保存浮点寄存器状态的库函数 pfsave 和恢复浮点寄存器状态的库函数 fprestore。

⑤ 如果在中断函数中调用了其他函数,则被调用函数所使用的寄存器组必须与中断函数相同。用户必须保证按要求使用相同的寄存器组,否则会产生不正确的结果,这一点必须引起足够的注意。如果定义中断函数时没有使用 using 选项,则由编译器选择一个寄存器组作绝对寄存器组访问。另外,由于中断的产生不可预测,中断函数对其他函数的调用可能形成递归调用,需要时可将被中断函数所调用的其他函数定义成再入函数。

⑥ C51 编译器从绝对地址 8n+3 处产生一个中断向量,其中 n 为中断号。该向量包含一个到中断函数入口地址的绝对跳传。在对源程序编译时,可用编译控制指令 NOINTVECTOR 抑制中断向量的产生,从而使用户能够从独立的汇编程序模块中提供中断向量。

11.5　数组和指针

前面介绍了 C 语言的数据类型,其中整型、字符型、浮点型数据等属于基本类型数据,此外 C 语言还提供了构造类型的数据。构造类型数据是由基本类型数据按一定规则组合而成的,因此也称为导出类型数据。C 语言中的构造类型数据有数组类型、结构类型以及联合类型。本节介绍数组类型的数据,而数组和指针又有着十分密切的联系,因此本节还将介绍在 C 语言中用途极为广泛的指针类型数据。

11.5.1　数组的定义和引用

数组是一组有序数据的集合,数组中的每一个数据都属于同一个数据类型。数组中的各个元素可以用数组名和下标来唯一地确定。一维数组只有一个下标,多维数组有两个以上的下标。在 C 语言中数组必须先定义,然后才能使用。一维数组的定义形式如下:

　　　　数据类型　　数组名[常量表达式];

其中,数据类型说明了数组中各个元素的类型。数组名是整个数组的标识符,它的定名方法与变量的定名方法一样。常量表达式说明了该数组的长度,即该数组中的元素个数。常量表达式必须用方括号"[]"括起来,而且其中不能含有变量。下面是几个定义一维数组的例子:

```
char      x[5];                //定义字符型数组 x,它具有 5 个元素
int       y[10];               //定义整型数组 y,它具有 10 个元素
float     z[15];               //定义浮点型数组 z,它具有 15 个元素
```

　　定义多维数组时,只要在数组名后面增加相应于维数的常量表达式即可。对于二维数组的定义形式为:

　　　　数据类型　　数组名[常量表达式 1][常量表达式 2];

　　例如要定义一个 10×10 的整数矩阵 A,可以采用如下的定义方法:

```
int A[10][10];
```

　　需要指出的是,C 语言中数组的下标是从 0 开始的,因此对于数组 char x[5]来说,其中的 5 个元素是 x[0]~x[4],不存在元素 x[5],这一点在引用数组元素时是应当加以注意的。C 语言规定在引用数值数组时,只能逐个引用数组中的各个元素,而不能一次引用整个数组;但如果是字符数组,则可以一次引用整个数组。

11.5.2　字符数组

　　用来存放字符数据的数组称为字符数组,它是 C 语言中常用的一种数组。字符数组中的每个元素都是一个字符,因此可用字符数组来存放不同长度的字符串。字符数组的定义方法与一般数组相同,下面是两个定义字符数组的例子:

```
char menu [2];
char string [50];
```

　　在 C 语言中字符串是作为字符数组来处理的。一个一维的字符数组可以存放一个字符串,这个字符串的长度应小于或等于字符数组的长度。为了测定字符串的实际长度,C 语言规定以'\0',作为字符串结束标志,对字符串常量也自动加一个'\0'作为结束符。因此,字符数组 char menu[20]可存储一个长度≤19 的不同长度的字符串。在访问字符数组时,遇到'\0'就表示字符串结束,因此在定义字符数组时,应使数组长度大于它允许存放的最大字符串的长度。另外,符号'\0'是一个表示

ASCII 码值为 0 的字符,它不是一个可显示字符,而是一个空操作符,在这里仅起一个结束标志的作用。

　　对于字符数组的访问可以通过数组中的元素逐个进行访问,也可以对整个数组进行访问。

11.5.3　数组元素赋初值

　　数组的定义可以在内存中开辟一个相应于数组元素个数的存储空间,数组中各个元素的赋值是在程序运行过程中进行的。如果希望在定义数组的同时给数组中各个元素赋以初值,可以采用如下方法:

数据类型　[存储器类型]　数组名[常量表达式]=｛常量表达式表｝;

其中,数据类型指出数组元素的数据类型。存储器类型是可选项,它指出定义的数组所在存储器空间。常量表达式表中给出各个数组元素的初值。

　　需要注意的是,在定义数组的同时对数组元素赋初值时,初值的个数必须小于或等于数组中元素的个数(即数组长度),否则在程序编译时作为出错处理。赋初值时可以不指定数组的长度,编译器会根据初值的个数自动计算出该数组的长度。因此,数组名后面的常量表达式为可选项,省略该选项时数组的长度由实际初值的个数决定。例如:

```
unsigned chara a [5] = ｛0x11, 0x22, 0x33, 0x44, 0x55｝
unsigned charx data a [ ] = ｛0x11, 0x22, 0x33, 0x44, 0x55, 0x66, 0x77, 0x88, 0x99｝
```

　　对于多维数组可以采用同样的方法来赋值,例如,可用下面的方法在定义一个二维数组的同时赋以初值:

```
int MAX [4][3] = { ｛1, 4, 7｝, ｛2, 5, 8｝, ｛3, 6, 9｝, ｛0, 0, 0｝};
```

11.5.4　数组作为函数的参数

　　除了可以用变量作为函数的参数之外,还可以用数组名作为函数的参数。一个数组的数组名表示该数组的首地址。用一个数组名作为函数的参数时,在进行函数调用的过程中,参数传递方式采用的是地址传递。将实际参数数组的首地址传递给被调函数中的形式参数数组,这样一来两个数组就占用同一段内存单元。

　　用数组名作为函数的参数,应该在主调函数和被调函数中分别进行数组定义,而不能只在一方定义数组。而且在两个函数中定义的数组类型必须一致,如果类型不一致将导致编译出错。实参组和形参组的长度可以一致也可以不一致,编译器对形参数组的长度不作检查,只是将实参数组的首地址传递给形参数组。如果希望形参数组能得到实参数组的全部元素,则应使两个数组的长度一致。定义形参数组时可以不指定长度,只在数组名后面跟一个空的方括号"[]"。这是为了在被调函数中处理数组元素的需要,应另外设置一个参数来传递数组元素的个数。

用数组名作为函数的参数,参数的传递过程采用的是地址传递。地址传递方式具有双向传递的性质,即形式参数的变化将导致实际参数也发生变化,这种性质在程序设计中有时是很有用的。

11.5.5　指针的概念

指针是 C 语言中的一个重要概念,指针类型数据在 C 语言程序中的使用十分普遍。正确地使用指针类型数据,可以有效地表示复杂的数据结构,直接处理内存地址,而且可以更为有效地使用数组。

1. 指针与地址

在 C 语言中为了能够实现直接对内存单元进行操作,引入了指针类型的数据。指针类型数据是专门用来确定其他类型数据地址的,因此一个变量的地址就称为该变量的指针。例如,有一个整型变量 i 存放在内存单元 40H 中,则该内存单元地址 40H 就是变量 i 的指针。如果有一个变量专门用来存放另一个变量的地址,则称之为指针变量。例如,如果用另一个变量 ip 来存放整型变量 i 的地址 40H,则 ip 即为一个指针变量。

变量的指针和指针变量是两个不同的领念。变量的指针就是该变量的地址,而一个指针变量里面存放的内容是另一个变量在内存中的地址,拥有这个地址的变量则称为该指针变量所指向的变量。每一个变量都有它自己的指针(即地址),而每一个指针变量都是指向另一个变量的。为了表示指针变量和它所指向的变量之间的关系,C 语言中用符号" * "来表示"指向"。例如,整型变量 i 的地址 40H 存放在指针变量 ip 中,则可用 * ip 来表示指针变量 ip 所指向的变量,即 * ip 也表示变量 i,如下面两个赋值语句:

```
i = 60H;
 * ip = 60H;
```

都是给同一个变量赋值 60H。图 11 - 2 形象地说明了指针变量中和它所指向的变量 i 之间的关系。

图 11 - 2　指针变量和它所指向的变量

从图 11 - 2 可以看到,对于同一个变量 i,可以通过变量名 i 来访问它,也可以通过指向它的指针变量 ip,用 * ip 来访问它。前者称为直接访问,后者称为间接访问。

符号"*"称为指针运算符,它只能与指针变量一起联用,运算的结果是得到该指针变量所指向的变量的值。

取地址运算符"&",它可以与一个变量联用,其作用是求取该变量的地址。通过运算符"&"可以将一个变量的地址赋值给一个指针变量。例如,赋值语句"ip＝&i;",其作用是取得变量i的地址并赋给指针变量ip,通过这种赋值后即可以说指针变量中指向了变量i。不要将符号"&"和"*"弄混淆,&i是取变量i的地址,*ip中是取指针变量ip所指向的变量的值。

2. 指针变量的定义

指针变量的定义与一般变量的定义类似,其一般形式如下:

数据类型　[存储器类型]　*　标识符;

其中,标识符是所定义的指针变量名。数据类型说明了该指针变量所指向的变量的类型。存储器类型是可选项,它是 C51 编译器的一种扩展,如果带有此选项,指针被定义为基于存储器的指针,无此选项时,被定义为一般指针。这两种指针的区别在于它们的存储字节不同。一般指针在内存中占用 3 个字节,第 1 个字节存放该指针存储器类型的编码(由编译时编译模式的默认值确定),第 2 和第 3 个字节分别存放该指针的高位和低位地址偏移量。存储器类型的编码值如下:

存储器类型	IDATA	XDATA	PDATA	DATA	CODE
编码值	1	2	3	4	5

例如,XDATA 类型地址 0x1234 作为指针表示如下:

地　址	+0	+1	+2
内　容	0x2	0x12	0x34

如果指针变量被定义为基于存储器的指针,则该指针的长度可为 1 个字节(存储器类型选项为 idata、data、pdata)或 2 个字节(存储器类型选项为 code、xdata)。

下面是几个指针变量定义的例子:

```
char xdata * px;        /*在 xdata 存储器中定义一个指向对象类型为 char 的基于存储
                          器的指针。指针自身在默认的存储器区域(由编译器决定),
                          长度为 2 字节*/
char xdata * data PY    /*除了指针自身明确定位于内部数据存储器(data)中之外,
                          与上例相同,它与编译模式无关*/
int * pz;               /*定义一个指向对象类型为 int 的一般指针,指针自身在默认的
                          存储区(由编译模式决定),指针长度为 3 个字节*/
```

基于存储器的指针长度比一般指针短,可以节省存储器空间。但在一些函数调用的参数中指针需要采用一般指针,为此 C51 编译器允许这两种指针相互转换。转

换规则如下(一般指针用 GP 表示):

GP→xdata:使用 GP 的偏移部分(2 字节);

GP→code:同上;

GP→idata:使用 GP 偏移部分的低位(1 字节),高位不用

GP→data:同上;

G P→pdata:同上;

xdata→GP:指针由存储器类型 xdata 扩展;

code→GP:指针由存储器类型 code 扩展;

idata→GP:指针先转换为 unsigned int 类型,然后由存储器类型 idtaa 扩展;

data→GP:指针先转换为 unsigned int 类型,然后由存储器类型 data 扩展;

pdata→GP:指针先转换为 unsigned int 类型,然后由存储器类型 pdata 扩展。

3. 指针变量的引用

指针变量是含有一个数据对象地址的特殊变量,指针变量中只能存放地址。有关的运算符有两个,它们是取地址运算符"&"和间接访问运算符" * "。例如:&a 为地址, * p 为指针变量 p 所指向的变量。

指针变量经过定义之后可以像其他基本类型变量一样引用。例如,变量定义:

int i, x, y, * px, * py;

指针赋值:

```
* pi = &i;      / * 将变量 i 的地址赋给指针变量 pi,是 pi 指向 i   */
* pi+ = 1;    / * 等价于 i+ = 1; */
( * pi) + + ;  / * 等价于 i+ + ; */
```

指向相同类型数据的指针之间可以相互赋值。例如:

px = PY;

原来指针 px 指向 x,py 指向 y,经上述赋值之后,px 和 py 都指向 y。

4. 指针变量作为函数的参数

函数的参数不仅可以是整型、实型、字符型等数据,还可以是指针类型的数据。指针变量作为函数的参数的作用是将一个变量的地址传送到另一个函数中去,地址传递是双向的,即主调用函数不仅可以向被调用函数传递参数,而且还可以从被调用函数返回其结果。

以指针变量作为函数的参数,被调用函数在执行过程中使指针变量所指向的变量值发生变化,函数调用结束后,这些变量值的变化将被保留下来,从而可以实现"在被调用函数中改变变量的值,在主调用函数中使用这些被改变了的值"。如果希望通过函数调用得到 n 个要改变的值,可以在主调用函数中设置 n 个变量,再用 n 个指针变量来指向它们,然后将指针变量作为实参将这 n 个变量的地址传递给被调用函数

中的形参,通过形参指针变量来改变这 n 个变量的值,被改变了的值将被保留下来,最后在主调用函数中就可以使用这些被改变了的值。

11.5.6　数组的指针

1. 用指针引用数组元素

在 C 语言中指针与数组有着十分密切的关系,任何能够用数组实现的运算都可以通过指针来完成。例如,定义一个具有 10 个元素的整型数组可以写成:

```
int a[10];
```

数组 a 中各个元素分别为 a[0]、a[1]、…、a[9]。数组名 a 表示元素 a[0]的地址,而 * a 则表示 a 所代表的地址中的内容,即 a[0]。

如果定义一个指向整型变量的指针 pa,并赋予数组 a 中第一个元素 a[0]的地址:

```
inl    * pa;
pa = &a[0];
```

则可以通过指针 pa 来操作数组 a 了,即可用 * pa 代表 a[0], * (pa+i)代表 a[i]等,也可以使用 pa[0]、pa[1]、…、pa[9]的形式。

2. 字符数组指针

用指针来描述一个字符数组是十分方便的。字符串以字符数组的形式给出,并且每个字符数组都以转义字符'\0'作为字符串的结束标志。因此,在判别一个字符数组是否结束时,通常不采用计数的方法,而是以是否读到转义字符'\0'来判别。利用这个特点,可以很方便地用指针来处理字符数组。

任何一个数组及其数组元素都可以用一个指针及其偏移位来表示,但要注意的是,指针是一个变量;而数组名是一个常量,不能像变量那样进行运算,即数组的地址是不能改变的。例如:

```
char code str [] = How are you ?
```

是将字符串"How are you ?"置到数组 str 中作为初值,而语句:

```
s1 = str;
```

则是将数组 str 的首地址,即指向数组 str 的指针赋值给指针变量 s1,如果对数组名进行如下的操作:

```
str = s1;
str + +;
```

则都是错误的。

11.5.7　指针的地址计算

指针的地址计算包括以下几个方面的内容。

1）赋初值

指针变量的初值可以是 NULL(零)，也可以是变量、数组、结构以及函数等的地址。例如：

```
int a [10]，b[10]
float fbuf [100]
char * cptr1 = NULL
char * cptr2 = &ch
int * iptr1 = &a [5]
int * iptr2 = b
float x fptr1 = fbuf
```

2）指针与整数的加减

指针可以与一个整数或整数表达式进行加减运算，从而获得该指针当前所指位置前面或后面某个数据的地址。假设 p 为一个指针变量，n 为一个整数，则 p±n 表示离开指针 p 当前位置的前面或后面第 n 个数据的地址。

3）指针与指针相减

指针与指针相减的结果为整数值，但它并不是地址，而是表示两个指针之间的距离或元素的个数。注意，这两个指针必须指向同一类型的数据。

4）指针与指针的比较

指向同一类型数据的两个指针可以进行比较运算，从而获得两指针所指地址的大小关系。此外，在计算指针地址的同时，还可进行间接取值运算。不过在这种情况下，间接取值的地址应该是地址计算后的结果，并且还必须注意运算符的优先级和结合规则。设 p1、p2 都是指针，对于：

```
a = * p1 + + ;
```

由于运算符"＊"和"＋＋"具有相同的优先级而指针运算具有有结合性，按左结合规则，有"＋＋"、"＊"的运算次序，而运算符"＋＋"在 pl 的后面，因此上述赋值运算的过程是，首先将指针 p1 所括的内容赋值给变量 a，然后 pl 再指向下一个数据，表明是地址增加而不是内容增加。对于：

```
a =  * －－ p;
```

与上例相同，按左结合规则有"－－"、"＊"的运算次序，而运算符"－－"在 p1 的前面，因此首先将 pl 减去 1，即指向前面一个数据，然后再把 pl 此时所指的内容赋值给变量 a。

对于：

```
a = ( * p2) + + ;
```

由于使用括号"()"使结合次序变为"＊"、"＋＋",因此首先将 p2 所指的内容赋值给变量 a,然后再把 p2 所指的内容加 1,表明是内容增加而不是地址增加。

指针的运算是很有限的,它只能进行如上所述的 4 种运算操作,除此之外所有其他的指针运算都是非法的。不允许对两个指针进行加、乘、除、移位或屏蔽运算,也不允许用 float 类型数据与指针作加减运算。

11.5.8　指针数组与指针型指针

1) 指针数组

由于指针本身也是一个变量,因此 C 语言允许定义指针数组,指针数组适合用来指向若干个字符串,使字符串的处理更为方便。指针数组的定义方法与普通数组完全相同,一般格式为:

数据类型 ＊ 数组名[数组长度]

例如:

```
int * x[2];              /*指向整型数据的 2 个指针 */
char * sptr[5]           /*指向字符型数据的 5 个指针 */
```

指针数组在使用之前往往需要先赋初值,方法与一般数组赋初值类似。使用指针数组最典型的场合是通过对字符数组赋初值而实现各维长度不一致的多维数组的定义。

2) 指针型指针

指针型的指针所指向的是另一个指针变量的地址,故有时也称之为多级指针。定义一个指针型指针变量的一般形式为:

数据类型 ＊＊标识符

其中,标识符就是所定义的指针型指针变量名,而数据类型则说明一个被指针型指针所指向的指针变过所指向的变量数据类型。例如:

```
int  x, * p, * * q;      //定义指向整型数据的指针变量 p 和指向整型数据的指针型指针 q
x = 10;                  //x = 10
p = &x;                  //指针 p 指向整型变量 x, * p = 10
q = &p;                  //指针型指针 q 则指向指针变量 p, * * q = 10
```

一个指针型指针是一种间接取值的形式,而且这种间接取值的方式还可以进一步延伸,故可以将这种多重间接取值的形式看成为一个指针链。

指针型指针常用来作为指向指针数组的指针变量。例如:

```
int   * x[5];
int   * * y;
```

其中,第 1 条语句定义了一个指向整型数据的指针数组 x[5],它由 5 个元素组成,各个元素 x[0]、x[1]、…、x[4]均为指针变量,它们都指向整型数据;第 2 条语句定义了一个指针型指针 y。如果经过如下赋值:

　　　y = x;

则 y 就成了指向指针数组 x 的多级指针了。

11.6　思考题与习题

1. 在 C 语言的逻辑运算中,代表逻辑值"真"和"假"的数字分别是什么?

2. C51 编译器支持两种类型的指针,分别是什么指针?

3. C51 程序由函数构成,C51 程序总是从什么函数开始执行?

4. 若用数组名作为函数调用的实参,则传递给形参的是数组第几个元素的值?

5. 若有"int　i＝10,j＝0;",则执行完语句"if(j＝0)i－－;　　else　i＋＋;"后 i 的值为多少?

6. 若有语句"char ch[]＝"Ganzhou";",则编译后分配给数组 ch 的内存占用的字节数为多少?

7. C51 语言程序的 3 种基本结构是什么?

8. 当 a＝8,b＝4,c＝2 时,表达式 y＝a＞b＞c 的值是什么?

9. 设 a 和 b 均为 int 型变量,且 a＝1,b＝2,则表达式 2.5＋a/b 的值是多少?

10. 若 x 为 int 型变量,则执行以下语句后 x 的值是多少?

```
x = 12;
x + = x - = x * x;
```

11. 请写出以下程序的输出结果。

```
main()
{
int  x = 50;
  if(x>50)  printf("%d\n",x>50);
  else  printf("%d\n",x< = 50);
}
```

12. 指出属于 C51 扩展的数据类型都有哪些?

13. 计算 Y＝M/N(N 不等于 0)的值。其中 Y,M,N 存放于 RAM 存储单元中。计算 Y 的结果时,分 3 种情况处理:

　　(1) 当 Y 为整数时,直接存放商后延时 1 s 结束;

　　(2) 当 Y＞1 时,商经调用四舍五入子程序后存放 Y 值后结束;

　　(3)当 Y＜1 时,商加 1 后循环继续监控。

14. 80C51 系统中,当 SP=(60H)时,执行"PUSH 50H"指令后,SP 的值为多少?

15. 设(R0)=20H,R1=25H,(20H)=80H,(21)H=90H,(22H)=A0H,(25H)=A0H,(26H)=6FH,(27H)=76H,下列程序执行后,结果如何?

```
CLR C
MOV R2,＃3
LOOP:MOV A,@R0
ADDC A,@R1
MOV @R0,A
INC R0
INC R1
DJNZ R2,LOOP
JNC NEXT
MOV @R0,＃01H
SJMP $
NEXT:DEC R0
SJMP $
(20H) = ,(21 H) = ,(22H) = ,(23H) = ,
CY = ,A = ,R0 = ,R1 = .
```

16. 画出 ADC0809 与 89C51/S51 的接口电路,编制查询方式采集数据的 C51 应用程序。

附录 A 80C51 指令表

表 A-1 所列为 80C51 指令表。

表 A-1 80C51 指令表

十六进制代码	助记符	功 能	对标志影响				字节数	周期数
			P	OV	AC	CY		
算术运算指令								
28~2F	ADD A,Rn	A+Rn→A	√	√	√	√	1	1
25 direct	ADD A,direct	A+(direct)→A	√	√	√	√	2	1
26,27	ADD A,@Ri	A+(Ri)→A	√	√	√	√	1	1
24 data	ADD A,♯data	A+data→A	√	√	√	√	2	1
38~3F	ADDC A,Rn	A+Rn+CY→A	√	√	√	√	1	1
35 direct	ADDC A,direct	A+(direct)+CY→A	√	√	√	√	2	1
36,37	ADDC A,@Ri	A+(Ri)+CY→A	√	√	√	√	1	1
34 data	ADD A,♯data	A+data+CY→A	√	√	√	√	2	1
98~9F	SUBB A,Rn	A−Rn−CY→A	√	√	√	√	1	1
95 direct	SUBB A,direct	A−(direct)−CY→A	√	√	√	√	2	1
96,97	SUBB A,@Ri	A−(Ri)→CY→A	√	√	√	√	1	1
94 data	SUBB A,♯data	A−data−CY→A	√	√	√	√	2	1
04	INC A	A+1→A	√	×	×	×	1	1
08~0F	INC Rn	Rn+1→Rn	×	×	×	×	1	1
05 direct	INC direct	(direct)+1→(direct)	×	×	×	×	2	1
06,07	INC @Ri	(Ri)+1→(Ri)	×	×	×	×	1	1
A3	INC DPTR	DPTR+1→DPTR	×	×	×	×	1	2
14	DEC A	A−1→A	√	×	×	×	1	1
18~1F	DEC Rn	Rn−1→Rn	×	×	×	×	1	1
15 direct	DEC direct	(direct)−1→(direct)	×	×	×	×	2	1
16,17	DEC @Ri	(Ri)−1→(Ri)	×	×	×	×	1	1
A4	MUL AB	A·B→AB	√	√	×	0	1	4
84	DIV AB	A/B→AB	√	√	×	0	1	4
D4	DA A	对 A 进行十进制调整	√	×	√	√	1	1

十六进制代码	助记符	功　能	对标志影响				字节数	周期数
			P	OV	AC	CY		
逻辑运算指令								
58～5F	ANL A,Rn	A∧Rn→A	√	×	×	×	1	1
55 direct	ANL A,direct	A∧(direct)→A	√	×	×	×	2	1
56,57	ANL A,@Ri	A∧(Ri)→A	√	×	×	×	1	1
54 data	ANL A,#data	A∧data→A	√	×	×	×	2	1
52 direct	ANL direct A	(direct)∧A→(direct)	×	×	×	×	2	1
53 direct data	ANL direct,#data	(direct)∧data→(direct)	×	×	×	×	3	2
48～4F	ORL A,Rn	A∨Rn→A	√	×	×	×	1	1
45 direct	ORL A,direct	A∨(direct)→A	√	×	×	×	2	1
46,47	ORL A,@Ri	A∨(Ri)→A	√	×	×	×	1	1
44 data	ORL A,#data	A∨data→A	√	×	×	×	2	1
42 direct	ORL direct,A	(direct)∨A→(direct)	×	×	×	×	2	1
43 direct data	ORL direct,#data	(direct)∨data→(direct)	×	×	×	×	3	2
68～6F	XRL A,Rn	A⊕Rn→A	√	×	×	×	1	1
65 direct	XRL A,direct	A⊕(direct)→A	√	×	×	×	2	1
66,67	XRL A,@Ri	A⊕(Ri)→A	√	×	×	×	1	1
64,data	XRL A,#data	A⊕data→A	√	×	×	×	2	1
62 direct	XRL direct,A	(direct)⊕A→(direct)	×	×	×	×	2	1
63 direct data	XRL direct,#data	(direct)⊕data→(direct)	×	×	×	×	3	2
E4	CLR A	0→A	√	×	×	×	1	1
F4	CPL A	$\overline{A}$→A	×	×	×	×	1	1
23	RL A	A 循环左移一位	×	×	×	×	1	1
33	RLC A	A 带进位循环左移一位	√	×	×	√	1	1
03	RR A	A 循环右移一位	×	×	×	×	1	1
13	RRC A	A 带进位循环右移一位	√	×	×	√	1	1
C4	SWAP A	A 半字节交换	×	×	×	×	1	1
数据传送指令								
E8～EF	MOV A,Rn	Rn→A	√	×	×	×	1	1
E5 direct	MOV A,direct	(direct)→A	√	×	×	×	2	1
E6,E7	MOV A,@Ri	(Ri)→A	√	×	×	×	1	1
74 data	MOV A,#data	data→A	√	×	×	×	2	1
F8～FF	MOV Rn,A	A→Rn	×	×	×	×	1	1
A8～AF direct	MOV Rn,direct	(direct)→Rn	×	×	×	×	2	2

十六进制代码	助记符	功　能	对标志影响				字节数	周期数
			P	OV	AC	CY		
78~7F data	MOV Rn,♯data	(data)→Rn	×	×	×	×	2	1
F5 direct	MOV direct,A	A→(direct)	×	×	×	×	2	1
88~8F direct	MOV direct, A	Rn→(direct)	×	×	×	×	2	2
85 direct2 direct1	MOV direct1,direct2	(direct2)→(direct1)	×	×	×	×	3	2
86,87 direct	MOV direct,@Ri	(Ri)→(direct)	×	×	×	×	2	2
75 direct data	MOV direct,♯data	data→(direct)	×	×	×	×	3	2
F6,F7	MOV @Ri,A	A→(Ri)	×	×	×	×	1	1
A6,A7 direct	MOV @Ri,direct	(direct)→(Ri)	×	×	×	×	2	2
76,77 data	MOV @Ri,♯data	data→(Ri)	×	×	×	×	2	1
90 data 16	MOV DPTR,♯data16	data16→DPTR	×	×	×	×	3	2
93	MOVC A,@A+DPTR	(A+DPTR)→A	√	×	×	×	1	2
83	MOVC A,@A+PC	PC+1→PC,(A+PC)→A	√	×	×	×	1	2
E2,E3	MOVX A,@Ri	(Ri)→A	√	×	×	×	1	2
E0	MOVX A,@DPTR	(DPTR)→A	√	×	×	×	1	2
F2,F3	MOVX @Ri,A	A→(Ri)	×	×	×	×	1	2
F0	MOVX @DPTR,A	A→(DPTR)	×	×	×	×	1	2
C0 direct	PUSH direct	SP+1→SP,(direct)→(SP)	×	×	×	×	2	2
D0 direct	POP direct	(SP)→(direct),SP−1→SP	×	×	×	×	2	2
C8~CF	XCH A,Rn	A↔Rn	√	×	×	×	1	1
C5 direct	XCH A,direct	A↔(direct)	√	×	×	×	2	1
C6,C7	XCH A,@Ri	A↔(Ri)	√	×	×	×	1	1
D6,D7	XCHD A,@Ri	$A_{0\sim3}$↔$(Ri)_{0\sim3}$	√	×	×	×	1	1
位操作指令								
C3	CLR C	0→cy	×	×	×	√	1	1
C2 bit	CLR bit	0→bit	×	×	×		2	1
D3	SETB C	1→cy	×	×	×	√	1	1
D2 bit	SETB bit	1→bit	×	×	×		2	
B3	CPL C	$\overline{cy}$→cy	×	×	×	√	1	1

十六进制代码	助记符	功　能	P	OV	AC	CY	字节数	周期数
					对标志影响			
B2 bit	CPL bit	$\overline{bit}$→bit	×	×	×		2	1
82 bit	ANL C,bit	cy∧bit→cy	×	×	×	√	2	2
B0 bit	ANL C,/bit	cy∧$\overline{bit}$→cy	×	×	×	√	2	2
72 bit	ORL C,bit	cy∨bit→cy	×	×	×	√	2	2
A0 bit	ORL C,/bit	cy∧$\overline{bit}$→cy	×	×	×	√	2	2
A2 bit	MOV C,bit	bit→cy	×	×	×	√	2	1
92 bit	MOV bit,C	cy→bit	×	×	×		2	2
控制转移指令								
*1	ACALL addr11	PC+2→PC,SP+1→SP,PC_L→(SP),SP+1→SP,PC_H→(SP),addr11→$PC_{10\sim0}$	×	×	×	×	2	2
12 addr 16	LCALL addr16	PC+3→PC,SP+1→SP,PC_L→(SP),SP+1→SP,PC_H→(SP),addr16→PC	×	×	×	×	3	2
22	RET	(SP)→PC_H,SP−1→SP,(SP)→PC_L,SP−1→SP,从子程序返回	×	×	×	×	1	2
32	RETI	(SP)→PC_H,SP−1→SP,(SP)→PC_L,SP−1→SP,从中断返回	×	×	×	×	1	2
*2	AJMP addr11	PC+2→PC,addr11→$PC_{10\sim0}$	×	×	×	×	2	2
02 addr 16	LJMP addr16	addr16→PC	×	×	×	×	3	2
80 rel	SJMP rel	PC+2→PC,PC+rel→PC	×	×	×	×	2	2
73	JMP @A+DPTR	A+DPTR→PC	×	×	×	×	1	2
60 rel	JZ rel	PC+2→PC,若 A=0,PC+rel→PC	×	×	×	×	2	2
70 rel	JNZ rel	PC+2→PC,若 A 不等于 0,则 PC+rel→PC	×	×	×	×	2	2
40 rel	JC rel	PC+2→PC,若 cy=1,则 PC+rel→PC	×	×	×	×	2	2
50 rel	JNC rel	PC+2→PC,若 cy=0,则 PC+rel→PC	×	×	×	×	2	2
20 bit rel	JB bit,rel	PC+3→PC,若 bit=1,则 PC+rel→PC	×	×	×	×	3	2
30 bit rel	JNB bit,rel	PC+3→PC,若 bit=1,则 PC+rel→PC	×	×	×	×	3	2
10 bit rel	JBC bit,rel	PC+3→PC,若 bit=1,则 0→bit,PC+rel→PC					3	2

十六进制代码	助记符	功 能	对标志影响				字节数	周期数
			P	OV	AC	CY		
B5 direct rel	CJNE A,direct,rel	PC+3→PC,若 A 不等于(direct),则 PC+rel→PC,若 A<(direct),则 1→cy	×	×	×	√	3	2
B4 data rel	CJNE A,♯data,rel	PC+3→PC,若 A 不等于 data,则 PC+rel→PC,若 A 小于 data,则 1→cy	×	×	×	√	3	2
B8～BF data rel	CJNE Rn,♯data,rel	PC+3→PC,若 Rn 不等于 data,则 PC+rel→PC,若 Rn 小于 data,则 1→cy	×	×	×	√	3	2
B6～B7 data rel	CJNE @Ri,♯data,rel	PC+3→PC,若 Ri 不等于 data,则 PC+rel→PC,若 Ri 小于 data,则 1→cy	×	×	×	√	3	2
D8～DF rel	DJNZ Rn,rel	Rn−1→Rn,PC+2→PC,若 Rn 不等于 0,则 PC+rel→PC	×	×	×	×	2	2
D5 direct rel	DJNZ direct,rel	PC+2→PC,(direct)−1→(direct),若(direct)不等于 0,则 PC+rel→PC	×	×	×	×	3	2
00	NOP	空操作	×	×	×	×	1	1

"＊1"代表 $a_{10}a_9a_810001a_7a_6a_5a_4a_3a_2a_1a_0$,其中 $a_{10}～a_0$ 为 $addr_{11}$ 各位;

"＊2"代表 $a_{10}a_9a_800001a_7a_6a_5a_4a_3a_2a_1a_0$,其中 $a_0～a_{10}$ 为 $addr_{11}$ 各位。

附录 B 89C51 指令矩阵（汇编/反汇编表）

表 B-1 所列为 89C51 指令矩阵。

表 B-1 89C51 指令矩阵

高＼低	0	1	2	3	4	5	6,7	8~F
0	NOP	AJMP0	LJMP addr16	RR A	INC A	INC dir	INC @Ri	INC Rn
1	JBC bit,rel	ACALL0	LCALL addr16	RRC A	DEC A	DEC dir	DEC @Ri	DEC Rn
2	JB bit,rel	AJMP1	RET	RL A	ADD A,#da	ADD A,dir	ADD A,@Ri	ADD A,Rn
3	JNB bit,rel	ACALL1	RETI	RLC A	ADDC A,#da	ADDC A,dir	ADDC A,@Ri	ADDC A,Rn
4	JC rel	AJMP2	ORL dir,A	ORL dir,#da	ORL A,#da	ORL A,dir	ORL A,@Ri	ORL A,Rn
5	JNC rel	ACALL2	ANL dir,A	ANL dir,#da	ANL A,#da	ANL A,dir	ANL A,@Ri	ANL A,Rn
6	JZ rel	AJMP3	XRL dir,A	XRL dir,#da	XRL A,#da	XRL A,dir	XRL A,@Ri	XRL A,Rn
7	JNZ rel	ACALL3	ORL C,bit	JMP @A+DPTR	MOV A,#da	MOV dir,#da	MOV @Ri,#da	MOV Rn,#da
8	SJMP rel	AJMP4	ANL C,bit	MOVC A,@A+PC	DIV AB	MOV dir,dir	MOV dir,@Ri	MOV dir,Rn
9	MOV DPTR,#da	ACALL4	MOV bit,C	MOVC A,@A+DPTR	SUBB A,#da	SUBB A,dir	SUBB A,@Ri	SUBB A,Rn
A	ORL C,/bit	AJMP5	MOV C,bit	INC DPTR	MUL AB		MOV @Ri,dir	MOV Rn,dir
B	ANL C,/bit	ACALL5	CPL bit	CPL C	CJNE A,#da,rel	CJNE A,dir,rel	CJNE @Ri,#da,rel	CJNE Rn,#da,rel
C	PUSH dir	AJMP6	CLR bit	CLR C	SWAP A	XCH A,dir	XCH A,@Ri	XCH A,Rn
D	POP dir	ACALL6	SETB bit	SETB C	DA A	DJNZ dir,rel	XCHD A,@Ri	DJNZ Rn,rel
E	MOVX A,@DPTR	AJMP7	MOVX A,@R0	MOVX A,@R1	CLR A	MOV A,dir	MOV A,@Ri	MOV A,Rn
F	MOVX @DPTR,A	ACALL7	MOVX @R0,A	MOVX @R1,A	CPL A	MOV dir,A	MOVX @Ri,A	MOV Rn,A

注：表中纵向高、横向低的十六进制数构成的一字节为指令的操作码，其相交处的框内就是相对应的汇编语言，在横向低半字节的 6 和 7 对应于工作寄存器 @Ri 的 @R0 和 @R1；8~F 对应工作寄存器 Rn 的 R0~R7。

附录 C 8255A 可编程外围并行接口芯片及接口

8255A 是 Intel 公司生产的可编程外围接口芯片。它具有 3 个 8 位的并行 I/O 口,分别称为 PA 口、PB 口和 PC 口,其中 PC 口又分为高 4 位口和低 4 位口。它们都可通过软件编程来改变其 I/O 口的工作方式。8255A 可与 89C51 单片机系统总线直接接口,其引脚配置见图 C-1。

单片机与 8255A 之间的接口是通过对其数据总线、标准的读/写以及片选信号的控制来完成的。对 8255A 设置不同的控制字,可使其选择以下 3 种基本的工作方式:

- 方式 0——基本输入/输出;
- 方式 1——选通输入/输出;
- 方式 2——口 A 为双向总线。

1. 8255A 的内部结构和引脚

8255A 的方框图如图 C-2 所示。它主要由以下几部分组成:

数据端口 A、B、C,每一个端口都是 8 位的,可以编程选择为输入或输出端口。端口 C 也可以编程分为两个 4 位的端口来用。在具体结构上 3 者略有差别。

A 口输入/输出均有锁存器,而 B 口和 C 口只有输出有锁存器,输入无锁存器,但有输入缓冲器。

数据总线缓冲器是双向三态的 8 位缓冲驱动

图 C-1 8255A 引脚配置

器,用于和单片机的数据总线(P0 口)连接,以实现单片机和接口之间的数据传送和控制信息的传送。

内部控制电路分为 A 组和 B 组,A 组控制端口 A 和端口 C 的高 4 位;B 组控制端口 B 和端口 C 的低 4 位。控制电路的工作受一个控制寄存器的控制,控制寄存器中存放着决定端口工作方式的信息,即工作方式控制字。

读/写控制逻辑部分控制端口的数据交换,对外共有 6 种控制信号。其中:

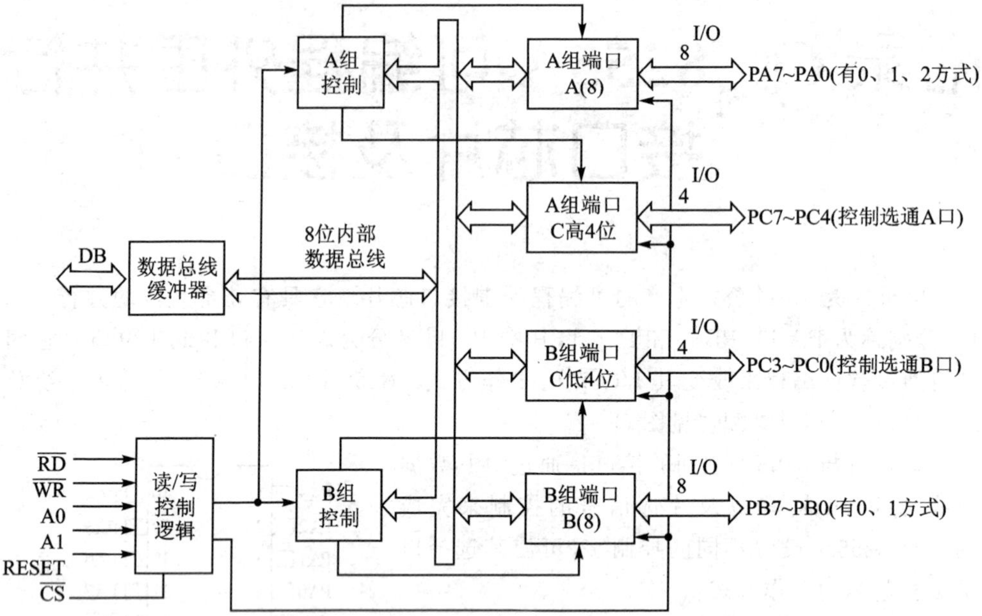

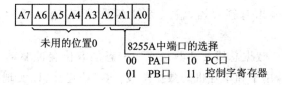

图 C‑2　8255A 内部结构

- $\overline{\text{CS}}$:片选信号,低电平有效。
- A1、A0:端口选择信号。8255A 有 A、B、C 三个数据口,还有一个控制寄存器,一般称为控制端口。故可以用 A1A0 的状态来选择 4 个端口。在和 CPU 连接时,A1A0 总是和 P0 口的 P0.1 和 P0.0 分别相连的,这样,一片 8255A 要占用 4 个外设地址,其中最低位地址应能被 4 整除。
- $\overline{\text{RD}}$:读信号,低电平有效。
- $\overline{\text{WR}}$:写信号,也是低电平有效。
- RESET:复位信号。高电平有效时,控制寄存器被清除,各端口被置成输入方式。

8255A 的 PA 口、PB 口、PC 口和控制字寄存器的地址由 A1 和 A0 的不同编码确定,89C51/8031 的低二位地址线 P0.1 和 P0.0 分别与 8255A 的 A1 和 A0 端连接,以确定 4 个端口地址,如图 C‑3 所示。

A7	A6	A5	A4	A3	A2	A1	A0

未用的位置0　　　　　8255A 中端口的选择

00　PA口　　10　PC口
01　PB口　　11　控制字寄存器

图 C‑3　8255A 端口选择

用 P2 口的一根高地址线与 8255A 的 $\overline{\text{CS}}$ 端相连,用以选中 8255A 芯片。例如,P2.0 为低电平时,8255A 的 $\overline{\text{CS}}$ 有效,选中该 8255A 芯片。设 P2.7～P2.1 全为高电

平,则各端口地址确定如下:

PA 口:	FE00H
PB 口:	FE01H
PC 口:	FE02H
控制字寄存器:	FE03H

2. 8255A 的工作方式

8255A 有 3 种工作方式:方式 0——基本 I/O;方式 1——选通 I/O;方式 2——双向传送(仅端口 A 有此工作方式)。工作方式由方式控制字来选择,如图 C-4 所示。

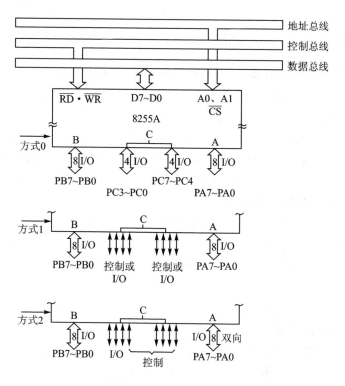

图 C-4 8255A 工作方式示意图

对于 8255A 的读/写(I/O)控制是由单片机发来的 A0、A1、$\overline{RD}$、$\overline{WR}$、RESET 和 $\overline{CS}$信号,对 8255A 进行硬件管理,并决定 8255A 使用的端口对象、芯片的选择、是否被复位以及 8255A 与 CPU 之间的数据传输方向。具体操作情况如表 C-1 所列。

1) 方式 0(基本输入/输出方式)

基本输入/输出方式是无条件数据传送方式。此方式下两个 8 位口 A、B 和 C 口的两个 4 位口可设定为输入或者输出。4 个口输入或输出组合共 16 种状态,各 I/O 口线不能同时既作输入,又作输出。

表 C-1　8255A 的端口选择及操作

A1	A0	$\overline{CS}$	$\overline{RD}$	$\overline{WR}$	所选端口	功　能	端口操作
0	0	0	0	1	A	读端口	A 口→数据总线
0	1	0	0	1	B		B 口→数据总线
1	0	0	0	1	C	(输入)	C 口→数据总线
0	0	0	1	0	A	写端口	数据总线→A 口
0	1	0	1	0	B		数据总线→B 口
1	0	0	1	0	C	(输出)	数据总线→C 口
1	1	0	1	0	控制寄存器		数据总线→控制寄存器
×	×	1	×	×			数据总线缓冲器为高阻态
1	1	0	0	1			非法条件
×	×	0	1	1			数据总线缓冲器为高阻态

方式 0 下 89C51 可对 8255 进行数据传送,外设的 I/O 数据可在 8255A 的各端口锁存和缓冲,也可指定某些位为状态信息,进行查询式数据传送。

2) 方式 1(选通输入/输出方式)

方式 1 有选通输入和选通输出两种工作方式。A 口、B 口作为两个独立并行 I/O 口,可设置为选通输入口或选通输出口,不能同时双向传送。端口 C 中的部分引脚作为 A 口和 B 口的控制联络信号线,实现中断方式传送输入/输出数据。

3) 方式 2(双向数据传送方式)

方式 2 只有 A 口可选择,是双向的输入/输出口。A 口工作在方式 2 时,其输入或输出都有独立的状态信息,占用 C 口的 5 根联络线。因此,当 A 口工作在方式 2 时,C 口就不能为 B 口提供足够的联络线,从而 B 口不能工作在方式 2,但可以工作在方式 1 或方式 0。

8255A 的端口工作方式和 C 口联络信号分布如表 C-2 所列。

① 用于输入的联络信号

● $\overline{STB}$(Strobe):选通脉冲输入,低电平有效。当外设送来 STB 信号时,输入数据装入 8255A 的锁存器。

● IBF(Input Buffer Full):输入缓冲器满,高电平有效,输出信号。IBF=1 时,表示数据已装入锁存器,可作为状态信号。

● INTR:中断请求信号,高电平有效。是在 IBF 为高,$\overline{STB}$ 为高时变为有效,以向 CPU 申请中断服务。

输入操作的过程是这样的:当外设的数据准备好时,发出 $\overline{STB}$=0 的信号,输入数据装入 8255A,并使 IBF=1。CPU 可以查询这个状态信号,以决定是否可以输入数据。或者当 $\overline{STB}$ 重新变高时,INTR 有效,向 CPU 发出中断申请。CPU 在中断服务程序中读入数据,并使 INTR 恢复低电位(无效),也使 IBF 变低,可以用来通知外设再一次输入数据。

表 C - 2 8255A 的端口工作方式和 C 口联络信号分布

端 口		方式 0	方式 1		方式 2
			输 入	输 出	双向输入/输出
C 口	PC0	基本 I/O	INTR B	INTR B	I/O
	PC1		IBF B	$\overline{OBF}$ B	I/O
	PC2		$\overline{STB}$ B	$\overline{ACK}$ B	I/O
	PC3	基本 I/O	INTR A	INTR A	INTR A
	PC4		$\overline{STB}$ A	I/O	$\overline{STB}$ A
	PC5		IBF A	I/O	$\overline{IBF}$ A
	PC6		I/O	$\overline{ACK}$ A	$\overline{ACK}$ A
	PC7		I/O	$\overline{OBF}$ A	$\overline{OBF}$ A
A 口		基本 I/O	选通 I/O		双向数据传送
B 口		基本 I/O	选通 I/O		

② 用于输出的联络信号

- $\overline{ACK}$(Acknowledge)：输入，低电平有效，外设响应信号。当外设取走并且处理完 8255A 的数据后发出的响应信号。
- $\overline{OBF}$(Ouput Buffer Full)：输出，低电平有效，输出缓冲器满信号。当 CPU 把一数据写入 8255A 锁存器后有效，用来通知外设开始接收数据。
- INTR：输出，中断请求信号，高电平有效。在外设处理完一组数据（如打印完毕），发出 $\overline{ACK}$ 脉冲后，使 $\overline{OBF}$ 变高，然后在 $\overline{ACK}$ 变高后使 INTR 有效，申请中断，进入下一次输出过程。

CPU 在中断服务中，把数据写入 8255A，写入以后使 $\overline{OBF}$ 有效，启动外设工作。但注意 $\overline{OBF}$ 是一个电平信号，有的外设需要一个负脉冲才能开始工作，这时就能直接利用 $\overline{OBF}$。外设工作开始后，取走并处理 8255A 中的数据，直到处理完毕，发出 $\overline{ACK}$ 响应脉冲。$\overline{ACK}$ 信号的下降沿使 $\overline{OBF}$ 变高，表示输出缓冲器空，实际上是表示缓冲器中的数据不必再保留了，并在 $\overline{ACK}$ 的上升沿使 INTR 有效，向 CPU 申请中断。因此，要求外设发出的 $\overline{ACK}$ 信号也是一个负脉冲信号。

如果需要，可以通过软件使 C 口对应于 $\overline{STB}$ 或 $\overline{ACK}$ 的相应位置位或复位，来实现 8255A 的开中断或关中断。

3. 8255A 的两个控制字

8255A 只有一个控制寄存器可写入两个控制字：一个为方式选择控制字，决定 8255A 的端口工作方式；另一个为 C 口按位复位/置位控制字，控制 C 口某一位的状态。这两个控制字共用一个地址，根据每个控制字的最高位 D7 来识别是何种控制字：D7＝1 为方式选择控制字；D7＝0 为 C 口置位/复位控制字。

1) 方式选择控制字

方式选择控制字控制端口 A 在 3 种工作方式下输入或者输出，端口 B 在 2 种工作方式下输入或者输出，端口 C 低 4 位和高 4 位输入或者输出。在方式 1 或方式 2 下对端口 C 的定义不影响作为联络线使用的 C 口各位功能。格式如图 C-5 所示。

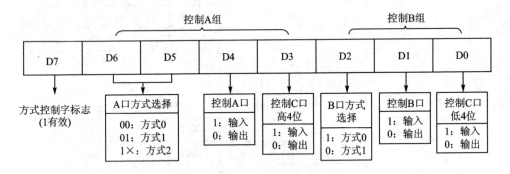

图 C-5　8255A 方式选择控制字

2) C 口按位复位/置位控制字

C 口的各位具有位控制功能，在 8255A 工作于方式 1、2 时，某些位是状态信号和控制信号。为实现控制功能，可以单独地对某一位复位/置位。格式如图 C-6 所示。

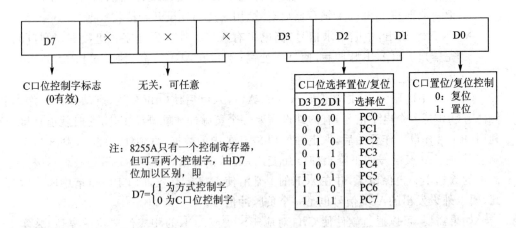

图 C-6　C 口位控制字

4. 数据输入/输出操作

1) 数据输入操作

外设数据准备好后，向 8255A 发出选通脉冲$\overline{STB}$，数据送入 8255A 缓冲器，使缓冲器满信号 IBF 变高有效,表明数据已装入缓冲器。若采用查询方式,则 IBF 供查询使用;若采用中断方式,则在$\overline{STB}$的后沿(由低变高)产生 INTR 中断请求。单片机响应中断后,执行中断服务程序,从 8255A 缓冲器中读入数据,然后撤销 INTR 的中断请求,并使 IBF 变低,以此通知外设准备下一个数据。

2) 数据输出操作

外设接收并处理完一组数据后,发回$\overline{ACK}$响应信号,该信号使$\overline{OBF}$变高,表明输出缓冲器已空。若采用查询方式,则$\overline{OBF}$供查询使用;若采用中断方式,则$\overline{ACK}$的后沿(由低变高)使 INTR 有效,向单片机发出中断请求。在中断服务程序中,将下一个数据写入 8255A 输出缓冲器,写入后 OBF 有效,表明输出数据再次装满,并由此信号启动外设工作,取走 8255A 输出缓冲器中的数据。

方式 1 选通输入/输出工作示意图如图 C - 7 所示。

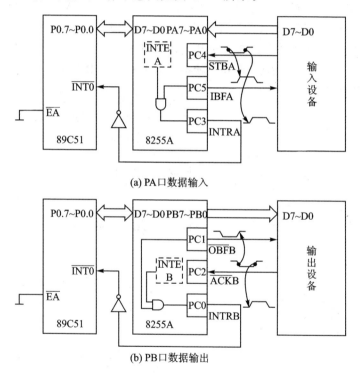

(a) PA 口数据输入

(b) PB 口数据输出

图 C - 7　方式 1 选通输入/输出示意图

5. 8255A 与单片机接口

并行接口芯片 8255A 与 89C51 单片机相连接是很简单的,除了需要一个 8 位锁存器来锁存 P0 口送出的地址信息外,几乎不需要任何附加的硬件(采用中断方式时,要用一个反相器使 INTR 信号反相)。其电路如图 C - 8 所示。

图中,8255A 的$\overline{RD}$和$\overline{WR}$分别连 89C51 的$\overline{RD}$和$\overline{WR}$;8255A 的 D0~D7 接 89C51

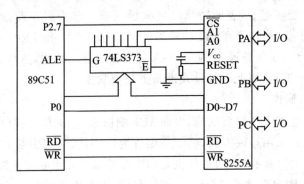

图 C - 8　89C51 8255A 外扩芯片

的 P0 口。采用线选法寻址 8255A,即 89C51 的 P2.7 接 8255A 的 $\overline{CS}$,89C51 的最低两位地址线连 8255A 的端口选择线 A1A0,所以 8255A 的 PA 口、PB 口、PC 口和控制口的地址分别为 7FFCH、7FFDH、7FFEH 和 7FFFH。

　　假设图中 8255A 的 PA 口接一组开关,PB 口接一组指示灯,如果要将 89C51 寄存器 R2 的内容送指示灯显示,将开关状态读入 89C51 的累加器 A,则 8255A 初始化和输入/输出程序如下:

```
R8255: MOV      DPTR,#7FFFHD        ;写方式控制字(PA 口方式 0 输入、
       MOV      A,#98H              ;PB 口方式 0 输出)
       MOVX     @DPTR,A
       MOV      DPTR,#7FFDH         ;将 R2 内容从 PB 口输出
       MOV      A,R2
       MOVX     @DPTR,A
       MOV      DPTR,#7FFCH         ;将 PA 口内容读入累加器 A
       MOVX     A,@DPTR
       RET
```

参考文献

[1] 李朝青.单片机原理及接口技术[M].3 版.北京:北京航空航天大学出版社,2005.

[2] 李朝青.单片机原理及接口技术(简明修订版)[M].北京:北京航空航天大学出版社,1999.

[3] 李朝青.单片机学习辅导测验及解答讲义[M].北京:北京航空航天大学出版社,2003.

[4] 李朝青.单片机 &DSP 外围数字 IC 技术手册[M].北京:北京航空航天大学出版社,2002.

[5] 何立民.单片机高级教程[M].北京:北京航空航天大学出版社,1999.

[6] 何立民.I²C 总线应用系统设计[M].北京:北京航空航天大学出版社,2004.

[7] 张俊谟.单片机中级教程[M].北京:北京航空航天大学出版社,1999.

[8] 张迎新,等.单片机初级教程[M].北京:北京航空航天大学出版社,1999.

[9] 余永权.Flash 单片机原理及应用[M].北京:电子工业出版社,1997.

[10] 潘琢金,等.C8051F×××高速 SOC 单片机原理及应用[M].北京:北京航空航天大学出版社,2002.

[11] 李刚.ADμC8××系列单片机原理与应用技术[M].北京:北京航空航天大学出版社,2002.

[12] 李群芳,等.单片微型计算机与接口技术[M].北京:电子工业出版社,2001.

[13] 朱定华,等.单片微机原理与应用[M].北京:清华大学出版社,北京:北方交通大学出版社,2003.

[14] 李维祥.单片机原理与应用[M].天津:天津大学出版社,2001.

[15] 肖洪兵,等.跟我学用单片机[M].北京:北京航空航天大学出版社,2002.

[16] 钱逸秋.单片机原理与应用[M].北京:电子工业出版社,2002.

[17] 李文仲.短距离无线数据通信入门与实战[M].北京:北京航空航天大学出版社,2008.

[18] 李朝青.单片机原理及串行外设接口技术[M].北京:北京航空航天大学出版社,2008.

[19] 李朝青.单片机学习指导[M].北京:北京航空航天大学出版社,2005.

[20] 李全利.单片机原理及接口技术[M].2 版.北京:高等教育出版社,2009.